Statistik für Wirtschaftswissenschaftler

Thomas Schuster · Arndt Liesen

Statistik für Wirtschaftswissenschaftler

Ein Lehr- und Übungsbuch für das Bachelor-Studium

Thomas Schuster
IUBH School of Business and Management
Bad Honnef, Deutschland
Duale Hochschule Baden-Württemberg
  Mannheim
Mannheim, Deutschland

Arndt Liesen
Bad Honnef, Deutschland

ISBN 978-3-642-41994-2
DOI 10.1007/978-3-642-41995-9

ISBN 978-3-642-41995-9 (eBook)

Die Deutsche Nationalbibliothek verzeichnet diese Publikation in der Deutschen Nationalbibliografie; detaillierte bibliografische Daten sind im Internet über http://dnb.d-nb.de abrufbar.

Springer Gabler
© Springer-Verlag Berlin Heidelberg 2014
Das Werk einschließlich aller seiner Teile ist urheberrechtlich geschützt. Jede Verwertung, die nicht ausdrücklich vom Urheberrechtsgesetz zugelassen ist, bedarf der vorherigen Zustimmung des Verlags. Das gilt insbesondere für Vervielfältigungen, Bearbeitungen, Übersetzungen, Mikroverfilmungen und die Einspeicherung und Verarbeitung in elektronischen Systemen.

Die Wiedergabe von Gebrauchsnamen, Handelsnamen, Warenbezeichnungen usw. in diesem Werk berechtigt auch ohne besondere Kennzeichnung nicht zu der Annahme, dass solche Namen im Sinne der Warenzeichen- und Markenschutz-Gesetzgebung als frei zu betrachten wären und daher von jedermann benutzt werden dürften.

Lektorat: Michael Bursik
Assistenz: Janina Sobolewski

Springer Gabler ist eine Marke von Springer DE. Springer DE ist Teil der Fachverlagsgruppe Springer Science + Business Media.
www.springer-gabler.de

Vorwort

Das vorliegende Lehrbuch „Statistik für Wirtschaftswissenschaftler. Ein Lehr- und Übungsbuch für das Bachelor-Studium" richtet sich an Studierende der Betriebswirtschaftslehre, Volkswirtschaftslehre und anderer wirtschaftswissenschaftlicher Fächer an Universitäten, Fachhochschulen, Berufsakademien und der Dualen Hochschule Baden-Württemberg. Es ist auch für Praktiker in Unternehmen geeignet, die sich über wichtige statistische Themen informieren wollen. Das Buch deckt die wichtigsten Themen ab, die typischerweise in einer Statistikvorlesung in den Anfangssemestern behandelt werden.

Das Buch ist modern aufgebaut, eingängig geschrieben und sehr praxisorientiert, da für jedes Thema mindestens ein Beispiel aus dem Alltags- oder Wirtschaftsleben vorgestellt wird. Nach jedem Theorieabschnitt wird das Wissen anhand eines Übungsbeispiels angewendet. Außerdem gibt es am Ende jedes Unterkapitels Fragen zur Lernkontrolle, deren Antworten im Anhang zu finden sind.

Das Buch enthält an vielen Stellen die Anregung, Computerübungen durchzuführen. Der interessierte Leser findet dort für jedes behandelte statistische Thema Anleitungen, wie er das gerade Gelernte mit dem weit verbreiteten Tabellenkalkulationsprogramm MS Excel umsetzen kann. Die durch eine graue Box gekennzeichneten Computerübungen sind leicht zu finden, können aber auch ohne Probleme übersprungen werden, wenn das Interesse oder die Zeit dafür fehlt.

Schließlich kommt ein modernes und innovatives Statistik-Lehrbuch nicht ohne eigene Homepage und zusätzliches Material für Studierende und Lehrende aus. Die Homepage findet man unter

http://www.springer.com/statistics/business/finance/book/978-3-642-41994-2.

Für Smartphone-Benutzer ist auf der nächsten Seite der QR-Code der Internetadresse abgedruckt. Auf der Homepage stehen ausführliche Lösungen der Lernkontrollaufgaben, zusätzliche Übungsaufgaben mit detaillierten Lösungen und die Daten im Excel-Format für die Computerübungen zur Verfügung. Lehrende finden auf der Internetseite von Springer unter DozentenPLUS für jedes Kapitel entsprechende PowerPoint-Folien und Musterklausuren.

Das Buch ist natürlich nicht ohne die Mithilfe zahlreicher Personen entstanden. Wir bedanken uns zuallererst bei unseren zahlreichen Studierenden, die uns – ohne es zu merken – zahlreiche Anregungen gegeben haben, das Buch zu entwerfen, es didaktisch eingängig aufzubauen und mit Beispielen und Übungsaufgaben zu füllen. Der Dank bezüglich der Übungsaufgaben schließt auch Prof. Dr. Ralf Lanwehr (BiTS Hochschule Iserlohn), Prof. Dr. Gunter Kürble und Prof. Dr. Marc Piazolo (beide Fachhochschule Kaiserslautern, Campus Zweibrücken) sowie einige Quellen aus dem Internet mit ein, die ihre Aufgaben online veröffentlicht haben. Unser Dank gilt auch Herrn Michael Bursik und Frau Janina

Sobolewski vom Springer Verlag für die kompetente Unterstützung bei der Produktion des Buches.

Ohne die Nachsicht der persönlichen Umgebung der beiden Autoren hätte das aber alles nichts geholfen. Leider hat deren Aufmerksamkeit zuletzt manchmal mehr dem Buch als dieser Umgebung gegolten.

Abschließend wünschen wir allen unseren Lesern viel Spaß bei der Lektüre. Nach erfolgreichem Durcharbeiten des Buchs können Sie getrost eine Flasche guten Wein entkorken und über das aus unserer Sicht sehr treffende Zitat von Daniel B. Wright sinnieren: „Conducting data analysis is like drinking a fine wine. It is important to swirl and sniff the wine, to unpack the complex bouquet and to appreciate the experience. Gulping the wine doesn't work."

Gaggenau und Bad Honnef
Oktober 2013

Thomas Schuster
Arndt Liesen

Inhalt

Vorwort V

1	Einführung	1
1.1	Statistik in der Praxis	1
1.2	Grundbegriffe	3
1.3	Messniveaus	6
1.4	Datenquellen	10
1.5	Datenanalyse mit dem Computer	12
2	Häufigkeitsverteilungen	14
2.1	Aufbereitung qualitativer Daten in Tabellen	16
2.2	Graphische Aufbereitung qualitativer Daten	20
2.3	Aufbereitung quantitativer Daten in Tabellen	24
2.4	Graphische Aufbereitung quantitativer Daten	28
3	Lagemaße statistischer Verteilungen	33
3.1	Arithmetisches Mittel	35
3.2	Geometrisches Mittel	36
3.3	Median	38
3.4	Modus	41
3.5	Quantile, Perzentile	42
4	Streuungsmaße statistischer Verteilungen	45
4.1	Spannweite, Interquartilsabstand, Box-Plot	47
4.1.1	Spannweite	47
4.1.2	Interquartilsabstand	47
4.1.3	Box-Plot als Darstellung von fünf charakteristischen Zahlen einer Verteilung	48
4.2	Varianz, Standardabweichung, Variationskoeffizient	51
5	Weitere Maße statistischer Verteilungen	57
5.1	Schiefe	58
5.2	Konzentration	61
5.2.1	Lorenzkurve	61
5.2.2	Gini-Koeffizient	63
6	Wahrscheinlichkeitsrechnung	67
6.1	Einleitung	67
6.2	Definitionen und Lehrsätze der Wahrscheinlichkeitstheorie	69
6.3	Aufeinander folgende Experimente: Wahrscheinlichkeitsbäume	73
6.4	Bedingte Wahrscheinlichkeit	76
6.5	Unabhängige Ereignisse	83

7	Wahrscheinlichkeitsverteilungen	87
7.1	Zufallsvariable	88
7.2	Die Binomialverteilung	95
7.3	Die Normalverteilung	99
7.4	Poissonverteilung und Exponentialverteilung	107
8	Punkt- und Intervallschätzungen	116
8.1	Punktschätzung des Mittelwerts	116
8.2	Punktschätzung der Varianz	120
8.3	Intervallschätzung für den Mittelwert	122
8.4	Bestimmung des Stichprobenumfangs	129
9	Hypothesentests über Mittelwerte	132
9.1	Nullhypothesen und Alternativhypothesen	132
9.2	Hypothesentests zum Mittelwert bei bekannter Varianz der Grundgesamtheit	136
9.3	Hypothesentests zum Mittelwert bei unbekannter Varianz der Grundgesamtheit	140
9.4	Fehler erster und zweiter Art	143
10	Statistische Analyse der Differenz von zwei Mittelwerten	147
10.1	Wahrscheinlichkeitsverteilung einer Mittelwertdifferenz	147
10.2	Intervallschätzung einer Mittelwertdifferenz	149
10.3	Hypothesentest über eine Mittelwertdifferenz	152
11	Auswertung von zweidimensionalen Daten	156
11.1	Kreuztabellen	158
11.2	Kovarianz	165
11.3	Pearsons Korrelationskoeffizient	170
11.4	χ^2-Test auf Unabhängigkeit	173
12	Lineare Regression	179
12.1	Das einfache lineare Regressionsmodell	179
12.2	Die Methode der kleinsten Quadrate	181
12.3	Das Bestimmtheitsmaß	184
12.4	Prognose der abhängigen Variablen	189

Statistische Tabellen ... 191

Schlüssel zu den Lernkontrollfragen ... 197

Literatur ... 199

Index ... 200

1 Einführung

Lernziele

Sie lernen die ersten, grundlegenden Begriffe der Statistik kennen. Insbesondere werden Sie mit dem Begriff des Skalen- oder Messniveaus vertraut. Sie erfahren an wichtigen Beispielen, wo Sie statistisches Material finden. Hinweise auf Werkzeuge für die praktische statistische Arbeit beenden dieses erste Kapitel.

1.1 Statistik in der Praxis

Beispiel 1
Das Statistische Bundesamt hat Informationen zum deutschen Verbraucherpreisindex veröffentlicht. In Tabelle 1.1 finden Sie einen Ausschnitt, dabei ist der Wert für 2010 auf 100 normiert.

Tabelle 1.1 Verbraucherpreisindex Deutschland 2002-2012 (2010 = 100)

Jahr	Verbraucherpreisindex insgesamt	Nahrungsmittel und alkoholfreie Getränke 01	Alkoholische Getränke und Tabakwaren 02	Bekleidung und Schuhe 03	Wohnung, Wasser, Strom, Gas und andere Brennstoffe 04
2012	104,1	106,3	104,8	103,3	105,4
2011	102,1	102,8	101,8	101,2	103,1
2010	100,0	100,0	100,0	100,0	100,0
2009	98,9	98,8	98,4	99,3	99,0
2008	98,6	100,1	95,9	98,0	98,6
2007	96,1	94,4	94,1	97,3	95,4
2006	93,9	90,9	91,1	96,1	93,6
2005	92,5	89,1	88,5	96,6	90,9
2004	91,0	89,0	81,6	98,4	88,4
2003	89,6	89,3	76,3	99,1	87,1
2002	88,6	89,5	72,5	99,9	85,8

Quelle: Statistisches Bundesamt (2013)

Beispiel 2
Eine Versicherungsgesellschaft hat sehr umfangreiches Datenmaterial über die Erkrankungshäufigkeit an bestimmten Krankheiten und die damit verbundenen Kosten erhoben. Sie möchte daraus Entscheidungen ableiten, welche Tarife angeboten werden sollen und welche Risiken vom Versicherungsschutz ausgenommen werden sollten.

Beispiel 3
Ein Hobby-Biologe hat in einer langen Beobachtungsreihe das Gewicht von Regenwürmern und den Salzgehalt des Bodens, aus dem sie entnommen wurden, aufgezeichnet. Er möchte nun feststellen, ob hier ein Zusammenhang besteht.

Das erste dieser Beispiele zeigt einfach die Darstellung von Fakten in einer Tabelle. Im zweiten Beispiel werden Daten genutzt, um unternehmerische Entscheidungen quantitativ abzusichern. Im dritten Beispiel schließlich können statistische Methoden dazu dienen, Beobachtungen nachprüfbar zu bewerten. An die Stelle einer Aussage „Es besteht offensichtlich ein Zusammenhang." oder „Es sieht so aus, als ob ein Zusammenhang bestünde." tritt eine nach wissenschaftlichen Standards quantifizierte Aussage, dass beispielsweise ein statistisch signifikanter Zusammenhang zwischen zwei Sachverhalten besteht.

Bei allen Unterschieden in Vorgehen und Denken haben Praktiker und Wissenschaftler wichtige Gemeinsamkeiten: Sie wollen sich ein Bild von dem sie interessierenden Teil der Welt machen, sie wollen dieses Bild so strukturieren, dass es für sie selbst möglichst aussagefähig wird, sie wollen aus den Erkenntnissen Schlüsse ziehen, Handlungsanweisungen daraus ableiten und schließlich ihre Erkenntnisse kommunizierbar machen.

Alle diese Ziele erfordern es, aus der Flut der Informationen über die Welt einen kleinen Anteil herauszufiltern, diesen zusammenzufassen, zu kondensieren, ihn Analysen zu unterwerfen und zu untersuchen, ob er gewissen Modellvorstellungen entspricht.

Im Allgemeinen wird man bei diesen Bemühungen sehr bald auf Methoden der Statistik zurückgreifen müssen. Die Statistik ist u. a. dadurch gekennzeichnet, dass sie sich in der Regel mit einer Mehrzahl von Objekten beschäftigt. Mehrere Objekte können im weiteren Sinne auch verschiedene Beobachtungen desselben Objekts zu unterschiedlichen Zeitpunkten sein. (Ein einzelnes Buchexemplar an sich kann nicht Gegenstand von Statistik sein, wohl aber z. B. die Ausleihvorgänge dieses Buches.) Wegen ihrer besonderen spezialisierten Methoden und ihrer breiten Anwendbarkeit für viele Fachgebiete hat sich die Statistik zu einer weitgehend selbständigen Disziplin entwickelt. Viele ihrer Ergebnisse und Methoden beruhen auf nicht ganz einfachen mathematischen Überlegungen; glücklicherweise kommt man bei der praktischen Anwendung mit sehr viel weniger Mathematik aus.

Die in diesem Buch in erster Linie angesprochenen Wirtschaftswissenschaftler befinden sich bei ihrer Beschäftigung mit der Statistik in der Gesellschaft vieler anderer Fachleute. Die Physikerin und der Biologe, die Medizinerin und der Psychologe, um nur einige Disziplinen zu nennen, sie alle sind immer wieder auf Methoden der Statistik angewiesen. Der Erwerb dieser Kenntnisse gehört zugegebenermaßen nicht bei allen Studierenden zum Lieblingsstoff, dieses Buch versucht aber, den Zugang möglichst schmerzfrei zu gestalten.

Ein weiteres Beispiel:
Wie soeben erkennbar wurde, haben sich die Autoren entschlossen, aus Gründen der politischen Korrektheit bei der Bezeichnung von Personen die männlichen und weiblichen Formen möglichst gleich häufig zu verwenden, wenn es keinen halbwegs natürlichen geschlechtsneutralen Begriff gibt. Es wäre eine Aufgabe der Statistik, festzustellen, welche Verteilung der Genus-Verwendung sich am Ende ergeben hat und ob eine etwaige Abweichung vom Verhältnis 1 : 1 als nur zufällig oder im Gegenteil als signifikant angesehen werden kann.

1.2   Grundbegriffe

Wenn jemand anfängt, sich mit Statistik zu beschäftigen, muss er sich erst einmal mit einigen einschlägigen Fachbegriffen vertraut machen, also ein wenig Vokabeln lernen. Darin unterscheidet sich die Statistik nicht von anderen Disziplinen. Dieser Abschnitt dient dazu, zunächst einen kleinen Fundus an Begriffen zu schaffen, mit dem wir starten können. Die Ergänzung durch Einführung zusätzlicher statistischer Fachbegriffe wird später im Text immer wieder eine Rolle spielen.

Statistik
Wir verwenden diesen Begriff in unterschiedlichen Bedeutungen. Das sollte Sie, sobald Sie es sich einmal klar gemacht haben, nicht verwirren. Aus dem Zusammenhang wird sich jeweils zweifelsfrei ergeben, welche der Bedeutungen gerade gemeint ist.

(a) (Die) „Statistik ist die Wissenschaft vom Sammeln, Aufbereiten, Darstellen, Analysieren und Interpretieren von Fakten und Zahlen" (Schira 2009). Solange es um das Sammeln, Aufbereiten, Darstellen geht, sprechen wir von „beschreibender" Statistik. Das Analysieren und Interpretieren von Daten sowie das Ziehen von Schlussfolgerungen aus den Daten ist „schließende" oder „beurteilende" Statistik.

(b) Eine Statistik ist in der beschreibenden Statistik eine Zusammenstellung von Fakten und/oder Zahlen, die als Ergebnis einer Untersuchung, Erhebung, Datensammlung gewonnen wurde. Beispiele: Statistik über die Verwendung geschlechtsspezifischer Bezeichnungen in diesem Buch, Statistik zum Verbraucherpreisindex in der Bundesrepublik Deutschland, Statistik über die Ergebnisse der Klausuren in Mathematik einer Universität in den letzten fünf Jahren, Statistik über die Kakaoproduktion der afrikanischen Staaten seit dem Jahr 2000.

(c) Im Englischen bezeichnet „Statistic" schließlich auch eine Größe, die man aus gewissen Grunddaten berechnet hat. Decken die Grunddaten die Grundgesamtheit ab (also zum Beispiel die gesamte deutsche Bevölkerung), so wird die Größe „population statistic" genannt. Bei Daten einer Stichprobe (s. u.) spricht man von einer „sample statistic". Wenn eine zufällig herausgegriffene Stichprobe Grundlage der Berechnung war, ist die (sample) statistic also eine Zufallsgröße. Ihr Wert in einer speziellen Stichprobe kann Anlass zu gewissen Schlussfolgerungen geben. Beispiele: Die Anzahl fehlerhafter Werkstücke in einer

Zufallsauswahl von 20 Exemplaren liefert einen Anhaltspunkt für den Ausschussanteil des Produktionsverfahrens, der Mittelwert der Körpergewichte von Neugeborenen in Deutschland in einer Stichprobe von 100 sagt etwas über das mittlere Gewicht aller Neugeborenen in Deutschland. Verwendet man die Größe zur Bestätigung oder Ablehnung von Vermutungen über die Grundgesamtheit (zum Testen von Hypothesen), nennt die deutschsprachige Literatur die Größe gerne „Prüfgröße". Im Englischen spricht man in diesen Fällen von „test statistic".

(d) Es soll nicht verschwiegen werden, dass böse Zungen die Statistik auch als die dritte Art von Lüge bezeichnen (neben der gemeinen Lüge und der Notlüge). Damit will man zum Ausdruck bringen, dass sowohl die nicht überprüfbare Angabe von angeblich ermittelten Zahlen als auch die tendenziöse Auswahl und/oder Darstellung von an sich zutreffenden Werten zur Täuschung des Statistikkonsumenten missbraucht werden kann. Winston Churchill wird das Zitat zugeschrieben „Do not trust any statistics you did not fake yourself". Als ehrbare Statistiker neigen die Autoren eher zu der neutraleren Formulierung „Do not trust any statistics you did not make yourself."

Die Leserin möge den letzten Absatz als Aufforderung verstehen, sich einerseits selbst über die Aussagekraft statistischer Erkenntnisse jede mögliche Klarheit zu verschaffen wie auch andererseits die Ergebnisse der eigenen statistischen Arbeit objektiv und verantwortungsbewusst anderen zu vermitteln.

Stochastik
Viele Lehrbücher mit dem Titel „Statistik" – so auch das vorliegende – enthalten auch Kapitel über Wahrscheinlichkeitsrechnung. Will man demgegenüber terminologisch besonders präzise sein, unterscheidet man die Disziplinen Statistik und Wahrscheinlichkeitsrechnung und fasst beide unter „Stochastik" zusammen.

Beobachtungseinheit
Das einzelne Objekt, mit dem sich unsere Fragestellung beschäftigt, nennen wir Beobachtungseinheit, statistische Einheit oder auch nur Einheit oder auch Element. Das kann eine Person, eine Schraube, eine Aktie, ein Ausleihvorgang eines Buches, eine Bakterienkolonie oder sonst ein Träger von Information sein.

Grundgesamtheit (Population)
Das ist die Menge gleichartiger Beobachtungseinheiten, für die wir uns insgesamt interessieren, z. B. alle Personen, die am 1.1.2013 in Berlin mit Hauptwohnsitz gemeldet sind, alle Schrauben, die von der Maschine x im Januar 2013 produziert wurden, usw. Man kann bei der Definition der Grundgesamtheit auch noch abstrakter werden: Alle Schrauben, die von der Maschine x auf Grund der Einstellung vom 15.1.2014, 15:00 Uhr produziert werden können. Die Beobachtungseinheiten sind damit zwar genau definiert, sie müssen aber physisch (noch) gar nicht existieren. Eine solche abstrakte Grundgesamtheit ist etwa auch die Menge aller Würfe eines idealen Würfels.

Stichprobe
Eine Stichprobe ist eine Untermenge der Grundgesamtheit, bei deren Auswahl (dem „Zie-

hen" der Stichprobe) der Zufall in der Regel die wesentliche Rolle gespielt hat. Die Stichprobe ist meistens im Verhältnis zum Umfang der Grundgesamtheit klein. Um sich z. B. von der Qualität einer Lieferung von Kaffeebohnen zu überzeugen, sticht man mit einer zugespitzten Sonde zufällig in die Säcke und entnimmt Proben der Bohnen. Würfelt man hundertmal mit einem (im Rahmen des technisch Möglichen) völlig symmetrischen Würfel, so ist dies eine Stichprobe aus der im vorigen Absatz zuletzt erwähnten (unendlichen) Grundgesamtheit.

Merkmal
Ein Merkmal ist eine an der Beobachtungseinheit beobachtbare und für die Statistik festzuhaltende Eigenschaft. Beobachtungseinheiten nennt man deshalb auch *Merkmalsträger*. Beispiele: Das Geschlecht einer Person, das Gewicht eines Neugeborenen, der Durchmesser einer Schraube, die Farbe einer Blume.

Merkmalsausprägung
Das ist ein bestimmter Wert eines Merkmals, z. B. „männlich", „4.200 g", „3,1 mm", „rot".

Beobachtung
Als Beobachtung bezeichnen wir die Gesamtheit der von uns in einer statistischen Untersuchung ermittelten Merkmalsausprägungen einer Beobachtungseinheit. Bei einer statistischen Untersuchung in Bezug auf Personen kann z. B. eine Beobachtung darin bestehen, die Ausprägungen der Merkmale Geschlecht, Körpergröße, Körpergewicht, Alter und Schuhgröße festzustellen.

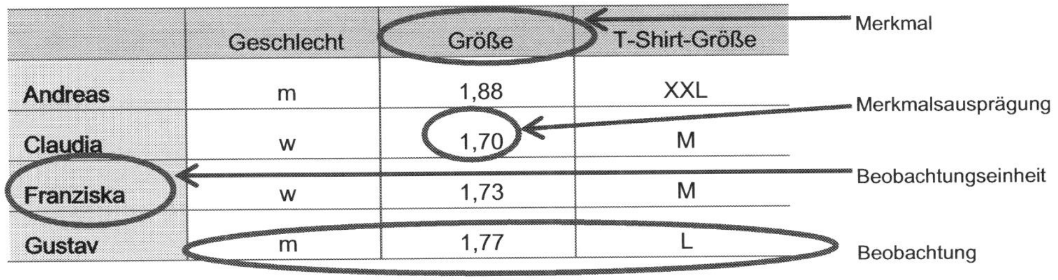

	Geschlecht	Größe	T-Shirt-Größe
Andreas	m	1,88	XXL
Claudia	w	1,70	M
Franziska	w	1,73	M
Gustav	m	1,77	L

- Merkmal
- Merkmalsausprägung
- Beobachtungseinheit
- Beobachtung

Abbildung 1.1   Grundbegriffe der Statistik

Lernkontrolle zu 1.2

Die Lernkontroll-Aufgaben nach den einzelnen Abschnitten eines Kapitels sind ganz überwiegend Multiple Choice Fragen. Dabei ist grundsätzlich möglich, dass keine Antwort, genau eine, mehrere oder sogar alle Antworten richtig sind. Die richtigen Antworten finden Sie am Ende des Buches. Aber finden Sie bitte erst selbst Ihre Lösungen; Pfuschen gilt nicht.

1. Mit welchen Attributen zum Wort „Statistik" verbinden Sie nach Durcharbeiten dieses Abschnitts konkrete Vorstellungen?

   a. beschriebene
   b. beschreibende
   c. beurteilte
   d. verurteilende
   e. beurteilende
   f. geschlossene
   g. schließende

2. Stochastik ist ein Oberbegriff für …

   a. … Statistik und angewandte Mathematik
   b. … beschreibende und schließende Statistik
   c. … Mathematik und Wahrscheinlichkeitslehre
   d. … Statistik und Wahrscheinlichkeitslehre

3. Aus der Universitätsbibliothek wurden nach dem Zufallsprinzip zwanzig Lehrbücher herausgegriffen. Darunter das Werk Sibbertsen, Lehne: Statistik, 20. Auflage. Es ist erschienen im Verlag Springer im Jahr 2012, hat 453 Seiten und 100 Abbildungen.

   Ordnen Sie die passenden Kategorien zu: (jeweils eine)

   a: Merkmal, b: Merkmalsausprägung, c: Beobachtungseinheit

   __ Sibbertsen, Lehne: Statistik, 20. Auflage c
   __ Seitenzahl a
   __ 453 b
   __ Abbildungszahl a
   __ 100 b
   __ Springer c

1.3 Messniveaus

Merkmale können unterschiedliche Arten von Ausprägungen aufweisen. Offenbar besteht zwischen den möglichen Ausprägungen des Merkmals „Geschlecht" und denen des Merkmals „Körpergröße" ein fundamentaler Unterschied. Es kann (jedenfalls wollen wir das hier annehmen) „Geschlecht" nur die Ausprägungen „männlich" und „weiblich" annehmen. Bei ihnen kann man weder eine natürliche Reihenfolge festlegen (ja doch: Die Autoren kennen die biblische Schöpfungsgeschichte) noch kann man damit rechnen. Beides kann man andererseits mit den Ausprägungen des Merkmals „Körpergröße" sehr wohl tun. Beim Merkmal „T-Shirt-Größe" schließlich lässt sich eine Reihenfolge problemlos festlegen, damit rechnen kann man eher nicht.

Die hier deutlich werdenden unterschiedlichen Eigenschaften der Merkmale bezüglich ihrer Ausprägungen erfassen wir in der Statistik mit dem Begriff „*Skalenniveau*" oder „*Messniveau*". Mit Messniveau ist also die Qualität der Messbarkeit selbst gemeint, nicht etwa das bei einer konkreten Beobachtung gemessene „Niveau" einer bestimmten Merkmalsausprägung. Über einige Merkmale kann man „auf höherem Niveau" kommunizieren als über andere.

Bevor wir unsere statistischen Beobachtungen notieren können, müssen wir uns für jedes Merkmal auf eine Skala festlegen. Dabei sind wir durch das Merkmal selbst nicht von vorne herein vollständig gebunden. Wir könnten das Merkmal Geschlecht z. B. durch „1" statt „m" für „männlich" und „x" statt „w" für „weiblich" kodieren. Rein formal ist das genauso gut, tatsächlich wäre es grober Unfug. Alles, was wir tun, sollte sich nicht zuletzt am Prinzip der Verständlichkeit (sowohl für andere als auch für uns selbst in drei Tagen) und „Natürlichkeit" ausrichten. Immerhin, ein älterer Brite könnte durchaus statt der für die Körpergröße in Abbildung 1.1 gewählten Skala die Größenangabe in Fuß und Zoll „natürlicher" finden. Die T-Shirt-Skala von S bis XXL ist für viele „natürlich" und „verständlich". Hätte sich die Industrie irgendwann für eine numerische Skala entschieden („1" statt „S", „2" statt „M" usw.), würden wir das heute als genauso natürlich empfinden. Allerdings würde es weiterhin ebenso unsinnig sein, diese 1 und diese 2 zu addieren, wie es unmöglich ist, S und M zu addieren. Wir sehen: Einiges an der Skalierung ist reine Konvention, anderes ist durch das Merkmal auf natürliche Weise festgelegt.

Im Folgenden stellen wir die wichtigsten Klassifizierungen vor.

Zunächst wird rein formal zwischen *numerischen* und *nicht-numerischen Skalen* unterschieden. Eine nicht-numerische Skala ist beispielsweise die Haarfarbe, eine numerische Skala die Temperatur. Natürlich kann man jede Skala numerisch kodieren („1" statt „m", „2" statt „w" oder „1" statt „S", „2" statt „M" etc.), diese Unterscheidung bringt uns daher nicht wirklich weiter. Es lässt sich zwar sagen, dass Skalen, wenn sie weitergehende Analysemethoden mit Hilfe arithmetischer Rechenoperationen zulassen sollen, numerisch sein müssen, aber eine numerische Skala lässt nicht notwendig Rechenoperationen zu.

Eine weitaus hilfreichere Klassifizierung orientiert sich an der zunehmenden „Mächtigkeit" der Skalentypen:

- Nominalskalen
- Ordinalskalen
- Intervallskalen
- Verhältnisskalen

Wenn ein Merkmal lediglich eine Einordnung in Klassen erlaubt und zwischen den Klassen auch keine natürliche Reihenfolge gegeben ist, kann das Merkmal nur mit Hilfe einer *Nominalskala* beschrieben werden. Beispiele hierfür sind Farbe, Geschlecht oder Nationalität.

Bei einer *Ordinalskala* ist zwar auch nur eine Klasseneinteilung gegeben, die Klassen besitzen aber eine natürliche Reihenfolge. Man kann also mit den Werten dieser Skala nicht rechnen, wohl aber Vergleiche durchführen. Die T-Shirt-Größen sind ein Beispiel für eine Ordinalskala. Weitere Beispiele: Schulnoten, Beliebtheitsskalen, Bestseller-Listen.

Eine *Intervallskala* hat reelle Zahlen als Wertebereich und lässt demzufolge arithmetische Rechenoperationen zwischen den Werten zu. Die sinnvollen Rechenoperationen sind allerdings auf die Addition und Subtraktion beschränkt, und es gibt keinen „natürlichen Nullpunkt", also keinen Skalenwert, an dem die Merkmalsausprägung in einer dem Problem angemessenen Weise als „gleich Null" bezeichnet werden kann. Beispiel: Temperaturgrade gemessen in Grad Celsius. Der Nullpunkt der Celsius-Skala ist willkürlich, hier ist weder die Wärme noch eine physikalisch für Wärme entscheidende Größe gleich Null. 10° Celsius ist nicht doppelt so warm wie 5° Celsius. Wohl aber ist der Abstand zwischen 5° und 10° derselbe wie der zwischen 10° und 15°. Ein anderes Beispiel: Jahreszahlen gerechnet nach Christi Geburt.

In gewissem Sinn eine Besonderheit ist die sogenannte Likert-Skala, die in der Meinungsforschung eine Rolle spielt. Werden für eine Aussage („Likert item") mehr oder weniger zustimmende Reaktionen zugelassen („lehne absolut ab" bis „stimme voll zu"), dann haben wir es nach dem bisher Besprochenen zunächst natürlich mit einer Ordinalskala zu tun. Da man sich aber bemüht, die Abstände zwischen den Antworten möglichst „gleich groß" zu halten, kann man den Antworten auch aufeinanderfolgende ganzzahlige Werte zuordnen und statistische Berechnungen dann wie mit Werten einer Intervallskala durchführen.

Eine *Verhältnisskala* lässt im Gegensatz zur Intervallskala arithmetische Rechenoperationen unbeschränkt zu, insbesondere kann man Verhältnisse (also Quotienten zweier Werte) bilden. Es existiert ein natürlicher Nullpunkt. Beispiele für Verhältnisskalen: Temperaturgrade gemessen in Grad Kelvin, Längen, Gewichte, Geldbeträge. Am Nullpunkt der Kelvin-Skala verschwindet die Molekularbewegung; es ist sinnvoll, von „doppelter Länge", „fünffachem Gewicht" oder der „Hälfte des Kapitals" zu sprechen.

Metrische Skalen ist der Oberbegriff für Intervallskalen und Verhältnisskalen.

Merkmale heißen *qualitativ* bzw. *quantitativ*, wenn sie ein „Wie" bzw. ein „Wie viel" beschreiben. Diese Begriffe beziehen sich auf die Merkmale selbst, nicht auf die Skalen, für die man sich zu ihrer Beschreibung entschieden hat. Die Leserin mache sich aber klar, dass zur Beschreibung qualitativer Merkmale Nominal- oder Ordinalskalen geeignet sind, zur Beschreibung quantitativer Merkmale hingegen Intervall- oder Verhältnisskalen. Auf eine weitere Differenzierung quantitativer Merkmale, nämlich die Unterscheidung von diskreten und stetigen Merkmalen, werden wir im Abschnitt 2.3 zu sprechen kommen.

Abbildung 1.2 fasst die zentralen Begriffe zusammen.

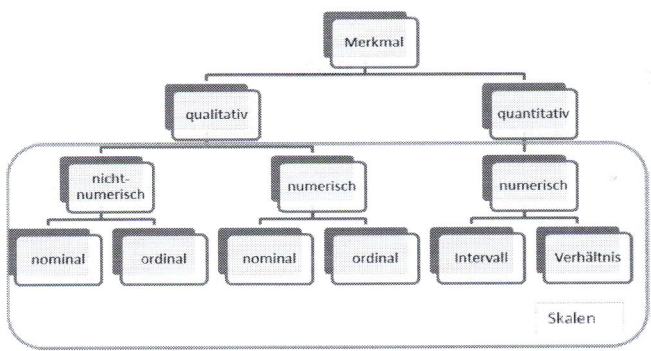

Abbildung 1.2 Systematische Einteilung der Messniveaus

Lernkontrolle zu 1.3

1. Ordnen Sie die Messniveaus v, i, o, n (v: Verhältnisskala, i: Intervallskala, o: Ordinalskala, n: Nominalskala) den weiter unten durch mathematische Symbole gekennzeichneten Vergleichs- bzw. Rechenoperationen zu, bei denen sie anwendbar sind.

    a. _o_ _v_ _i_ ___   > (größer als)
    b. _o_ _v_ _i_ ___   < (kleiner als)
    c. _o_ _v_ _i_ ___   = (gleich)
    d. _v_ _i_ ___ ___   + (Addition)
    e. _v_ _i_ ___ ___   – (Subtraktion)
    f. _i_ ___ ___ ___   x (Multiplikation)
    g. _i_ ___ ___ ___   : (Division)

2. Ordnen Sie den folgenden Typen von Merkmalen die Messniveaus zu, die geeignet zur Beschreibung sind (Antwortmöglichkeiten v, i, o, n wie in Frage 1)

    a. _o_ _n_ ___ ___   qualitatives Merkmal
    b. _i_ _v_ ___ ___   quantitatives Merkmal

3. Welche Aussagen sind richtig?

    a. Eine Verhältnisskala hat alle Eigenschaften einer Intervallskala. ✓
    b. Eine Intervallskala hat alle Eigenschaften einer Verhältnisskala. ✗
    c. Messniveau und Skalenniveau sind Synonyme. ✓
    d. Ein qualitatives Merkmal kann nur auf einer Verhältnisskala dargestellt werden. ✗
    e. Die Werte auf einer Intervallskala sind nicht geordnet. ✗
    f. Die Werte auf einer Nominalskala sind immer geordnet. ✗
    g. Die Differenz von Werten auf einer Intervallskala ist meist sinnvoll zu interpretieren. ✓

1.4 Datenquellen

Die riesige Menge heute verfügbarer Daten wird nur noch vom unstillbaren Hunger der Statistiker und Analysten nach Daten übertroffen. Außer der Verwendung bereits bestehender Datensammlungen wird daher immer auch die Erhebung zusätzlichen Datenmaterials eine Rolle spielen. Grenzen findet der Erhebungseifer zum einen durch wirtschaftliche Überlegungen, da die Kosten der Erhebung und der zu erwartende Nutzen durch den erhofften Erkenntnisgewinn abgewogen werden müssen. Zum anderen spielen die abnehmende Bereitschaft, Daten preiszugeben, und rechtliche Beschränkungen eine Rolle. So bedarf es etwa für die Durchführung einer Bundesstatistik durch das Statistische Bundesamt eines Gesetzes oder einer Rechtsverordnung.

Dem Statistiker, der auf verfügbare Daten zurückgreifen will, stehen solche einerseits als betriebsinterne Daten zur Verfügung, andererseits aus betriebsexternen Quellen, seien sie kommerziell oder öffentlich. In Tabelle 1.2 sind wichtige öffentlich verfügbare Datenquellen aufgelistet:

Unternehmen, die von der Bedeutung umfangreicher und detaillierter Analysen der bei ihnen angefallenen (technischen und geschäftlichen) Daten überzeugt sind, legen zu diesem Zweck häufig gesonderte Datensammlungen an. Da die Zielrichtung hier eine andere ist als bei der Informationsverarbeitung zur Unterstützung des laufenden Betriebs, eignen sich die „normalen" Datenbanken der Unternehmen hierfür weniger. Während es bei letzteren auf Schnelligkeit des Zugriffs, absolute Aktualität, Parallelbenutzbarkeit durch viele Benutzer ankommt, müssen die statistischen Datensammlungen in der Regel auch historische Daten enthalten und vielfältige Auswertungsmöglichkeiten bereitstellen. Es hat sich eingebürgert, von einer solchen auswertungsorientierten unternehmensinternen Datensammlung als von einem „Data Warehouse" zu sprechen.

Tabelle 1.2   Aufstellung wichtiger Datenquellen

Organisation	Internet-Adresse	Kommentar
United Nations Statistics Division	unstats.un.org	Weltumfassende internationale Organisation mit umfangreicher Datenbasis für alle Länder der Erde
Eurostat: Statistisches Amt der europäischen Union	epp.eurostat.ec.europa.eu	Eurostat ist die wichtigste Anlaufstelle für Daten der EU-Mitgliedsstaaten und gliedert sein umfangreiches Angebot nach - Allgemeine und Regionalstatistiken- - Wirtschaft und Finanzen - Bevölkerung und soziale Bedingungen
Statistisches Bundesamt	www.destatis.de	Heimat der amtlichen Statistik der Bundesrepublik Deutschland.
U.S. Census Bureau	www.census.gov	Statistisches Amt der USA
OECD	www.oecd.org	Die OECD-Statistiken betreffen vielfältige Themen zu den wichtigsten Industrieländern; eine Fundgrube für den Statistiker.
Internationaler Währungsfonds	www.imf.org	Reichhaltige Datensammlung aus dem Bereich Wirtschaft und Finanzen
International Labour Organisation	www.ilo.org	Der Internetauftritt dieser Sonderorganisation der UN enthält Daten aus der Welt der Arbeit im weitesten Sinn.
Gesis (Leibniz-Institut für Sozialwissenschaften)	www.gesis.org	Wichtigstes deutsches Datenarchiv für Umfragedaten
International Consortium of Political and Social Research	www.icpsr.umich.edu	Wichtigstes U. S.-amerikanisches Datenarchiv für Umfragedaten

Lernkontrolle zu 1.4

Für die folgenden Aufgaben benötigen Sie das Internet.

1. Welches ist die übergeordnete Organisation der ILO?
    a. OECD
    b. EU
    c. Nato
    d. UN

2. Wo finden Sie eine Statistik zur Zahl der Erwerbstätigen in Deutschland?
    a. ILO (http://laborsta.ilo.org)
    b. UN (http://w3.unece.org)

c. OECD (http://stats.oecd.org)
   d. Statistisches Bundesamt (http://www.destatis.de)
3. Wie hoch war nach den Angaben des Statistischen Bundesamtes im Jahr 2006 in Deutschland der durchschnittliche Bruttojahresverdienst in den Luftverkehrsberufen?
   a. 73.519 €
   b. 77.683 €
   c. 81.530 €
   d. 83.619 €

1.5 Datenanalyse mit dem Computer

Die in diesem Buch enthaltenen Beispiele und Übungsaufgaben lassen sich überwiegend gut mit Hilfe eines einfachen Taschenrechners lösen. Durchaus sehr preiswerte Taschenrechner können auch bereits komplexere Operationen der Statistik wie Mittelwert oder Korrelationskoeffizient komfortabel berechnen. Professionell kann man allerdings so mit vertretbarem Aufwand Statistik nicht betreiben.

Für den gelegentlich mit umfangreicheren Aufgabenstellungen der Statistik Befassten bieten Microsoft Excel und vergleichbare Tabellenkalkulationsprogramme recht ordentliche Unterstützung. Einige Übungsaufgaben dieses Kurses sollte die Studierende mit einem dieser wohl auf fast jedem PC verfügbaren Programme bearbeiten. Man sollte so zumindest mit der Leistungsfähigkeit des Programms und mit seiner Anwendung vertraut werden.

Für denjenigen, der regelmäßig mit anspruchsvoller Statistikarbeit befasst ist, lohnt sich die Beschaffung eines Spezialprogramms, das dann ein geballtes Arsenal von Werkzeugen bereitstellt. Man beachte aber, dass der Kaufpreis eines solchen Werkzeugs nur ein Teil der Investition ist, die man tätigen muss. Wie immer wächst auch hier mit der Mächtigkeit eines Instrumentariums der Lernaufwand zu seiner Beherrschung. Und natürlich: Außer der technischen Beherrschung muss man zunächst wissen, was die theoretischen Grundlagen sind, deren Anwendung die Werkzeuge erleichtern. Anders gesagt: Niemand erwerbe ein Statistikpaket, bevor er einen Statistikkurs oder ein Statistikbuch ernsthaft durchgearbeitet hat oder doch wenigstens sicher ist, dass er dies parallel zur Einarbeitung in das Paket tun wird.

Die Menge der Statistikprogramme, sowohl der Allzwecksysteme als auch der auf besondere Aufgabenstellungen spezialisierten Systeme, ist fast unüberschaubar. Einige Programme haben einen besonders hohen Bekanntheitsgrad und sollen daher hier genannt werden: SAS, SPSS, Stata. Neben diesen kommerziell angebotenen Werkzeugen findet man auch eine große Zahl frei verfügbarer Systeme, z.B. R (www.r-project.org) und OpenStat (www.statpages.org/miller/openstat). Gerade R ist in den letzten Jahren immer beliebter geworden. Für die bekannteren Statistikprogramme bieten viele Institutionen Schulungen an.

> **Computerübungen**
>
> Der Leser, der bei der Arbeit mit diesem Buch unmittelbar nach Aneignung eines „Theoriebausteins" eine Werkzeugunterstützung dazu ausprobieren möchte, hat dazu Gelegenheit: An einer ganzen Reihe von Stellen sind die Schritte im Einzelnen erläutert, mit denen man die Beispiele des Buches mit Microsoft Excel nachvollziehen kann. Die Computerübungen sind immer als Textbox gekennzeichnet, so wie dieser Absatz. Zur Vermeidung zeitraubender Tipparbeit stehen die erforderlichen Daten auf der Internetseite zum Buch zur Verfügung (den URL finden Sie im Vorwort). Wer diese Übungen nicht durcharbeiten möchte, kann die Übungsboxen problemlos überspringen, ohne dass dadurch die Verständlichkeit leidet.
>
> Hinweis: Wenn wir in diesen Computerübungen von einer „Referenz auf ein Datenfeld" sprechen, meinen wir, dass in einer Funktion als Argument derjenige Zeilen-/Spaltenbereich angegeben ist, auf dessen Inhalte die Funktion angewendet werden soll. Zum Beispiel ist SUMME(A1:A3) die Summe der Zahlen, die in den Zellen A1, A2, A3 stehen; A1:A3 ist die Referenz auf dieses Datenfeld.

Zusammenfassung

Sie können jetzt die Begriffe Statistik, Stochastik, Beobachtungseinheit, Beobachtung, Merkmal, Merkmalsausprägung und Messniveau/Skalenniveau erklären. Sie können die besprochenen Messniveaus nennen und wissen, welche mathematischen Operationen für Merkmalsausprägungen auf den unterschiedlichen Skalen möglich sind. Sie haben einige wichtige Quellen für statistische Daten kennen gelernt und eine Vorstellung davon, welche Werkzeuge Ihnen bei der Arbeit auf dem Gebiet der Statistik nützlich sein können.

2 Häufigkeitsverteilungen

Lernziele

In diesem Kapitel geht es um „beschreibende Statistik". Nach erfolgreicher Bearbeitung sind Sie in der Lage, eine zunächst unübersichtliche Menge beobachteter Daten so aufzubereiten, dass die Daten an Aussagekraft gewinnen. Sie können dazu unter verschiedenen Typen von Tabellen und Graphiken die jeweils geeigneten auswählen und diese Aufbereitungsform dann für Ihre Daten nutzen. Es geht dabei zunächst um qualitative Daten, also solche, die entweder nur nominale Skalen oder doch höchstens ordinale zulassen. Danach behandeln wir die Aufbereitung quantitativer Daten.

Praxisbeispiel

Das umfangreiche Internetangebot des Statistischen Bundesamtes enthält u. a. die Tabelle 2.1.

Tabelle 2.1 Statistik zum Bevölkerungsstand in Deutschland

Bevölkerungsstand	30.06.2011	31.12.2011	30.06.2012
	In 1 000		
Insgesamt	80 233,1	80 327,9	80 399,3
männlich[1]	39 166,3	39 237,7	39 306,6
weiblich[1]	41 066,8	41 090,2	41 092,7
Deutsche[1]	74 028,8	74 000,3	73 920,2
männlich[1]	36 055,6	36 056,1	36 032,9
weiblich[1]	37 973,3	37 944,2	37 887,4
Ausländer/-innen[1]	6 204,3	6 327,6	6 479,0
männlich[1]	3 110,8	3 181,6	3 273,7
weiblich[1]	3 093,5	3 146,0	3 205,3

[1] Vorläufiges Ergebnis. Quelle: Statistisches Bundesamt (2013).

Es handelt sich um eine zweidimensionale Häufigkeitstabelle. Das beobachtete Merkmal ist „Bevölkerungsgruppe, Stichtag", die Kombination aus den Angaben der ersten Spalte und der ersten Zeile definiert die jeweiligen Merkmalsausprägungen, in den Spalten 2 bis 4 finden Sie die absoluten Häufigkeiten, mit denen die Merkmalsausprägungen beobachtet wurden.

Anstelle der tabellarischen Form können Informationen aber auch grafisch dargestellt werden. Zum Thema Zu- und Abwanderung finden wir z. B. die Grafik Abbildung 2.1.

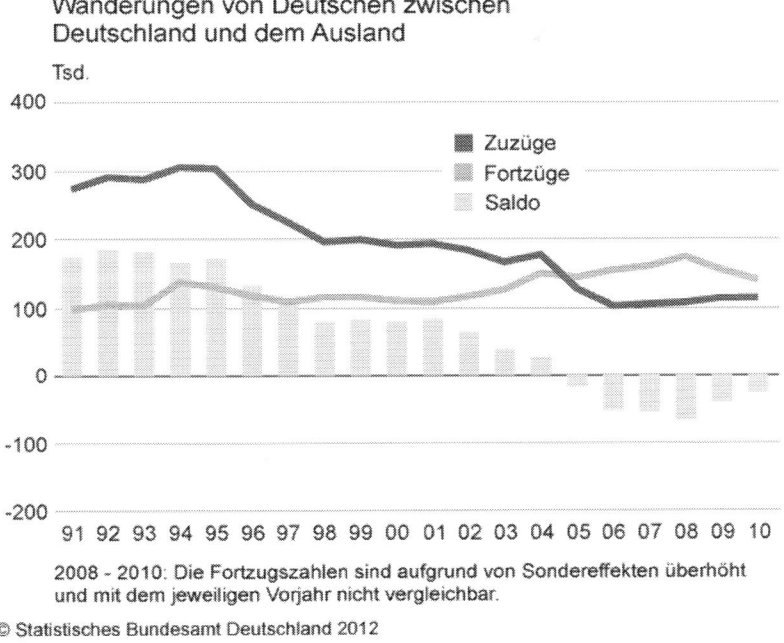

Abbildung 2.1   Wanderungsbewegungen

Quelle: Statistisches Bundesamt (2012)

Hier sind die Darstellungsformen Säulendiagramm und Liniendiagramm in einer Grafik zusammengefasst. Auf Liniendiagramme greift man im Allgemeinen nur dann zurück, wenn – wie hier – zeitliche Abläufe darzustellen sind. Dies wird für uns im vorliegenden Buch keine besondere Rolle spielen.

Eine andere Darstellungsform verwendet das Statistische Bundesamt in der Übersicht zu den Einkommensquellen deutscher Haushalte, Abbildung 2.2. Dieser Ring ist ein modifiziertes Kreisdiagramm, bei dem die Sektoren nicht bis zum Mittelpunkt durchgezeichnet sind. Statt von Kreisdiagrammen sprechen süßigkeitsliebende Statistiker auch von Kuchen- oder Tortendiagrammen. Abbildung 2.2 zeigt dann eher einen Frankfurter – Wiesbadener? – Kranz.

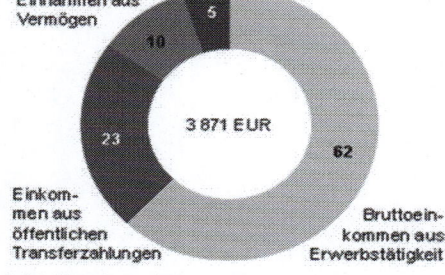

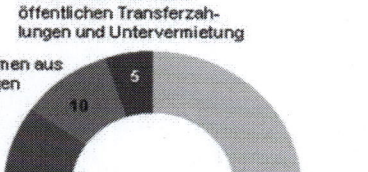

Abbildung 2.2
Haushaltseinkommen 2011

Quelle: Statistisches Bundesamt (2013)

Wann man welche Diagramme verwendet, und wie sie konstruiert werden, lernen Sie in diesem Kapitel.

2.1 Aufbereitung qualitativer Daten in Tabellen

Der Manager des Mittelklasse-Hotels „Gute Nacht" hat beschlossen, mehr über die Meinung seiner Gäste zu erfahren und deshalb beim Auschecken gebeten, den Eindruck über die Qualität der Unterbringung nach folgenden Kategorien zu beurteilen: ausgezeichnet, gut, ordentlich, verbesserungswürdig, unakzeptabel. Es handelt sich somit um eine Ordinalskala. Mit einer ungeraden Anzahl von Merkmalsausprägungen einer Ordinalskala wird die Möglichkeit zu neutralen Aussagen eröffnet. Dies ist in der Regel zu empfehlen, da man einen Befragten nie zwingen soll, sich zwischen Alternativen zu entscheiden, wenn er tatsächlich unentschieden ist. Es wurden bei zwanzig Gästen folgende Aussagen gesammelt:

Tabelle 2.2   Hotelbewertungen „Gute Nacht" - erfasste Daten

verbesserungswürdig	ordentlich	verbesserungswürdig	gut
gut	ordentlich	gut	gut
gut	verbesserungswürdig	ordentlich	ausgezeichnet
unakzeptabel	gut	unakzeptabel	ordentlich
gut	ordentlich	gut	gut

Offensichtlich bedarf es hier der ordnenden Hand, damit aus den Rohdaten leicht überschaubare „Information" wird. In diesem Fall wird man einfach zählen, wie oft die einzelnen Antworten gegeben wurden, und die Ergebnisse auflisten. Die Merkmalsausprägungen werden selbstverständlich in der Reihenfolge der Ordinalskala aufgelistet. Die gezählte *Häufigkeit* als die reine Anzahl *(absolute Häufigkeit)* finden Sie in Spalte 2 der Tabelle 2.3.

Außerdem kann man die Häufigkeit als Anteil der Merkmalsausprägung an der Gesamtzahl *(relative Häufigkeit)* oder als Prozentwert *(prozentuale Häufigkeit)* angeben (Spalten 3 und 4).

$$relative\ Häufigkeit = \frac{absolute\ Häufigkeit}{Gesamtzahl\ der\ Beobachtungen}$$

$$prozentuale\ Häufigkeit = relative\ Häufigkeit \cdot 100\ (in\ Prozent)$$

Tabelle 2.3 Häufigkeitsverteilung der Hotelbewertungen „Gute Nacht"

Häufigkeitsverteilung der Bewertungsergebnisse			
Bewertung	Absolute Häufigkeit (h_i)	Relative Häufigkeit (h_i/Gesamtzahl)	Prozentuale Häufigkeit ($100 \cdot h_i$/Gesamtzahl)
ausgezeichnet	1	0,05	5
gut	9	0,45	45
ordentlich	5	0,25	25
verbesserungswürdig	3	0,15	15
unakzeptabel	2	0,1	10

Die Zuordnung von Häufigkeiten (in den jeweiligen Tabellenspalten) zu den Merkmalsausprägungen nennen wir die *absolute, relative bzw. prozentuale Häufigkeitsverteilung* des beobachteten Merkmals.

Beobachtungen eines qualitativen Merkmals, das sich ausschließlich mit Hilfe einer Nominalskala erfassen lässt (z. B. die Nationalität der Hotelgäste), lassen sich auf dieselbe Weise tabellarisch darstellen. Allerdings haben in diesem Fall die Eintragungen keine natürliche Reihenfolge mehr. Um nicht reine Willkür walten zu lassen, lässt sich eine (allerdings problemfremde) Reihenfolge etwa durch die alphabetische Ordnung der Nationalitätsbezeichnungen wählen. Stärker am Problem orientiert wäre eine Ordnung nach der beobachteten Häufigkeit der Merkmalsausprägungen.

Liegt ein mindestens ordinal skaliertes Merkmal vor, ist es in manchen Fällen hilfreich, kumulierte Häufigkeiten wie folgt zu bilden:

Sind die k Merkmalsausprägungen der Reihe nach geordnet und ist h_i die Häufigkeit der i-ten Merkmalsausprägung bei dieser Anordnung (i = 1, ..., k), dann ist

$$H_i = \sum_{j=1}^{i} h_j$$

die kumulierte Häufigkeit. Für die Hotelbewertungen sieht das wie folgt aus:

Tabelle 2.4 kumulierte Häufigkeitsverteilung der Hotelbewertungen „Gute Nacht"

Kumulierte Häufigkeiten der Bewertungsergebnisse			
Bewertung	Kumulierte absolute Häufigkeit (h_i)	Kumulierte relative Häufigkeit (h_i/Gesamtzahl)	Kumulierte prozentuale Häufigkeit (100 h_i/Gesamtzahl)
ausgezeichnet	1	0,05	5
gut oder besser	10	0,5	50
ordentlich oder besser	15	0,75	75
verbesserungswürdig oder besser	18	0,9	90
insgesamt	20	1	100

Kumulierte Häufigkeitsverteilungen kommen für Merkmale mit nur nominalen Skalen in der Regel nicht in Betracht, da sie ja die Summation von Werten in einer definierten – bei Nominalskalen nicht gegebenen – Reihenfolge erfordern. In geeigneten Fällen kann auch bei einer nominal skalierten Variablen eine kumulierte Verteilung erstellt werden, indem man die Anordnung der Merkmalsausprägungen nach der Häufigkeit der Beobachtungen vornimmt. Damit werden dann Aussagen der Form „80 % der Beobachtungen entfallen auf die drei häufigsten Merkmalsausprägungen" möglich.

Überwiegend verwendet man aber kumulierte Häufigkeitsverteilungen ohnehin bei quantitativen Merkmalen.

Bisher haben wir je Beobachtungseinheit (im Beispiel: Hotelgast) *ein* Merkmal (Zufriedenheit) beobachtet. Beobachten wir für unsere Beobachtungseinheiten jeweils zwei Merkmale, dann ist eine *Kreuztabelle* die passende Darstellungsform.

In dem Fünf-Sterne-Hotel „Bellevue" haben 42 Gäste Schulnoten von 1 (für ausgezeichnet) bis 5 (für unakzeptabel) gewählt, außerdem gaben sie ihre Nationalität an: Tabelle 2.5.

Daraus ergibt sich die Kreuztabelle mit den absoluten Häufigkeiten: Tabelle 2.6.

Die Häufigkeitsauszählung geschieht in der gleichen Weise wie bei einer eindimensionalen Häufigkeitsverteilung. Neu sind die letzte Spalte und letzte Zeile. Hier werden jeweils die Zeilensummen bzw. Spaltensummen dargestellt. Die letzte Spalte stellt somit beispielsweise die eindimensionale Häufigkeitsverteilung der Zufriedenheitsvariablen dar. Es waren also zum Beispiel fünf Gäste überhaupt nicht zufrieden. Die Gäste aus den USA waren insgesamt wenig zufrieden.

Tabelle 2.5   Hotelbewertungen „Bellevue" - Rohdaten

Bewertungsergebnisse und Nationalität der bewertenden Gäste					
4; DE	3; DE	4; IT	5; US	3; DE	2; UK
2; FR	3; US	2; DE	3; IT	2; IT	5; DE
2; UK	4; UK	3; DE	2; DE	4; US	2; DE
5; US	2; BE	5; UK	3; US	1; DE	1; DE
2; DE	3; IT	2; FR	4; UK	5; DE	3; DE
1; SE	3; DE	2; DE	1; SE	3; IT	3; UK
2; FR	2; SE	3; DE	2; SE	2; FR	2; SE

Tabelle 2.6   Hotelbewertungen „Bellevue" - aufbereitete Daten

Häufigkeiten: Bewertungsergebnisse und Nationalität								
	BE	DE	FR	IT	SE	UK	US	Σ
1	0	2	0	0	2	0	0	4
2	1	5	4	1	3	2	0	16
3	0	6	0	3	0	1	2	12
4	0	1	0	1	0	2	1	5
5	0	2	0	0	0	1	2	5
Σ	1	16	4	5	5	6	5	42

An dieser Stelle soll nicht darüber spekuliert werden, welche Schlüsse der Hotelmanager hieraus nun ziehen wird, sicher ist jedenfalls, dass man im Gegensatz zur ursprünglichen Datenmenge mit Hilfe der Kreuztabelle überhaupt etwas „sieht".

Lernkontrolle zu 2.1

1. In einer Umfrage wollen Sie die Befragten veranlassen, zu einem Problem Stellung zu nehmen, dem man nach Ihrer Überzeugung auch neutral gegenüberstehen kann. Die Antwort soll auf einer Skala von „stimme voll zu" bis „lehne vollständig ab" gegeben werden.
    a. Sie wählen eine ungerade Anzahl von Antwortalternativen.
    b. Sie wählen eine gerade Anzahl von Alternativen.
    c. Sie wählen genau zehn Alternativen.
    d. Auf die Anzahl der Alternativen kommt es nicht an.

2. Von dreißig Bewerbern haben sich sechs für eine Aufgabe qualifiziert. 0,2 ist ...

   a. ... die absolute Häufigkeit der Qualifikation.
   b. ... die relative Häufigkeit.
   c. ... die prozentuale Häufigkeit.
   d. ... keines von allem.

3. In einer Tabelle, in der Daten zu 150 Werkstücken gesammelt sind, ist als relative Häufigkeit der Eigenschaft „zu rau" 0,02 angegeben. Das bedeutet:

   a. 2 Werkstücke sind zu rau.
   b. 2 % der Werkstücke sind zu rau.
   c. 3 % der Werkstücke sind zu rau.
   d. Drei Werkstücke sind zu rau.
   e. Hieraus lässt sich die absolute Zahl zu rauer Werkstücke nicht ermitteln.

4. In einer Urne liegen zwei gelbe, drei rote und fünf blaue Kugeln.

   a. Die relative Häufigkeit der roten Kugeln ist 30 %.
   b. Die kumulierte relative Häufigkeit der blauen Kugeln ist 1.
   c. Die relative Häufigkeit der blauen Kugeln ist 0,5.
   d. Der Begriff der relativen Häufigkeit ist in diesem Beispiel unsinnig.
   e. Der Begriff der kumulierten Häufigkeit ist in diesem Beispiel unsinnig.

5. Zur tabellarischen Darstellung von zwei Merkmalen je Beobachtung verwendet man ...

   a. ... eine Kreuzungstabelle.
   b. ... eine Überkreuztabelle.
   c. ... eine Kreuztabelle.
   d. ... eine Kreuzweistabelle.

2.2 Graphische Aufbereitung qualitativer Daten

Mit der tabellarischen Aufbereitung der Daten ist bereits ein wichtiger Schritt gemacht. Aber letztlich sagt ein Bild nicht nur mehr als tausend Worte, sondern eine Graphik kann häufig auch sehr viel einprägsamer und aussagekräftiger sein als die Tabelle, deren Inhalt sie wiedergibt.

Für die graphische Darstellung qualitativer Daten kommen standardmäßig Säulen- bzw. Balkendiagramme und Kreisdiagramme (Kuchen-, Tortendiagramme) in Frage.

Für ein *Säulen- oder Balkendiagramm* vermerkt man auf einer Koordinatenachse die Merkmalsausprägungen. Im Fall einer Ordinalskala erfolgt dies natürlich in der durch die Skala vorgegebenen Reihenfolge. Die andere Achse teilt man so ein, wie es der gewählten Häufigkeitsdarstellung (absolut, relativ oder prozentual) entspricht. Über bzw. neben jeder Merkmalsausprägung gibt eine Säule (ein Balken) in geeigneter Länge die Häufigkeit der Ausprägung an. Üblicherweise verwendet man für die Merkmalsausprägungen die horizontale Achse, dann ist der Begriff der „Säule" über der jeweiligen Ausprägung anschaulich. Insbesondere bei einer großen Anzahl von Merkmalsausprägungen und/oder langen Bezeichnungen kann es praktischer sein, die Ausprägungen an der senkrechten Achse anzuschreiben und waagerechte „Balken" für die Häufigkeiten zu verwenden.

Da die einzelnen Ausprägungen qualitativer Merkmale isoliert nebeneinander stehen, verwenden wir Säulen/Balken, die sich gegenseitig nicht berühren. Kaum der Erwähnung bedarf, dass die Säulen/Balken alle dieselbe Breite haben, so dass ihre Höhe bzw. Länge ebenso wie ihr Flächeninhalt das Verhältnis der Merkmalsausprägungen optisch verdeutlicht. Für das Beispiel der Hotelbewertungen ist in Abbildung 2.3 das Säulendiagramm für die absoluten Häufigkeiten gezeichnet:

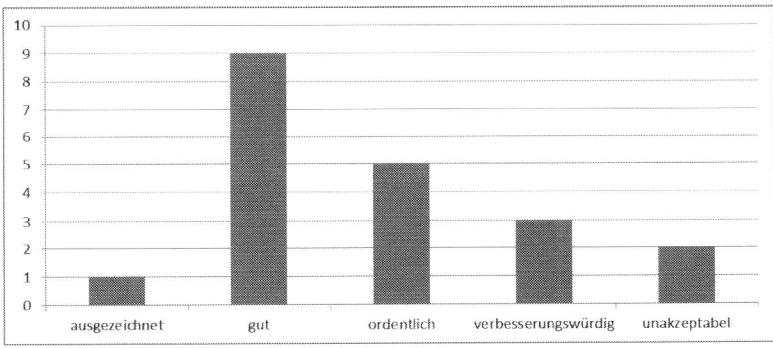

Abbildung 2.3   Hotelbewertungen Säulendiagramm

> Computerübung
>
> Zur Erstellung dieses Diagramms in Excel gibt man die Merkmalsausprägungen und ihre Häufigkeiten in Spalten des Arbeitsblatts ein (zur Erinnerung: Ein Besuch auf der Internetseite zum Buch spart Tastenübungen) und markiert diesen Bereich. Auf der Registerkarte „Einfügen" wählt man in der Gruppe „Diagramme" den passenden Typ – hier also das Säulendiagramm – und ist praktisch fertig. Das Programm geht davon aus und berücksichtigt automatisch, dass in der ersten Spalte die Merkmalsausprägungen und in der zweiten die Häufigkeiten stehen, *sofern die erste Spalte Text enthält.*

Das *Kreisdiagramm* ist eine andere Möglichkeit der Visualisierung qualitativer Daten. Die 360° des Kreises werden im Verhältnis der ermittelten Häufigkeiten aufgeteilt. Einer Merkmalsausprägung mit einer relativen Häufigkeit r wird ein Sektor von r·360° zugewiesen:

$$\text{Winkel} = \text{Relative Häufigkeit} \cdot 360.$$

Hier die Torte der Hotelbewertungen, guten Appetit!

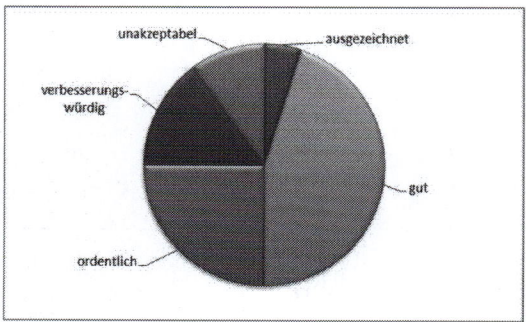

Abbildung 2.4 Hotelbewertungen Kreisdiagramm

> Computerübung
>
> Mit Excel ist dies wieder eine Angelegenheit von wenigen Klicks. Nach Markieren des Datenbereichs und Ansteuern der Registerkarte „Einfügen" wählt man lediglich in der Gruppe „Diagramme" jetzt das Kreisdiagramm aus. Zur Befriedigung ästhetischer Bedürfnisse haben wir eine besonders tortenähnliche Variante gewählt

Die in einer Kreuztabelle enthaltenen Daten erfordern bei der Visualisierung durch ein Säulendiagramm eine *dreidimensionale Darstellung*. Dabei wird allerdings das Ziel der leichteren Erfassbarkeit gegenüber der zahlenmäßigen Darstellung nicht immer erreicht. Dies auch – aber nicht nur – wegen der möglichen gegenseitigen Verdeckung der Säulen. Aus Tabelle 2.6 gewinnen wir Abbildung 2.5.

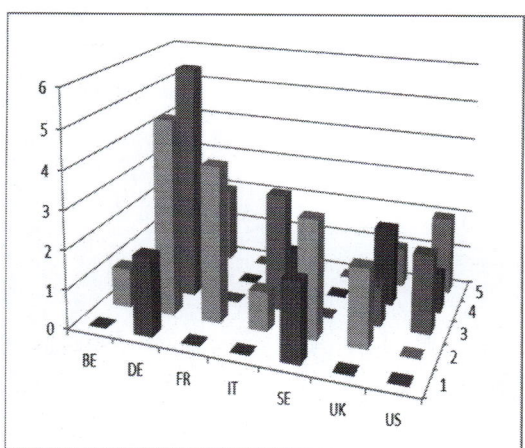

Abbildung 2.5 Hotelbewertungen dreidimensionales Säulendiagramm

Optisch aussagefähiger ist häufig ein *Blasendiagramm*, in dem die Zahlen der Kreuztabelle durch Kreise ersetzt sind, deren Flächeninhalt der jeweiligen Häufigkeit entspricht.

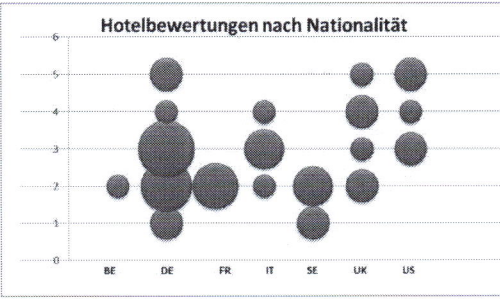

Abbildung 2.6 Hotelbewertungen Blasendiagramm

> **Computerübung**
> Während die Erzeugung des dreidimensionalen Säulendiagramms aus Abbildung 2.5 keine Besonderheiten mit sich bringt (man erfasst die Kreuztabelle im Arbeitsblatt, markiert sie und steuert den passenden Diagrammtyp an), bedarf es für das Blasendiagramm einer besonderen Vorbereitung. Excel braucht für jede Blase ein Datentripel (x-Wert, y-Wert, Blasengröße). Dabei müssen auch die x- und y-Werte numerisch sein. Während (zufällig) die Bewertungsnoten schon numerisch sind, ist das bei den Nationalitätencodes nicht der Fall. Diese müssen also umcodiert werden, z.B. 1 für BE, 2 für DE usw. Dann muss für jedes Feld der Kreuztabelle eine Zeile einer dreispaltigen Tabelle im Arbeitsblatt geschrieben werden: numerischer Nationalitätencode, numerischer Bewertungscode, Häufigkeit. Wenn diese Tabelle markiert ist, geht es weiter wie üblich, Blasendiagramme findet man unter „Einfügen / Diagramme / Weitere". Unschön ist natürlich die sachfremde numerische Beschriftung der Achsen, zumindest der Nationalitätenachse. Hier kann man sich helfen, indem man die Achsenwertbeschriftung löscht und durch einen mit etwas Probieren angepassten Achsentitel ersetzt. Über „Diagrammtools / Layout / Diagrammtitel" haben wir hier dem Diagramm auch eine Überschrift gegeben.

Lernkontrolle zu 2.2

1. In einem Säulendiagramm …

    a. … haben alle Säulen dieselbe Höhe.
    b. … haben alle Säulen dieselbe Breite. ✓
    c. … grenzen die Säulen unmittelbar aneinander.
    d. … sind die Säulen der Höhe nach sortiert.
    e. … sind die Säulen durch Zwischenräume getrennt. ✓
    f. … sind die Säulen im Fall einer Ordinalskala in der Reihenfolge der Merkmalsausprägungen sortiert. ✓

2. In einem Kreisdiagramm …

    a. … sind die Flächen der Sektoren proportional zur Häufigkeit der Merkmalsausprägungen. ✓
    b. … sind die Winkel der Sektoren proportional zur Häufigkeit der Merkmalsausprägungen. ✓

c. ... sind die Häufigkeiten durch unterschiedliche Radien der Sektoren dargestellt.
   d. ... ist die Fläche des Kreises proportional zur Anzahl der Beobachtungen.

3. Ein Blasendiagramm ...
   a. ... wird für Beobachtungen mit einem Merkmal verwendet.
   b. ... wird für Beobachtungen mit zwei Merkmalen verwendet. ✓ ✓
   c. ... wird für Beobachtungen mit drei oder mehr Merkmalen verwendet.
   d. ... gibt die Häufigkeit der Ausprägung der Merkmale durch die Höhe des Blasenmittelpunkts an.

2.3 Aufbereitung quantitativer Daten in Tabellen

Den jetzt zu behandelnden Daten liegt mindestens eine Intervallskala oder sogar eine Verhältnisskala zu Grunde. Je nachdem, ob nur eine Anzahl wohldefinierter Werte oder ein Kontinuum von Werten als Merkmalsausprägung vorkommen kann, sprechen wir von *diskreten* einerseits, *stetigen* oder *kontinuierlichen Merkmalen* andererseits. Die Personenzahl in einer Familie ist ein diskretes Merkmal, die einer Familie zur Verfügung stehende Wohnfläche ein stetiges Merkmal.

Begrifflich ist die Unterscheidung zwischen diskret und stetig scharf, bei ganz genauem Hinsehen sind die Übergänge allerdings doch ein wenig fließend. Ein diskretes Merkmal mit 10.000 möglichen Ausprägungen unterscheidet sich nicht viel von einem stetigen Merkmal, dessen Ausprägungen theoretisch „alle" Werte zwischen 10 cm und 20 cm annehmen können, wenn unsere Messgenauigkeit auf 1/100-tel Millimeter begrenzt ist. Solche spitzfindigen Abgrenzungsfragen sollen aber für uns im Folgenden keine Rolle spielen.

Weitere Beispiele für diskrete Merkmale: Anzahl der Gäste eines Restaurants an einem Tag (ermittelt an allen Tagen des Jahres 2014), Anzahl der bei einem Basketballspiel geworfenen Körbe, Anzahl der Fahrzeuge, die in einem Zeitintervall von zehn Minuten eine Kreuzung passieren.

Weitere Beispiele für stetige Merkmale: Temperatur um 12:00 mittags in Bonn (ermittelt an allen Tagen des Jahres 2014), Gewicht der Patienten einer Arztpraxis, Zeit für einen Boxenstopp beim Formel-1-Rennen.

Bei qualitativen Merkmalen ist es eher die Regel, dass in der Gesamtheit der Beobachtungseinheiten die Ausprägungen mehrfach vorkommen. Die Darstellungsmöglichkeiten dafür, wie häufig dies jeweils geschieht, wurden im vorigen Abschnitt erörtert. Bei quantitativen Merkmalen ist das mehrfache Auftreten ein und derselben Merkmalsausprägung meist selten. Dies wird höchstens bei diskreten Merkmalen in Kombination mit vielen Beobachtungen und/oder wenigen Merkmalsausprägungen vorkommen.

Die sehr viel häufigeren Fälle, in denen eine einzelne Merkmalsausprägung – wenn überhaupt – nur einmal, im Ausnahmefall ein paar wenige Male, vorkommt, erfordern vor der

Tabellierung eine *Klasseneinteilung der Merkmalsausprägungen*. Sonst wird die Tabelle kaum etwas anderes als die Auflistung der Rohdaten sein.

Im Allgemeinen wird diejenige, die eine gegebene Menge von Beobachtungen aufbereitet, selbst sehr schnell sehen, ob eine gewählte Einteilung zum Erkenntnisgewinn oder zur Verwirrung führt. Es gibt allerdings bei der Klasseneinteilung einige Grundregeln, die beachtet werden sollten.

- Wählen Sie Klassen, die alle dieselbe Breite haben. Sinnvolle Ausnahmen können die erste und die letzte Klasse sein.

- Als Klassengrenzen wählen Sie „runde" Zahlen.

- Finden Sie einen vernünftigen Kompromiss zwischen Klassenzahl und Klassenbelegung (Klassenzahl in der Regel zwischen 5 und 20). Je größer die Zahl der Beobachtungen ist, umso größer kann und soll die Anzahl der Klassen sein.

Zur Bestimmung der Klassenbreite wird zunächst

$$(\text{Maximalwert} - \text{Minimalwert})/\text{Klassenzahl}$$

berechnet und das Ergebnis dann mathematisch gerundet, erforderlichenfalls noch so angepasst, dass das Ziel „runde Klassengrenzen" erreicht wird.

Beispiel:
Als Klasseneinteilung für die Körpergröße Erwachsener (nennen wir sie x) könnte sinnvoll sein (Angaben in cm):

$x \leq 150$ | $150 < x \leq 160$ | $160 < x \leq 170$ | $170 < x \leq 180$ | $180 < x \leq 190$ | $190 < x \leq 200$ | $x > 200$

Weniger sinnvoll ist folgende Klasseneinteilung, da das Ziel „runde" Klassengrenzen verfehlt ist:

$x \leq 152$ | $152 < x \leq 162$ | $162 < x \leq 172$ | $172 < x \leq 182$ | $182 < x \leq 192$ | $192 < x \leq 202$ | $x > 202$

(Vielleicht war der Ersteller der Klassifizierung 2,01 m lang und wollte nicht zur Randklasse gehören?)

Da die in diesem Abschnitt betrachteten quantitativen Daten immer auch ordinal – also sortierfähig – sind, kann man immer und wird man in passenden Fällen häufig die *kumulierten Werte* tabellieren.

Bei den Körpergrößen ergibt sich für die kumulierte Verteilung die Einteilung:

$x \leq 150$ | $x \leq 160$ | $x \leq 170$ | $x \leq 180$ | $x \leq 190$ | $x \leq 200$ | $x \leq$ höchster x-Wert

Beispiel:
Ein Computerreparaturbetrieb will sich einen Überblick über die Ersatzteilkosten pro Reparatur verschaffen. Zu diesem Zweck wurden die Ersatzteilkosten (in €) von insgesamt

fünfzig Reparaturen aufgezeichnet.

Tabelle 2.7   Ersatzteilkosten (in €) – erfasste Daten

91	78	93	57	75	52	99	80	97	62
71	69	72	89	66	75	79	75	72	76
104	74	62	68	97	105	77	65	80	109
85	97	88	68	83	68	71	69	67	74
62	82	98	101	79	105	79	69	62	73

Der Ladenbesitzer will die Daten tabellarisch aufbereiten, um Informationen über die Kostenstruktur zu erhalten. Da es sich bei den Ersatzteilkosten um eine quantitative Variable handelt, müssen zuerst Klassen gebildet werden. Da die Anzahl der Beobachtungen nicht sonderlich groß ist, entscheiden wir uns für sechs Klassen. Laut Formel lässt sich die Klassenbreite folgendermaßen berechnen:

Klassenbreite = (Maximalwert – Minimalwert)/Klassenzahl = (109 – 52)/6 = 9,.5 ≈ 10

Als nächstes werden die Klassen bestimmt. Zweckmäßigerweise startet man mit einer runden Zahl knapp unterhalb des kleinsten Wertes. Somit ergeben sich bei einer Klassenbreite von 10 diese Klassen:

$50 < x \leq 60$ | $60 < x \leq 70$ | $70 < x \leq 80$ | $80 < x \leq 90$ | $90 < x \leq 100$ | $100 < x \leq 110$

Nun wird ausgezählt, wie viele Rechnungen in die jeweilige Klasse fallen. Damit ergibt sich die folgende Häufigkeitstabelle:

Tabelle 2.8   Ersatzteilkosten (in €) – aufbereitet

Reparaturkosten	Absolute Häufigkeit	Relative Häufigkeit	Prozentuale Häufigkeit
$50 < x \leq 60$	2	0,04	4
$60 < x \leq 70$	13	0,26	26
$70 < x \leq 80$	16	0,32	32
$80 < x \leq 90$	7	0,14	14
$90 < x \leq 100$	7	0,14	14
$100 < x \leq 110$	5	0,1	10
Gesamt	50	1	100

Da wir jetzt quantitative Merkmale in die Betrachtung einbeziehen, sind bei Beobachtungsreihen mit *zwei Variablen* außer den in Abschnitt 1 betrachteten *Kreuztabellen* für zwei qualitative Merkmale jetzt auch die Kombinationen quantitativ / qualitativ und quantitativ / quantitativ möglich. Im Grundsatz ergibt sich daraus nichts Neues, wenn man – wie soeben erläutert – die quantitativen Beobachtungen in Klassen gruppiert.

Beispiel:
Interessiert man sich für die Körpergröße x in Abhängigkeit vom Geschlecht, so ist ein Merkmal quantitativ und das andere qualitativ. Man nimmt also eine Klasseneinteilung für das quantitative Merkmal vor, z. B. die oben vorgestellte. Jede Kombination

(Ausprägung des qualitativen Merkmals | Klasse des quantitativen Merkmals)

besetzt dann ein Tabellenfeld. Die Tabelle hat diese Gestalt:

Kreuztabelle von Körpergrößen und Geschlecht						
	$x \leq 150$	$150 < x \leq 160$	$160 < x \leq 170$	$170 < x \leq 180$	$180 < x \leq 190$	$190 < x \leq 200$	$x > 200$
weiblich						
männlich						

Lernkontrollen zu 2.3

1. Die Anzahl der Ehen von berühmten Filmschauspielern …
    a. … ist ein diskretes Merkmal.
    b. … wechselt kontinuierlich und ist daher ein kontinuierliches Merkmal.
    c. … ist kein stetiges Merkmal.
    d. … ist kein diskretes Merkmal, weil Diskretion in diesem Bereich unbekannt ist.

2. Mehrfaches Vorkommen derselben Merkmalsausprägung ist eher typisch …
    a. … für qualitative Merkmale.
    b. … für quantitative Merkmale.
    c. … für verhältnisskalierte Merkmale.
    d. … für unbekannte Merkmale.

3. Bei der tabellarischen Darstellung quantitativer Merkmale …
    a. … nimmt man selten eine Klasseneinteilung vor.
    b. … nimmt man Klasseneinteilungen vor, weil solche Merkmale fast immer auf natürliche Weise in Klassen zerfallen.
    c. … nimmt man Klasseneinteilungen vor, um zu vermeiden, dass sehr oft nur die Häufigkeit 1 einzutragen ist.
    d. … sollte man immer in mindestens zwanzig Klassen unterteilen.
    e. … richtet sich die Breite jeder einzelnen Klasse nach der Häufigkeit ihrer Belegung.
    f. … kann man die Tabellierung kumulierter Häufigkeiten in Betracht ziehen.

2.4 Graphische Aufbereitung quantitativer Daten

Wie für die tabellarische Aufbereitung ergibt sich auch hier gegenüber dem Fall qualitativer Merkmale nichts grundsätzlich Neues. Im Wesentlichen wird es darauf ankommen, zunächst eine Gruppierung zu Klassen vorzunehmen und dann die für quantitative Daten passenden Diagrammformen anzuwenden.

Anstelle der oben besprochenen Säulendiagramme/Balkendiagramme wählen wir eine leicht modifizierte Darstellungsform. Die Säulen zu qualitativen Merkmalen hatten wir durch Zwischenräume getrennt und wollten damit auch optisch zum Ausdruck bringen, dass die Merkmale in keiner Beziehung oder doch höchstens in einer Ordnungsbeziehung zueinander standen. Die Klassen quantitativer Merkmale sind hingegen aneinander anschließende Intervalle reeller Zahlen oder Mengen diskreter Werte aus solchen Intervallen. Es ist demzufolge intuitiv, die „Säulen" über diesen Intervallen die ganze Intervallbreite annehmen zu lassen. Das hat zur Folge, dass die Säulen ohne Zwischenräume aneinander grenzen. Wir nennen diese Diagrammform *Histogramm*.

In einem Histogramm ist der Flächeninhalt immer proportional zur Häufigkeit. Die Säulenhöhe stellt die sogenannte *Häufigkeitsdichte* dar, das ist die Häufigkeit je Maßeinheit der waagerechten Achse. Fallen z. B. in unserer Beobachtungsreihe die Körperlängen von 120 der gemessenen Personen in die Klasse $170 < x \leq 180$, dann haben wir es in diesem Größenbereich mit einer Häufigkeitsdichte von 120 Personen auf 10 cm zu tun.

Wollte man ganz präzise sein, müsste man also die entsprechende Achse eines Histogramms auch mit einem Begriff beschriften, der die Häufigkeits*dichte* bezeichnet, z. B. „Anzahl Personen je 10 cm-Intervall der Körpergröße" und nicht nur „Anzahl der Personen". In wissenschaftlichen Arbeiten kann eine solche begriffliche Präzision erwünscht oder notwendig sein, in einer Tageszeitung wirkt sie vermutlich bestenfalls albern, schlimmstenfalls unverständlich.

Folgt man der in Abschnitt 3 ausgesprochenen Empfehlung konstanter Klassen/Intervallbreite, und trägt in geeignetem Maßstab die Klassenhäufigkeit auf der senkrechten Achse auf, dann gibt nicht nur der Flächeninhalt sondern auch die Höhe der jeweiligen Säule einen optischen Eindruck von dieser Häufigkeit.

Da die Säulenbreite immer das gesamte zugehörige Merkmalsintervall überdecken soll, ist klar, dass zur Darstellung im Histogramm „offene" Randklassen ungeeignet sind. Man könnte zwar durch eine geeignete Darstellung noch graphisch andeuten, dass eine Klasse einseitig unbegrenzt sein soll, für die Säulenhöhe ergibt sich aber aus der Forderung, dass der Flächeninhalt proportional zur Klassenhäufigkeit ist, kein sinnvoller Wert mehr. Man wird daher zum Zweck der graphischen Veranschaulichung anstreben, ohne die offenen Randklassen auszukommen, d. h. alle vorkommenden Werte durch geschlossene Klassen abzudecken.

Wir illustrieren die Ausführungen am Beispiel von Körpergrößen.

Tabelle 2.9 Körpergrößen	
Größenbereich	Häufigkeit
≤150	3
150 < x ≤ 160	50
160 < x ≤ 170	80
170 < x ≤ 180	120
180 < x ≤ 190	90
190 < x ≤ 200	30
x > 200	5

Kommt bei den Rohdaten z. B. kein Wert unter 140 und keiner über 210 vor, dann benötigen wir die offenen Randklassen nicht wirklich und können sie jeweils durch eine geschlossene Klasse am unteren und oberen Rand ersetzen. Allgemein sollte zum Zweck der graphischen Veranschaulichung die unterste und oberste Klasse geschlossen sein und so gewählt werden, dass alle Werte durch die Klassen abgedeckt werden.

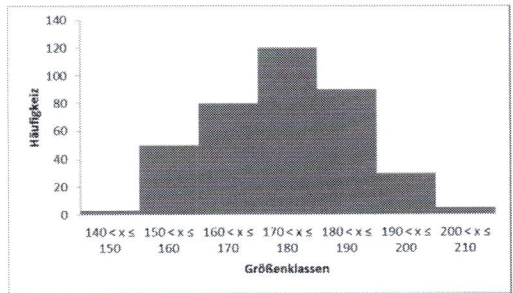

Abbildung 2.7 Häufigkeitsverteilung Körpergrößen

Bei quantitativen Merkmalen ist es häufig sehr aufschlussreich, sich mit den kumulierten Häufigkeiten zu beschäftigen. Die graphische Darstellung sieht so aus, dass man den Wert „Summe aller Häufigkeiten bis einschließlich dieser Klasse" dem Maximalwert jeder Klasse zuordnet, falls es sich um eine stetige Variable handelt. Diese Punkte werden dann miteinander verbunden. Bei einer diskreten Variablen wird die Häufigkeit dem Durchschnitt zwischen dem Maximalwert einer Klasse und dem Minimalwert der nächsten Klasse zugeordnet. Haben beispielsweise 30 % der Fünfjährigen bis zu 10 neue Zähne und die nächste Klasse fängt bei 11 Zähnen an, so wird der Datenpunkt bei 10.5 Zähnen und einer prozentualen Häufigkeit 30 % eingetragen. Eine solche Kurve von kumulierten Werten nennt man *Summenpolygon*.

Das Beispiel der Körpergrößen ergibt die folgende kumulierte Tabelle und die zugehörige Graphik.

Tabelle 2.10 Körpergrößen - kumuliert

Größenbereich	Kumulierte Häufigkeiten
≤150	3
≤160	53
≤170	133
≤180	253
≤190	343
≤200	373
≤300	378

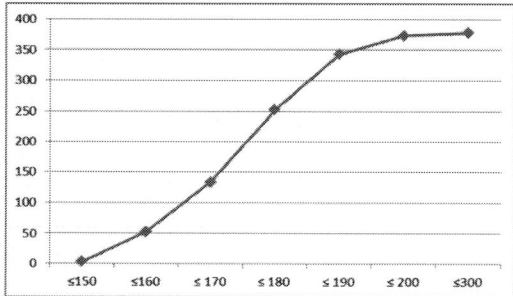

**Abbildung 2.8
Kumulierte Häufigkeitsverteilung
Körpergrößen**

Es sind also z. B. 253 Personen der Stichprobe 1,80 m groß oder kleiner.

Für Kreisdiagramme ergibt sich bei quantitativen Daten nach Unterteilung der Werteskala in Klassen und Zuordnung der Beobachtungen zu den Klassen nichts Neues gegenüber dem Fall qualitativer Daten.

Wir wenden uns schließlich den Beobachtungen von Merkmalspaaren (x, y) zu. Wir nehmen jetzt an, dass beide Merkmale quantitativ sind. Dann sind in der Regel viele Werte und entsprechend sehr viele Wertepaare möglich. Von Ausnahmefällen abgesehen wird jedes Wertepaar einen eigenen Punkt in der x-y-Ebene darstellen. Die geeignete Visualisierung ist ein *Streudiagramm* oder *Streuungsdiagramm*. (In der Literatur finden sich beide Bezeichnungen.) Daraus können häufig gute erste Hinweise für die Beziehung der Merkmale zueinander gewonnen werden.

Beispiel:
Zusätzlich zur Körpergröße ist auch das Gewicht jeder Person in einer Stichprobe erfasst worden.

Tabelle 2.11   Größe und Gewicht - Rohdaten

Größe (cm)	172	191	155	175	177	188	165
Gewicht (kg)	68	85	65	80	75	83	65
Größe (cm)	167	180	189	199	167	181	187
Gewicht (kg)	70	75	77	102	65	83	95
Größe (cm)	179	169	178	179	184	163	201
Gewicht (kg)	83	68	82	70	88	66	120

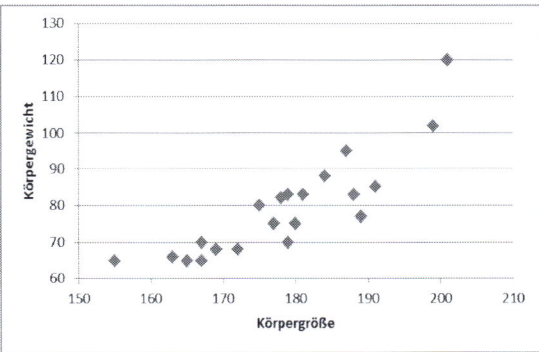

Abbildung 2.9
Körpergröße und -gewicht

Das Streudiagramm legt die Vermutung nahe, dass größere Menschen tendenziell mehr wiegen. Aha.

> Computerübung
>
> Der Leser wird mit der Diagrammerzeugung in Excel inzwischen so gut vertraut sein, dass er die Abbildungen 2.7 bis 2.9 ohne nähere Erläuterungen nachvollziehen kann. Dabei sollte er auch etwas mit den verschiedenen Einstellungsmöglichkeiten spielen, um ein Gefühl für das Werkzeug zu erhalten.

Lernkontrolle zu 2.4

1. Hat man quantitative Daten beobachtet und will diese nun graphisch darstellen, …
    a. … lässt man im Unterschied zur Darstellung qualitativer Daten keinen Zwischenraum zwischen den Säulen der Klassenhäufigkeiten.
    b. … werden die Merkmalsklassen normalerweise auf der x-Achse eingetragen.
    c. … dann beschreibt bei konstanter Klassenbreite die Säulenhöhe die Häufigkeit.
    d. … nennt man die Art der Darstellung ein Histogramm.

2. Bei quantitativen Merkmalen …

   a. … kann man immer kumulierte Häufigkeitsdiagramme zeichnen.
   b. … sind kumulierte Häufigkeitsdiagramme nie sinnvoll.
   c. … sollten kumulierte Häufigkeitsdiagramme graphisch durch ein Balkendiagramm dargestellt werden.
   d. … sollten kumulierte Häufigkeitsdiagramme graphisch durch ein Histogramm dargestellt werden.

3. Bei quantitativen Merkmalen …

   a. … sind Streudiagramme ein Mittel zur Veranschaulichung der Beobachtungen eines einzelnen Merkmals.
   b. … verwendet man Streudiagramme bei der Beobachtung von zwei Merkmalen.
   c. … erfordern Streudiagramme zwingend eine vorausgehende Klasseneinteilung.
   d. … können Streudiagramme Einsichten bezüglich der Beziehung zweier beobachteter Merkmale vermitteln.

Zusammenfassung

Sie wissen jetzt, dass es Unterschiede in der Aufbereitung qualitativer bzw. quantitativer Daten gibt. Sie wissen außerdem, dass die Aufbereitung von Beobachtungen mit einem Merkmal andere Hilfsmittel erfordert als es bei zwei Merkmalen der Fall ist. Ihnen ist bekannt, dass die Darstellung kumulierter Häufigkeiten mindestens eine Ordinalskala voraussetzt. Sie wissen, dass bei der Aufbereitung quantitativer Merkmale regelmäßig Klasseneinteilungen erforderlich sind und kennen Faustregeln für eine solche Einteilung. Die Unterschiede zwischen absoluter, relativer und prozentualer Häufigkeit sind Ihnen klar. Im Einzelnen haben Sie eindimensionale Häufigkeitstabellen und Kreuztabellen, Säulen und Balkendiagramme, Kreisdiagramme, Blasendiagramme, Histogramme, Summenpolygone und Streudiagramme kennen gelernt.

3 Lagemaße statistischer Verteilungen

Lernziele

In Kapitel 2 haben Sie gelernt, durch tabellarische und graphische Aufbereitung Erkenntnisse über die vorliegende Menge von Beobachtungen zu gewinnen. Als Ansammlung einer häufig großen und ungeordneten Datenmenge war diese Beobachtungsmenge ohne eine solche Aufbereitung zunächst nicht wirklich „begreifbar". In diesem und dem nächsten Kapitel gehen Sie einen Schritt weiter: Sie erfahren, wie Sie das Datenmaterial zu einzelnen Kenn- / Maßzahlen verdichten. In diesem Kapitel wird es um Maße für die zentrale Lage der Datenwerte gehen.

Praxisbeispiel

In der Publikation "Deutschland – Land und Leute 2009" des Statistischen Bundesamtes findet man zur tariflichen Wochenarbeitszeit Durchschnittswerte für das Jahr 2008:

Früheres Bundesgebiet	36,9
Neue Länder	39,1
Deutschland	37,1

Wie Sie sehen, waren im Jahr 2008 die Arbeitnehmer in den neuen Bundesländern eindeutig fleißiger als in den alten. Sie arbeiteten im Durchschnitt mehr als zwei Stunden länger pro Woche. Aber wie wird so ein Durchschnitt berechnet? Man sammelt die wöchentlichen Arbeitszeiten einer repräsentativen Stichprobe von tarifgebundenen Arbeitnehmern, summiert sie auf und teilt durch die Anzahl der Arbeitnehmer. Was herauskommt, nennt der Statistiker nicht Durchschnitt, sondern arithmetisches Mittel. An den Zahlen erkennen Sie im Übrigen, dass der Wert für „Deutschland", der ja auch ein Durchschnittswert der Ergebnisse für die neuen und alten Bundesländern ist, nicht einfach als (36,9 + 39,1)/2 berechnet wurde, sondern vielmehr ein "gewogener" Mittelwert ist. In Westdeutschland gibt es wesentlich mehr Arbeitnehmer, also ist der Mittelwert auch deutlich näher an 36,9 als an 39,1 Wochenstunden.

Vorbemerkung

Häufig kann bereits eine einzige Zahl diejenige Information über die Datenmenge enthalten, die wir für eine Entscheidung benötigen. Mit dieser prinzipiellen Vorgehensweise steht die Statistik nicht allein. Beispielsweise benötigt auch der Physiker für eine Reihe von Überlegungen nur den Schwerpunkt eines möglicherweise sehr komplexen Körpers, nicht die gesamte Massenverteilung in dem Körper.

Die Statistik unterscheidet – Sie haben es in Kapitel 1 gelernt – zwischen zwei Mengen von Beobachtungseinheiten: der Grundgesamtheit (Population) aller prinzipiell interessierenden Beobachtungseinheiten und der Stichprobe, einer beschränkten, zufällig oder systematisch aus der Population herausgegriffenen Untermenge.

Die Maßzahlen, die wir in diesem Kapitel behandeln, berechnen wir in vollständig identischer Weise für die Population wie für eine Stichprobe. Wir machen trotzdem schon hier auf den Unterschied aufmerksam. Es wird sich nämlich herausstellen, dass nicht immer die exakt gleiche Formel zur Berechnung einer bestimmten Maßzahl für Population und Stichprobe gewählt werden sollte. Im nächsten Kapitel werden Sie Fälle kennen lernen, in denen unterschiedlicher Formeln für Maßzahlen von Population und Stichprobe anzuwenden sind.

Es ist üblich, Maße, die sich auf Grundgesamtheiten beziehen, als *Parameter* der Grundgesamtheit zu bezeichnen und mit griechischen Buchstaben zu notieren. Maße in Bezug auf Stichproben werden *Stichprobenvariablen* genannt und mit lateinischen Buchstaben bezeichnet.

In diesem Kapitel 3 behandeln wir wie gesagt Maße, die geeignet sind, die *Lage* der Verteilung der beobachteten Werte (Merkmalsausprägungen) im Merkmalsraum – das heißt fast immer: auf der Achse der reellen Zahlen – zu kennzeichnen. Wir nehmen zur Vereinfachung jetzt durchweg an, dass die verwendeten Skalen mindestens Intervallskalen sind, der Leser wird bei der Besprechung im Folgenden erkennen, welche der Maße eventuell geringere Anforderungen stellen.

Die beiden folgenden Histogramme unterscheiden sich offenbar nur durch ihre „Lage". Diese zu beschreiben und zu unterscheiden ist also Thema dieses Kapitels.

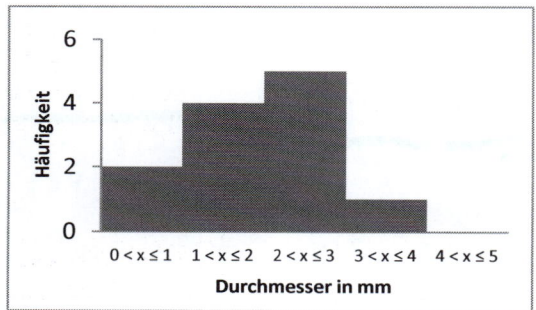

Abbildung 3.1   Schraubenstärken für Werkstück A

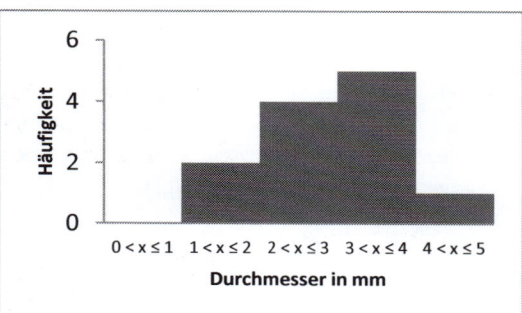

Abbildung 3.2   Schraubenstärken für Werkstück B

3.1 Arithmetisches Mittel

Das bekannteste und üblichste Maß für die Lage der Verteilung ist das arithmetische Mittel. Oft wird es auch einfach als „der Mittelwert" bezeichnet. Anders gesagt ist das arithmetische Mittel der Schwerpunkt aller Werte. Das Wort „Werte" werden wir in Zukunft insbesondere bei numerischen Skalen häufiger als das genauere, aber umständlichere „Merkmalsausprägungen" benutzen. Bezeichnen wir mit x_i die bei den n Beobachtungseinheiten der Stichprobe bzw. den N Elementen der Population festgestellten Werte, dann sind µ (sprich „Mü") und $\bar{x}$ die üblichen Bezeichnungen für den Mittelwert der x_i in der Population bzw. in der Stichprobe. Es gilt:

$\mu = \frac{1}{N} \cdot \sum_{i=1}^{N} x_i$ für die Population bzw. $\bar{x} = \frac{1}{n} \cdot \sum_{i=1}^{n} x_i$ für eine Stichprobe.

Beispiel:
Die Werte 3, 17, 10, -20, 36, -16 haben die Summe 30 und daher den Mittelwert 30/6 = 5.

> Computerübung
> Natürlich können Sie das im Kopf berechnen. Natürlich kann das auch jeder Taschenrechner. Aber bei einer großen Anzahl von Werten, die vielleicht schon in einer Tabelle gespeichert sind, kann es hilfreich sein zu wissen, das auch hier Excel nutzbar ist: In das Tabellenfeld, das das Ergebnis enthalten soll, schreiben Sie =MITTELWERT(…), wobei die Klammer die Einzelwerte aufnimmt, entweder explizit als Zahlenwerte oder als Referenz auf Tabellenfelder. Zahlen und Referenzen auf Datenfelder können beliebig und in beliebiger Anzahl kombiniert werden. Jede einzelne Zahl und jede Referenz ist durch einen Strichpunkt von den anderen zu trennen.

Hat man Datenklassen gebildet, ist h_i die für die Klasse i ermittelte Häufigkeit (dann gilt offenbar $\sum h_i = N$ bzw. $\sum h_i = n$) und ist x_i jetzt der mittlere Wert des Klassenintervalls, dann erhält man eine Annäherung an den exakten Mittelwert durch

$$\mu = \frac{1}{N} \sum h_i \cdot x_i \quad \text{bzw.} \quad \bar{x} = \frac{1}{n} \sum h_i \cdot x_i.$$

Statt eines Näherungswertes erhält man hier den exakten Mittelwert, wenn man als x_i nicht die mittleren Werte der Klassenintervalle, sondern jeweils die arithmetischen Mittel aus allen Beobachtungen der jeweiligen Klasse verwendet – aber dann hat man keine Arbeit gespart.

Eine einfache, aber doch interessante und für viele Berechnungen und Beweise wichtige Eigenschaft des arithmetischen Mittels wird als *Zentraleigenschaft* bezeichnet. Sie besagt, dass die Summe der Abstände der Einzelwerte vom Mittelwert – jeweils mit entsprechendem Vorzeichen gerechnet – null ergibt:

$$\sum (x_i - \bar{x}) = 0.$$

Das kann man auch so interpretieren: Verringert man alle Einzelwerte um $\bar{x}$, dann ist der Mittelwert der verschobenen Werte null.

Lernkontrolle zu 3.1

1. Mit dem griechischen Buchstaben μ bezeichnet man ...

    a. ... den arithmetischen Mittelwert einer Stichprobe.
    b. ... den arithmetischen Mittelwert einer Grundgesamtheit.
    c. ... den arithmetischen Mittelwert einer Stichprobe, wenn sie mindestens 10 % der Beobachtungseinheiten der Grundgesamtheit umfasst.
    d. ... jedes arithmetische Mittel in der Statistik.

2. Nehmen Sie an, Sie hätten die beobachteten Werte in Klassen eingeteilt.

    a. Der Mittelwert der mittleren Klassenwerte ist eine gute Näherung für das arithmetische Mittel aller Werte.
    b. Das mit der Besetzungshäufigkeit der Klassen gewichtete Mittel der mittleren Klassenwerte ist meistens eine gute Näherung für das arithmetische Mittel aller Werte.
    c. Das arithmetische Mittel kann in diesem Fall nicht bestimmt werden.
    d. Zur Berechnung des arithmetischen Mittels müssen zuerst die relativen Klassenhäufigkeiten berechnet werden.

3. Welche Aussagen sind richtig?

    a. Oberhalb und unterhalb des arithmetischen Mittelwertes liegen gleich viele Werte.
    b. Im Extremfall können alle Werte oberhalb des arithmetischen Mittelwertes liegen.
    c. Es ist möglich, dass alle Werte bis auf einen oberhalb des arithmetischen Mittelwertes liegen.
    d. Nur bei einer kleinen Zahl von Beobachtungen (n < 5) können alle Werte bis auf einen oberhalb des arithmetischen Mittelwertes liegen.
    e. Das arithmetische Mittel von 0, 7, 7, -2 ist 4.
    f. Mit „Zentraleigenschaft" des arithmetischen Mittelwertes ist gemeint, dass dieser Wert eine zentrale Bedeutung in der Statistik hat.
    g. Mit „Zentraleigenschaft" des arithmetischen Mittelwertes ist gemeint, dass dieser Wert in bestimmtem Sinn das Zentrum der beobachteten Werte darstellt.

3.2 Geometrisches Mittel

Das arithmetische Mittel steht in der Statistik als Lagemaß so sehr im Vordergrund, dass es, wie oben angemerkt, regelmäßig einfach als „Mittel" bzw. „Mittelwert" ohne weiteren Zusatz bezeichnet wird. Nicht immer ist allerdings das arithmetische Mittel das sachgerechteste Lagemaß einer Verteilung. Wir wissen von Wachstumsprozessen, wie etwa dem Wachstum von Kapital durch Zins und Zinseszins, Umsatzwachstum, Wirtschaftswachstum oder Inflation, dass man eine Folge sich ändernder Wachstumsraten durch die wiederholte konstante Verwendung des geometrischen Mittels dieser Raten ersetzen kann. Den Vergleich der „Lage" zweier Mengen von Wachstumsraten (Welche der beiden Mengen erzeugt insgesamt gesehen höheres Wachstum?) wird man also zweckmäßigerweise über das geometrische Mittel vornehmen:

$$\mu_g = \sqrt[N]{\prod_{i=1}^{N} x_i} \quad \text{bzw.} \quad \bar{x}_g = \sqrt[n]{\prod_{i=1}^{n} x_i}.$$

Das große Π (Pi) ist die Stenographie für wiederholte Multiplikation: Alle x_i werden miteinander multipliziert. Dabei setzen wir hier voraus, dass alle x_i positiv sind.

Beispiel:
Es werden zwei alternative Reihen von Verzinsungen für eine Anlage für die nächsten zehn Jahre angeboten. Welchem Angebot ist aus Sicht des Anlegers bei gleicher Sicherheit der Anlagen der Vorzug zu geben?

Tabelle 3.1 Zinsentwicklung für Anlagevarianten

Jahr	1	2	3	4	5	6	7	8	9	10
Angebot 1	2,30%	2,35%	3,10%	3,10%	3,10%	3,50%	3,60%	4,00%	4,00%	4,50%
Angebot 2	3,10%	3,10%	3,10%	3,10%	3,10%	3,10%	4,00%	4,00%	4,00%	4,00%

Die Zinssätze (p) sind zunächst in Wachstumsfaktoren umzurechnen ($x = 1 + p/100$), dann berechnen wir das geometrische Mittel aus den x_i und ermitteln wiederum den zugehörigen mittleren Zins:

(1) $\sqrt[10]{1{,}023 \cdot 1{,}0235 \cdot 1{,}031 \cdot 1{,}031 \cdot 1{,}031 \cdot 1{,}035 \cdot 1{,}036 \cdot 1{,}04 \cdot 1{,}04 \cdot 1{,}045} = 1{,}0335$

(2) $\sqrt[10]{1{,}031 \cdot 1{,}031 \cdot 1{,}031 \cdot 1{,}031 \cdot 1{,}031 \cdot 1{,}031 \cdot 1{,}04 \cdot 1{,}04 \cdot 1{,}04 \cdot 1{,}04} = 1{,}0346$

Das Angebot 2 hat eine Durchschnittsverzinsung von 3,46 % und ist damit besser als Angebot 1 mit 3,35 %.

> **Computerübung**
> =GEOMITTEL(…) liefert in Excel das geometrische Mittel. In den Klammern sprechen Sie die Tabellenfelder an, die die zu mittelnden Werte enthalten. Bei der vorliegenden Fragestellung bauen Sie zunächst eine Tabelle auf, in der Sie die gegebenen Prozentwerte zuerst durch 100 teilen und dann jeweils 1 addieren.

Lernkontrolle zu 3.2

1. Welche Aussagen treffen zu?

    a. Arithmetisches Mittel und geometrisches Mittel haben nur in Ausnahmefällen unterschiedliche Werte.

    b. Wenn eine Volkswirtschaft in aufeinanderfolgenden Jahren in unterschiedlicher Stärke wächst und schrumpft, benötigt man das geometrische Mittel der Wachstumsfaktoren bzw. Schrumpfungsfaktoren, um über die gesamte Beobachtungsperiode mit einem einheitlichen (Ersatz-) Faktor rechnen zu können.

c. Das geometrische Mittel von 4 und 9 ist 6.
d. Um den Durchschnittszinssatz einer Geldanlage über drei Jahre mit den Zinssätzen 3 % im ersten Jahr, 4 % im zweiten Jahr und 5 % im dritten Jahr zu berechnen, muss das geometrische Mittel ermittelt werden.

2. Gegeben sind die Werte 28, 35, 120. Das geometrische Mittel ist (gerundet) …

   a. … 49
   b. … 50
   c. … 59
   d. … 60

3. Gegeben sind die Werte 7, 7, 7, 7. Was trifft zu?

   a. Das geometrische Mittel ist 49.
   b. Das geometrische Mittel kann bei lauter identischen Werten nicht berechnet werden.
   c. Das geometrische Mittel ist 7.
   d. Das geometrische Mittel ist 7,23.

4. Bei der Definition des geometrischen Mittels wurde $x_i > 0$ für alle x_i vorausgesetzt. Was trifft zu?

   a. Das ist aus mathematischer Sicht nicht wirklich notwendig. Die x_i könnten beliebige Werte annehmen.
   b. Einige der x_i könnten auch null sein, ohne dass dies aus mathematischer Sicht zu Problemen führen würde. Praktisch hat das aber keine Bedeutung, da das geometrische Mittel dann jedenfalls null wird, ohne dass es auf die anderen x_i überhaupt noch ankäme.
   c. Macht man diese Voraussetzung nicht, ist der Term für den geometrischen Mittelwert nicht immer berechenbar.
   d. Wären einige der x_i negativ, könnte man den Term für den geometrischen Mittelwert in keinem Fall berechnen.

3.3 Median

Das arithmetische Mittel hat neben seiner besonderen Anschaulichkeit auch deswegen große Bedeutung, weil es als Bestandteil anderer Formeln der Statistik an vielen Stellen verwendet wird. Als Nachteil stellt sich allerdings heraus, dass es empfindlich auf „Ausreißerwerte" reagiert.

Extrembeispiel: Wir beobachten die Werte

   3, 4, 3, 4, 4, 30.

Als „Lagemaß" dieser Werteverteilung möchte man intuitiv eine Zahl zwischen 3 und 4 erwarten. Als Mittelwert ergibt sich aber 1/6 (3 + 4 + 3 + 4 + 4 + 30) = 8.

Vollständig unempfindlich gegen einzelne Ausreißer ist das Lagemaß *Median*, definiert als ein Wert, der bei Anordnung aller Beobachtungen in aufsteigender Reihenfolge der relevanten Merkmalsausprägungen „genau in der Mitte" liegt. Anschaulich gesprochen: es soll genauso viele Beobachtungen mit Werten oberhalb wie unterhalb des Medians geben. Diese Beschreibungen des Maßes „Median" machen übrigens deutlich, dass man es schon bei einer ordinalen Skala verwenden kann.

Bei der Präzisierung kann es ein paar kleinere Schwierigkeiten geben. Es muss beachtet werden, ob die Anzahl der Beobachtungen gerade oder ungerade ist, ob im Bereich des mittleren Wertes Wiederholungen vorkommen und welche Skala für die Werte verwendet wurde. Wir machen die Verhältnisse an einigen Beispielen deutlich. Die Werte sind dabei schon in die richtige Reihenfolge gebracht. Diese Aufgabe muss, wenn eine Menge von realen Erhebungsdaten vorliegt, im Allgemeinen erst einmal erledigt werden.

(1) 1 17 18 25 30

Bei einer ungeraden Anzahl von Beobachtungen ist die „Mitte" zweifelsfrei, der Median ist hier also 18.

An der Problemlosigkeit im Fall ungerader Beobachtungszahl ändert sich auch nichts, wenn sich Werte wiederholen oder wenn nur eine Ordinalskala vorliegt. Allerdings erkennen wir an den folgenden Beispielen, dass die oben als „anschaulich" bezeichnete Beschreibung des Medians „genauso viele Beobachtungen mit Werten oberhalb wie unterhalb des Medians" im Fall sich wiederholender Werte doch ihre Tücken hat.

(2) 1 17 17 25 300   Median = 17

(3) A B D X Y   Median = D

(4) A B D D D   Median = D

Kommen wir zu Fällen mit einer geraden Anzahl von Beobachtungen.

(5) 1 17 19 20

Es gibt hier keine mittlere Beobachtung. Die „Mitte" liegt zwischen Beobachtung 2 und Beobachtung 3. Bei Verwendung der Idee „genauso viele Beobachtungen mit Werten oberhalb wie unterhalb des Medians" kann man jeden Wert zwischen 17 und 19 als Median wählen. Üblich ist es, das arithmetische Mittel der beiden Werte rechts und links von der Mitte zu nehmen. Der Median ist also ½ (17 +19) = 18. Das setzt allerdings voraus, dass das interessierende Merkmal diese Berechnung zulässt. Im Fall eines nur ordinalen Merkmals haben wir jedoch ein Problem.

(6) A B C D

Es gibt nichts „zwischen" B und C. Muss man gleichwohl einen Median festlegen, entscheide man sich für B *oder* C.

(7)   A B B C

Glücklicherweise stellt sich das Dilemma von Beispiel (6) hier nicht. B ist eine problemlose Wahl als Median

Für eine formale Definition des Medians lassen wir jetzt den Fall nur ordinaler Skaliertheit außen vor (oder beschränken uns in diesem Fall auf Beobachtungsreihen mit einer ungeraden Anzahl von Beobachtungen). Wir können also mit Zahlwerten rechnen. Wir verzichten auch auf die formale Unterscheidung der Maße für Population und Stichprobe, man wird sehr selten alle Elemente einer umfangreichen Grundgesamtheit der Reihe nach anordnen, um den Median zu bestimmen.

Nach Anordnung entsprechend der Größe und entsprechender Nummerierung:

$Me = x_{(n+1)/2}$ wenn n ungerade,

$Me = ½ (x_{n/2} + x_{n/2+1})$ wenn n gerade.

> **Computerübung**
> Für den dieser Definition zugrunde liegenden Fall, in dem die x_i Zahlwerte sind, liefert in Excel =MEDIAN(…) den gewünschten Wert; dabei braucht man sich nicht die Mühe zu machen, die Werte erst der Größe nach zu sortieren. Sie übergeben die Werte an die Funktion MEDIAN genauso wie beim Mittelwert.

Lernkontrolle zu 3.3

1. Der Median …
   a. … ist dem arithmetischen Mittelwert immer vorzuziehen, wenn eine Aussage über die zentrale Lage einer Häufigkeitsverteilung gemacht werden soll.
   b. … ist unempfindlich gegen Ausreißer am oberen und unteren Rand der Verteilung.
   c. … ist nur gegen Ausreißer am oberen Rand der Verteilung unempfindlich.
   d. … lässt sich nur bei Verhältnisskalen anwenden.
   e. … lässt sich bei Verhältnisskalen anwenden.
   f. … setzt eine ungerade Anzahl von Beobachtungen voraus.
   g. … setzt eine gerade Anzahl von Beobachtungen voraus.

2. Der Median von 1 1 1 2 2 2 …
   a. … ist 1.
   b. … ist 1,5.
   c. … ist 2.
   d. … lässt sich nicht ermitteln.

3. Der Median von

   ausgezeichnet gut gut befriedigend befriedigend mangelhaft mangelhaft …

a. ... ist „befriedigend".
b. ... ist nicht definiert, weil die Skala nur ordinal ist.
c. ... ist nicht definiert, weil die mittleren Werte wiederholt auftreten.
d. ... besteht aus den zwei Werten: „befriedigend befriedigend".

3.4 Modus

Der *Modus* ist der am häufigsten vorkommende Wert in einer statistischen Reihe. Kommen dabei genau zwei Werte gleich häufig vor, heißt die Reihe *bimodal*, im Fall von mehreren gleich häufig vorkommenden Werten *multimodal*. Offenbar setzt die Anwendung dieses Begriffes nichts über die Skalierung des betrachteten Merkmals voraus.

Beispiele:
A, B, X, U, A, B, C, X, U, U, B, X, B ist unimodal mit Modus B (kommt viermal vor, alle anderen höchstens dreimal).

A, B, X, U, A, B, C, X, U, U, B, X, B, X ist bimodal mit Modi B und X (kommen je viermal vor, alle anderen höchstens dreimal).

1, 3, 3, 5, 2, 2, 5, 4, 4 besitzt die vier Modi 2, 3, 4 und 5 (kommen je zweimal vor).

> **Computerübung**
> Für numerische Werte stellt Excel die Funktionen MODUS.EINF und MODUS.VIELF zur Verfügung. MODUS.EINF liefert *einen* Wert als Ergebnis, auch bei multimodalen Reihen. MODUS.VIELF ist eine Arrayfunktion, die mehrere Werte zurückgeben kann. Entscheiden Sie zunächst, wie viel Werte Sie im Fall einer multimodalen Reihe genannt haben möchten. Markieren Sie dann ein senkrechtes Array (Datenfeld) von einer Spalte und dieser Anzahl von Zeilen. In die erste Zelle des Feldes geben Sie ein =MODUS.VIELF(...), wobei wie immer in den Klammern die Referenz auf die Eingabewerte steht. Schließen Sie aber jetzt *nicht* mit der einfachen Eingabetaste ENTER ab sondern – wie bei Arrayfunktionen erforderlich – mit der Tastenkombination CTRL + SHIFT + ENTER.

Lernkontrolle zu 3.4

1. Der Modus von

    ausgezeichnet gut gut befriedigend befriedigend mangelhaft mangelhaft ...

    a. ... ist „befriedigend" weil es von den häufigsten Werten der mittlere ist.
    b. ... ist sowohl „gut" als auch „befriedigend" als auch „mangelhaft", weil alle den Maximalwert der Häufigkeit erreichen.
    c. ... ist „ausgezeichnet", weil dieser Wert die geringste Häufigkeit hat.
    d. ... kann nicht bestimmt werden.

2. Der Modus von 1 1 1 3 4 4 5 5 6 …

   a. … ist „1", weil es am häufigsten vorkommt.
   b. … ist „4", weil es ein häufiger Wert in der Mitte der Verteilung ist.
   c. … ist nicht definiert, weil der häufigste Wert ganz am Rand der Verteilung liegt.
   d. … ist sowohl „4" als auch „5", weil beide Werte gleich häufig vorkommen.

3. Was ist richtig?

   a. Eine Beobachtungsreihe von zehn nominalen Werten hat einen Modus oder mehrere Modi.
   b. Eine Beobachtungsreihe von zehn ordinalen Werten hat einen Modus oder mehrere Modi.
   c. Eine Beobachtungsreihe von fünf Werten einer Intervallskala hat einen Modus oder mehrere Modi.
   d. Eine Beobachtungsreihe von zwanzig Werten einer Verhältnisskala hat einen Modus oder mehrere Modi.

3.5 Quantile, Perzentile

Mit der Einführung dieser Maße, die eine Verallgemeinerung des Lagemaßes „Median" sind, befinden wir uns im Grenzbereich von Lagemaßen, die das generelle Thema dieses Kapitels sind, und Streuungsmaßen, die das nächste Kapitel behandeln wird. Wir machen die Leserin wieder zuerst einmal mit der allgemeinen Idee der Begriffe in intuitiver Form bekannt und lassen präzisere Definitionen folgen.

Beim Median ging es darum, einen mittigen Wert in der geordneten Folge der beobachteten Werte zu finden. Bei *Quantilen* und *Perzentilen* geht es darum, aus der geordneten Folge der Beobachtungswerte diejenigen zu bestimmen, bis zu denen ein bestimmter Anteil (bei Quantilen) bzw. ein bestimmter Prozentsatz (bei Perzentilen) der Werte erreicht ist. Quantile und Perzentile unterscheiden sich offenbar nur bezeichnungstechnisch, nämlich nur dadurch, dass dieser Anteil im ersten Fall durch eine Zahl zwischen 0 und 1 bestimmt wird, im anderen Fall durch eine Zahl zwischen 0 und 100. Der Median ist demnach das 0,5-Quantil, das 50 %-Quantil oder das 50-ste Perzentil. Als *Quartile* bezeichnet man schließlich die zu ¼, ½, ¾ gehörenden Quantile, so dass man den Median auch das zweite Quartil nennen kann.

Ihnen ist an dieser Stelle deutlich geworden, dass die Quantile – da es sie ja in praktisch beliebiger Zahl gibt – nicht nur eine in einer Zahl kondensierte Aussage über die Lage der Beobachtungswerte ermöglichen, sondern vielmehr die Werteverteilung beliebig genau nach Lage *und* Streuung beschreiben können.

Bei der jetzt folgenden formalen (also: präzisierten) Definition der Quantile machen Sie sich bitte anhand von Beispielen mit mehrfachen Werten klar, warum zweimal das Wort „mindestens" verwendet werden muss.

Definition: Es sei q eine Zahl zwischen 0 und 1 und n sei die Anzahl der Beobachtungswerte. Eine Zahl Q_q ist q-Quantil, wenn mindestens $n \cdot q$ Werte kleiner oder gleich Q_q *und* mindestens $n \cdot (1-q)$ Werte größer oder gleich Q_q sind.

Neben dieser Definition benötigen wir eine Handlungsanweisung zur praktischen Ermittlung der Quantile. Während die Definition sachgerechter Weise nur eine Ordinalskala voraussetzt, nehmen wir zur Vermeidung komplizierter Formulierung von Bedingungen jetzt wieder an, dass die Merkmalswerte quantitativ sind.

Ermittlung des q-Quantils Q_q

- Sortiere die n Beobachtungswerte aufsteigend: x_i
- Berechne $i = n \cdot q$
- Ist i ganzzahlig, dann ist $Q_q = ½ (x_i + x_{i+1})$
- Ist i keine ganze Zahl, dann ist $Q_q = x_j$, wo j die auf i folgende ganze Zahl ist

Bitte vergewissern Sie sich, dass dies für q = ½ mit der Definition des Median übereinstimmt.

Beispiel:
Gegeben seien die Werte 2, 4, 5, 8, 10.

Wir haben sie schon in aufsteigender Reihenfolge angeordnet. n = 5.

Gesucht seien die Quantile $Q_{0,2}$ und $Q_{0,7}$.

Für q = 0,2 ist der relevante Index $i = 0,2 \cdot 5 = 1$. Damit ist der erste Fall der obigen Anleitung eingetreten, i ist ganzzahlig. Wir haben also zu berechnen:

$Q_{0,2} = ½ \cdot (x_1 + x_2) = ½ \cdot (2 + 4) = 3$.

In der Tat, mindestens 20 % der Werte sind kleiner oder gleich 3 (sogar genau 20 %, nämlich der eine Wert 2) und mindestens 80 % sind größer oder gleich 3 (sogar genau 80 %, nämlich die vier Werte 4, 5, 8, 10).

Für q = 0,7 ist der relevante Index $i = 0,7 \cdot 5 = 3,5$. Damit ist der zweite Fall der Anleitung eingetreten, i ist nicht ganzzahlig. Die auf i = 3,5 folgende ganze Zahl ist j = 4. Wir haben also zu wählen:

$Q_{0,7} = x_4 = 8$

In der Tat, mindestens 70 % der Werte sind kleiner oder gleich 8 (nämlich die vier Werte 2, 4, 5, 8, also 80 %) und mindestens 30 % sind größer oder gleich 8 (nämlich die zwei Werte 8, 10, also 40 %).

> Excel verwendet eine etwas andere Definition der Quantile, wir verzichten daher an dieser Stelle auf eine Computerübung.

Lernkontrolle zu 3.5

1. Wir haben folgende Werte beobachtet: 0 0 0 0 0 1 2 2 2 2 3 4 4 5 5 5 6 6 20 38
   a. Das zweite Quartil ist _2,5_.
   b. Das dreißigste Perzentil ist _1,5_.
   c. Das 2/3-Quantil ist _5_.
   d. Der Median ist _2,5_.

2. Es wurden folgende Werturteile abgegeben (A = am besten, E = am schlechtesten):

   A B A C D D A E A B

   a. Das erste Quartil ist _____.
   b. Das dritte Quartil ist _____.
   c. Das sechzigste Perzentil ist _____.
   d. Das 45 %-Quantil ist _____.

3. Welche der folgenden Aussagen sind richtig?
   a. Das erste Quartil und das 25 %-Perzentil sind identisch.
   b. Das 100 %-Perzentil ist immer der größte beobachtete Wert.
   c. Der Wert der vier Quartile sagt nichts über die Streuung der beobachteten Werte aus.
   d. Wenn man wissen will, wie viel die 10 % Reichsten mindestens verdienen, muss man das 10 %-Perzentil der Einkommensverteilung ausrechnen.

Zusammenfassung

Sie wissen jetzt, dass man unterschiedliche Maßzahlen für die zentrale Lage einer Häufigkeitsverteilung berechnen kann. Im Einzelnen haben Sie kennen gelernt: arithmetisches und geometrisches Mittel, Median und Modus. Sie kennen die Vor- und Nachteile und gegebenenfalls unterschiedliche Anwendungsbereiche dieser Maße. Sie haben zur Kenntnis genommen, dass es wichtig sein kann, Maße für Grundgesamtheiten und Stichproben zu unterscheiden. Wirklich zum Tragen kam eine solche Unterscheidung allerdings bisher nicht. Weiter wurden mit den Perzentilen, Quantilen und Quartilen Maße eingeführt, die zusätzlich zur zentralen Lage bereits Einsichten über die Streuung der Verteilung vermitteln können.

4 Streuungsmaße statistischer Verteilungen

Lernziele

In Kapitel 3 sind Sie mit Maßzahlen vertraut geworden, die die „zentrale", „schwerpunktmäßige" Lage der ermittelten Daten beschreiben. In diesem Kapitel lernen Sie zu ermitteln, wie sich die Daten über die Skala hinweg verteilen, wie sie „streuen". Auch hier soll es wie im der vorigen Kapitel wieder darauf ankommen, die Gesamtinformation zu einer Zahl (oder doch ganz wenigen Zahlen) zu verdichten. Sie werden nach erfolgreichem Bearbeiten des Kapitels wissen, welche Maße Ihnen die Statistik bereitstellt, und Sie werden die Maßzahlen für gegebene Häufigkeitsverteilungen berechnen können. Damit sind die Grundlagen für die spätere Anwendung bei einer Reihe von Aufgabenstellungen gelegt.

Praxisbeispiele

Beispiele dafür, dass eine solche Information interessant sein kann, sind:

Ein Investor, der sich zwischen Anlagen entscheiden will, wird nicht nur an der mittleren zu erwartenden Wertentwicklung interessiert sein, sondern auch an der Wertschwankung, also am Risiko. Stehen zwei Kapitalanlagen mit der gleichen Rendite zur Auswahl, sollte diejenige genommen werden, die die kleinere Wertschwankung aufweist, und je nach Risikobereitschaft des Investors kann auch eine niedrigere Durchschnittsrendite bei kleinerer Wertschwankung bevorzugt werden.

Bei der Herstellung von Werkstücken ist nicht nur der Mittelwert einer Abmessung der gefertigten Teile, sondern gerade auch die Streuung der Abmessung von Bedeutung.

Wenn der Notarzt im Durchschnitt nach zehn Minuten eintrifft, klingt das beruhigend, hilft mir aber nichts, wenn es in meinem Fall zwei Stunden dauert.

Ein etwas ausführlicheres Praxisbeispiel:

Das Unternehmen Morningstar ist einer der weltweit führenden Anbieter von unabhängigen Informationen über Investmentfonds. Die deutsche Internetseite ist unter www.morningstar.de zu finden. Wer Geld anlegen will, ist wahrscheinlich ganz gut beraten, vor dem Gespräch mit dem Berater seiner Hausbank sich vorab unabhängig zu informieren, z. B. bei Morningstar. Wenn man sich dort die Informationen über den deutschen Aktienfonds DWS Deutschland anschaut, findet man (z. B. im August 2013) folgendes:

    Rating = Fünf Sterne   Das ist das Beste, was Morningstar vergibt.

    Durchschnittliche Wertentwicklung der letzten drei Jahre: 18,34 %

Auch hier wird wieder ein Durchschnitt, vielmehr wahrscheinlich das arithmetische Mittel der Wertentwicklung der letzten drei Jahre dargestellt. 18,34 % ist wirklich nicht schlecht. Viele Fonds könnten da neidisch werden.

        Standardabweichung   22,10 %

Was sagt uns diese Größe? Das ist ein Maß für die Schwankung der Jahresrendite. Je höher die Standardabweichung ist, desto stärker hat die Rendite geschwankt. 22,10 % ist relativ hoch. Der Fonds ist also nichts für schwache Nerven. Oder man hält es mit dem Börsen-Altmeister Kostolany, der empfohlen hat, vor dem Kauf von Aktien (oder auch von Aktienfonds) eine Schlaftablette zu nehmen, dann bildlich gesehen lange zu schlafen und erst nach dem Aufwachen (also nach einigen Jahren) wieder auf den dann hoffentlich stark gestiegenen Aktienkurs zu schauen.

Vorbemerkung

Die beiden folgenden Histogramme (Abbildung 4.1 und Abbildung 4.2) zeigen Verteilungen, die dieselbe zentrale Lage haben, sich aber offensichtlich hinsichtlich ihrer Streuung um das Zentrum deutlich unterscheiden. Für sie müssen die gesuchten Kenngrößen unterschiedliche Werte liefern.

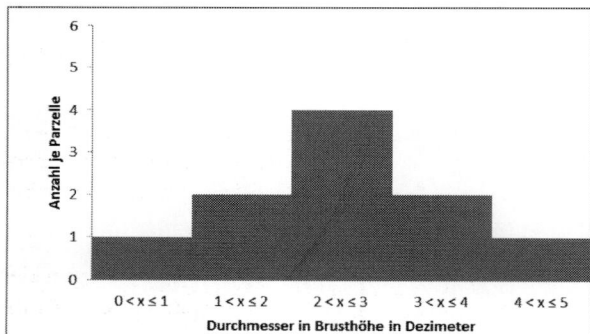

**Abbildung 4.1
Baumdurchmesser Flurstück A**

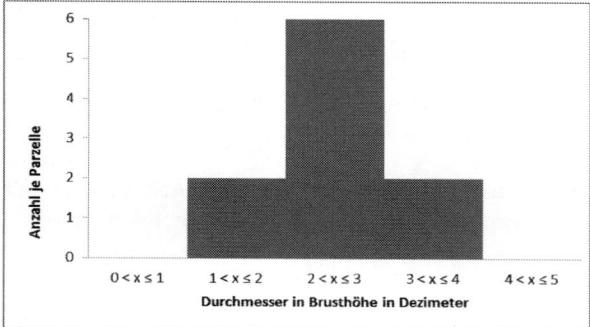

**Abbildung 4.2
Baumdurchmesser Flurstück B**

Im Einzelnen behandeln wir in diesem Kapitel diese Streuungsmaße:

- Spannweite
- Interquartilsabstand
- Fünf-Zahlen-Zusammenfassung/Box-Plot
- Varianz/Standardabweichung/Variationskoeffizient.

4.1 Spannweite, Interquartilsabstand, Box-Plot

4.1.1 Spannweite

Die Spannweite ist das einfachste Streuungsmaß. Es ist erklärt als

Spannweite = größter Wert – kleinster Wert.

Beispiel:
Im Internet finden sich für eine bestimmte Digitalkamera die Preise

124,90 €, 118,95 €, 117,85 €, 123,50 €, 130,90 €.

Größter Wert ist 130,90 €, kleinster Wert ist 117,85 €, die Spannweite ist 130,90 € – 117,85 € = 13,05 €.

Bei geeigneter Interpretation lässt sich die Spannweite auch für nur ordinal skalierte Merkmale verwenden. Mit der Aussage „Alle bei dieser Gelegenheit beobachteten Personen trugen T-Shirts zwischen XL und XXXL je einschließlich." ist die Spannweite der Beobachtungsreihe XL, XL, XXL, XXL, XXXL beschrieben.

Problem dieses Streuungsmaßes ist natürlich, dass ausschließlich die Einzelwerte an der oberen und unteren Grenze der beobachteten Werte das Ergebnis „Spannweite" bestimmen. Unterschieden würde nicht einmal der Extremfall, dass alle anderen Beobachtungen einen einzigen mittleren Wert annehmen, von dem anderen Extremfall, dass alle Beobachtungen je zur Hälfte den oberen und den unteren Wert annehmen. Deswegen ist die Spannweite als Streuungsmaß ungeeignet, wenn es Extremwerte gibt.

4.1.2 Interquartilsabstand

Als Quartile haben wir in Kapitel 3 die Werte kennen gelernt, die bei Anordnung in aufsteigender Reihenfolge jeweils ein Viertel der beobachteten Werte vom nächsten Viertel trennen.

Interquartilsabstand = 3. Quartil – 1. Quartil

Der Interquartilsabstand (IQA) ist also ein Maß, das angibt, auf einen wie großen Wertebereich sich die 50 % der Beobachtungen „in der Mitte" verteilen.

Beispiel:
Erwin benötigt einen neuen Laptop und hat sich bereits für ein Modell entschieden. Bei den lokalen Händlern und im Internet ermittelt er diese Preise (jeweils in Euro):

499, 510, 489, 485, 519, 517, 498, 489, 508, 499, 509, 529.

Zur Ermittlung des IQA bringt Erwin zunächst die Werte in aufsteigende Reihenfolge:

485, 489, 489, 498, 499, 499, 508, 509, 510, 517, 519, 529.

Jetzt sind erstes und drittes Quartil, also die Quantile $Q_{¼}$ und $Q_{¾}$ zu berechnen. Da die Anzahl der Werte n = 12 ist, erhält man zunächst $i_{¼}$ = ¼ · 12 = 3 und $i_{¾}$ = ¾ · 12 = 9. Beides sind ganze Zahlen, nach der Vorschrift aus dem letzten Kapitel sind die zugehörigen Quantile dann die Mittelwerte

$Q_{¼}$ = ½ · (489 + 498) = 493,50 und $Q_{¾}$ = ½ · (510 + 517) = 513,50. IQA = 513,50 − 493,50 = 20,00.

4.1.3 Box-Plot als Darstellung von fünf charakteristischen Zahlen einer Verteilung

Wir haben es hier mit einer recht effizienten Methode zu tun, die Streuung einer Beobachtungsreihe zu veranschaulichen. Allerdings wird das in diesem Fall nicht mit nur einer Zahl erreicht, wie wir es oben als in der Regel wünschenswert bezeichnet haben. Wir brauchen vielmehr immerhin fünf Werte. Die Lage dieser fünf Werte veranschaulicht ein Diagramm. Terminologische Puristen mögen deshalb darüber streiten, ob dieser Absatz in das Kapitel „Streuungsmaße" oder eher in das Kapitel „graphische Darstellung" gehört.

Die fünf zu betrachtenden Werte sind:

- Kleinster Wert
- 1. Quartil
- 2. Quartil (Median)
- 3. Quartil
- Größter Wert

Diese Werte werden, wie erwähnt, in einer wohldefinierten Form grafisch aufbereitet. Da die beherrschende Komponente der Darstellungsweise ein Rechteck, also ein Kasten, ist, nennt man das Ergebnis Box-Plot (nur selten findet man als deutsche Übersetzung „Schachtel-Schaubild"). Häufig modifiziert man die allein auf diesen Werten beruhende Form noch mit dem Ziel, Verfälschungen der Aussagekraft durch eine gesonderte Behandlung von Ausreißerwerten zu vermeiden.

Nehmen wir an, wir hätten es mit einer Häufigkeitsverteilung mit den folgenden fünf Werten zu tun:

- Kleinster Wert   5
- 1. Quartil   7
- 2. Quartil (= Median)   11
- 3. Quartil   14
- Größter Wert   28

Dann würde der (unmodifizierte) Box-Plot so aussehen:

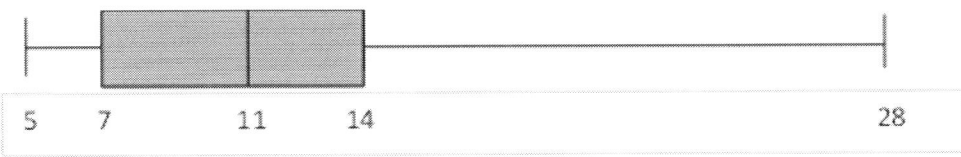

Abbildung 4.3   Boxplot ohne Sonderbehandlung eines Ausreißers

Bei näherer Inspektion der Beobachtungen stellt sich heraus, dass der größte Wert 28 nur einmal vorkommt. Der nächstkleinere ist 19 und kommt viermal vor. Vieles spricht dafür, dass 28 ein Beobachtungsfehler, zumindest aber ein völlig untypischer Wert ist. Beim modifizierten Box-Plot wird man anstreben, hier eine Korrektur des optischen Eindrucks vorzunehmen. (Anmerkung: Der Ausreißer mag ein schlichter Fehler sein. Es ist aber nicht auszuschließen, dass hier eine seltene Ausnahme beobachtet wurde, der man unbedingt Aufmerksamkeit zuwenden sollte, weil sie vielleicht erstes Anzeichen einer sich anbahnenden Fehlentwicklung ist oder ein bisher nicht beobachtetes Phänomen anzeigt.)

Bevor wir uns der Beschreibung der Sonderbehandlung von Ausreißern bei Box-Plots zuwenden, noch eine Begriffserklärung:

 Die von den äußeren Quartilen (also der linken und rechten Begrenzung der Box) zu den Extremwerten gezeichneten Linien nennt man *Whiskers*, das sind Schnurrhaare. Man kann sie auch als *Antennen* bezeichnen, wenn man auf die hübsche haarige Veranschaulichung verzichten will.

Es ist üblich, alle Werte als Ausreißer anzusehen, die um mehr als das 1,5-fache des Interquartilsabstands vom Boxende entfernt liegen. Der Interquartilsabstand ist hier 14 − 7 = 7, das Anderthalbfache ist dann 10,5. Die untere Grenze, für Ausreißer ist 7 − 10,5 = -3,5, die obere Grenze ist durch 14 + 10,5 = 24,5 gegeben. Werte, die kleiner als die untere Grenze oder größer als die obere Grenze sind, werden als Ausreißer klassifiziert. Der Datenpunkt 5 ist größer als die untere Grenze und damit kein Ausreißer, der Datenpunkt 28 liegt außerhalb der genannten Grenze (die man auch „Zaun" nennt) und ist beim modifizierten Box-Plot mit der rechten Linie nicht mehr zu erfassen. Die rechte Linie ist nur bis zum größten Nichtausreißer-Wert (das sei 19) zu zeichnen. Den (oder die) Ausreißer selbst markiert man an der geeigneten Stelle durch ein Sternchen.

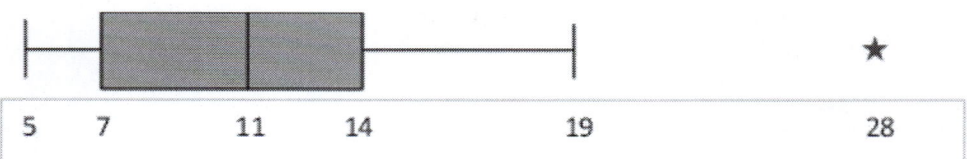

Abbildung 4.4 Box-Plot mit Sonderbehandlung eines Ausreißers

Excel 2010 verfügt nicht von Haus aus über eine Boxplot-Grafik. Im Internet findet man aber Add-Ins für diese Aufgabe.

Lernkontrolle zu 4.1

1. Zur Ermittlung der Spannweite einer Verteilung benötigt man …
   a. … alle beobachteten Werte.
   b. … den größten und den kleinsten Wert.
   c. … nur den größten Wert.
   d. … nur den kleinsten Wert.
   e. … den größten Wert, den kleinsten Wert und den Median.

2. Die Ermittlung des Interquartilsabstands ist möglich …
   a. … für ein Merkmal auf einer rein nominalen Skala.
   b. … wenn eine Intervallskala vorliegt.
   c. … wenn alle beobachteten Werte auf einer quantitativen Skala gleich sind.
   d. … wenn es extreme Ausreißer gibt.

3. Welche Aussagen sind richtig?
   a. Wenn man einen Box-Plot zeichnen will, muss man die beobachteten Werte zunächst sortieren.
   b. Zum Zeichnen eines Box-Plots benötigt man genau drei Werte der Verteilung.
   c. Der Name Box-Plot kommt daher, dass die Linien links und rechts von der zentralen Box den ausgestreckten Armen eines Boxers ähneln.
   d. Für einen Box-Plot kommt es nur darauf an, welche Werte überhaupt beobachtet wurden, nicht auf die Häufigkeit der Beobachtung einzelner Werte.
   e. Für Verteilungen mit Ausreißern empfiehlt sich ein modifizierter Typ des Box-Plots.
   f. Für Spannweite, Interquartilsabstand und Box-Plot benötigt man mindestens Ordinalskalen.
   g. Spannweite, Interquartilsabstand sind Maße, die sich nur bei stetigen Merkmalen anwenden lassen.
   h. Ein Box-Plot lässt sich nur bei stetigen Merkmalen zeichnen.
   i. Ausreißer sind Werte, die mindestens das Doppelte der Spannweite vom Median entfernt sind.

j. Die Definition des Ausreißers setzt mindestens eine Intervallskala voraus.

4. Die Verwendung des Maßes Spannweite ...

   a. ... ist besonders empfehlenswert bei Verteilungen mit Ausreißern.
   b. ... ist im Fall von Ausreißern problematisch.
   c. ... ist bei multimodalen Verteilungen nicht angebracht.
   d. ... ist nur bei symmetrischen Verteilungen empfehlenswert.

4.2 Varianz, Standardabweichung, Variationskoeffizient

Wir kommen jetzt zu den in der Statistik sowohl theoretisch wie auch praktisch bei Weitem wichtigsten Streuungsmaßen.

An dieser Stelle kommen wir noch einmal darauf zurück (vgl. den Beginn von Kapitel 3), dass wir Maße sowohl für eine Grundgesamtheit wie auch für eine Stichprobe berechnen können. Da man selten Gelegenheit haben wird, Merkmalsausprägungen aller Individuen einer Population zu beobachten, sind wir in der Regel auf die Beobachtung einer Stichprobe und die Berechnung eines Maßes für die Stichprobenverteilung angewiesen. Diese aus der Stichprobe berechnete Zahl sollte uns aber – so hoffen wir – ein Anhaltspunkt für die entsprechende Zahl der Population sein. Die Statistik sagt dazu: „Die Zahl a aus der Stichprobe ist ein *Schätzwert* für die Zahl α der Grundgesamtheit." Da es sich hier jeweils um einzelne Zahlen handelt (also Punkte auf dem Zahlenstrahl) spricht man von *Punktschätzungen*.

Im Fall des Mittelwerts ist das für die Stichprobe berechnete Lagemaß ein guter Schätzwert für den Mittelwert der Grundgesamtheit, aus der die Stichprobe entnommen wurde. Daher haben wir in Kapitel 3 für μ und $\bar{x}$ identische Formeln verwendet. Wir werden in diesem Abschnitt eine etwas andere Situation antreffen. Darauf soll schon jetzt hingewiesen werden.

Bei der Suche nach einem Maß für die durchschnittliche Abweichung der Einzelwerte vom Mittelwert (was sich ja intuitiv als Maß für die Streuung aufdrängt) könnte man zunächst daran denken, folgende Formel zu verwenden (durchschnittliche Abweichung = Summe der Einzelabweichungen geteilt durch Anzahl der Werte):

$$\frac{1}{n}\sum(x_i - \bar{x}).$$

Wir wissen aber aus Kapitel 3 (Zentraleigenschaft des Mittelwerts), dass dies immer null ist. Kurzes Nachdenken führt dann auch schnell zu der Erkenntnis, dass man natürlich sowohl die Abweichungen nach oben wie die nach unten ($x_i > \bar{x}$ bzw. $x_i < \bar{x}$) positiv zu zählen hat, also könnte

$$\frac{1}{n}\sum |x_i - \bar{x}|$$

ein besserer Ansatz sein – und ist es auch tatsächlich. Diese Maßzahl nennt man *mittlere absolute Abweichung*. Sie ist nun aber eine sehr wenig verbreitete Maßzahl für die Streuung, weil sie bezüglich der mathematischen Eigenschaften für Theorie und Praxis nicht konkurrenzfähig ist. Mit Absolutbeträgen kann man schlecht rechnen.

Eine zum Absolutbetrag alternative Möglichkeit, zu immer positiven (genauer: nicht negativen) Werten zu kommen, ist es, die betreffenden Werte zu quadrieren: $(x_i - \bar{x})^2$. Dies ist in der Tat der Weg der Wahl, den wir nun nur noch ein wenig zu präzisieren haben.

Zum einen bemerken wir, dass das Quadrieren natürlich die Dimension der Daten verändert. Sind die beobachteten Daten beispielsweise Längen in cm, dann ist die jetzt berechnete quadratische Abweichung in cm^2 gegeben. Neben dem Mittelwert der Abweichungsquadrate werden wir deshalb auch die Quadratwurzel aus dieser Zahl benutzen, damit wir wieder die ursprüngliche Dimensionierung erhalten.

Zweitens werden wir nunmehr wie schon beim Mittelwert die Unterscheidung zwischen Werten zur Population und solchen zu Stichproben wieder deutlich erkennbar machen, d. h. wir werden griechische Buchstaben für die Populationsparameter, lateinische für Stichprobenvariablen verwenden.

Und drittens erweist sich jetzt die schon angesprochene Differenzierung zwischen den Berechnungen für Population und Stichprobe als bedeutungsvoll. Wie erwähnt soll ein aus den Stichprobenwerten berechnetes Maß regelmäßig als Schätzwert für das entsprechende Maß der Population dienen. Zunächst ist natürlich hinsichtlich der Stichprobe für sich gesehen

$$\frac{1}{n}\sum (x_i - \bar{x})^2$$

die vollkommen natürliche Art der Berechnung der mittleren quadratischen Abweichung. Wollen wir nun aber diesen Wert als Schätzgröße für den entsprechenden Wert der Population verwenden, lässt sich verhältnismäßig leicht zeigen, dass er systematisch zu klein gerät. Wir würden also aufgrund einer solchen Berechnung auf der Grundlage von Stichprobenwerten immer von einer etwas zu starken Konzentration der Werte in der Grundgesamtheit um ihren Mittelwert ausgehen. Der Effekt ist insbesondere bei kleinerem Stichprobenumfang nicht vernachlässigbar. Diese systematische Verzerrung verhindern wir dadurch, dass wir statt der obigen Formel eine modifizierte verwenden:

$$\frac{1}{n-1}\sum (x_i - \bar{x})^2.$$

Schließlich führen wir für die mittlere quadratische Abweichung noch den Begriff der *Varianz* und für ihre Quadratwurzel den Begriff der *Standardabweichung* ein. Hierbei wird die Größe der Grundgesamtheit mit σ (Sigma) und der Stichprobenwert mit s bezeichnet.

Wir können nun zusammenfassen, indem wir auch gleich die üblichen Bezeichnungen verwenden:

	Population	Stichprobe
Varianz	$\sigma^2 = \frac{1}{N}\sum(x_i - \mu)^2$	$s^2 = \frac{1}{n-1}\sum(x_i - \bar{x})^2$
Standardabweichung	$\sigma = \sqrt{\sigma^2}$	$s = \sqrt{s^2}$

Beispiel:

Erwin (Beispiel aus Abschnitt 4.1.2) hat sich noch nicht zum Kauf eines neuen Laptops entschieden. Da er inzwischen den vorliegenden Abschnitt studiert hat, möchte er für die Beurteilung der Streuung der Preise auch die neuen Kenntnisse anwenden. Er geht davon aus, dass die in Abschnitt 4.1.2 recherchierten Preise noch gelten. Natürlich hat er keinen vollständigen Überblick über alle Preise gewonnen, er wird also die Formel für Stichproben anwenden. Erwin führt die erforderlichen Rechenschritte systematisch in der nebenstehend abgedruckten Tabelle durch.

x_i	$x_i - \bar{x}$	$(x_i - \bar{x})^2$
499	-5,25	27,5625
510	5,75	33,0625
489	-15,25	232,5625
485	-19,25	370,5625
519	14,75	217,5625
517	12,75	162,5625
498	-6,25	39,0625
489	-15,25	232,5625
508	3,75	14,0625
499	-5,25	27,5625
509	4,75	22,5625
529	24,75	612,5625
$\bar{x}$ = 504,25		s^2 = 181,11
		s = 13,46

Die Varianz der Preisdaten ist also 181,11 Quadrat-Euro, die Standardabweichung 13,46 Euro.

Die soeben für die Varianz angegebenen Formeln kann man in eine Form bringen, die für die Berechnung mit dem Taschenrechner bequemer ist. Wir schreiben hier nur die für die Praxis wichtigere Formel für eine Stichprobe auf:

$$s^2 = \frac{1}{n-1}\sum x_i^2 - \frac{n}{n-1}\bar{x}^2.$$

Bei dieser Schreibweise erkennt man zwar nicht mehr den Gedanken „durchschnittliche quadrierte Abweichung vom Mittelwert", braucht aber nur die Quadrate der Datenwerte zu addieren. So spart man die Berechnung der einzelnen Differenzen $x_i - \bar{x}$. Bei Verwendung eines Tabellenkalkulationsprogramms wird es Ihnen auf diese Ersparnis wohl weniger ankommen. Trotzdem hat Erwin auch diesen Weg ausprobiert und – natürlich – dasselbe Ergebnis für die Varianz erhalten. Für die Zukunft hat er allerdings beschlossen, nachdem er das Prinzip verstanden und nachvollzogen hat, doch lieber gleich in Excel die Funktionen zu verwenden, die unmittelbar die Varianz bzw. die Standardabweichung liefern.

Computerübung

Als inzwischen geübter Excel-Nutzer werden Sie natürlich die Schritte aus der obigen Tabelle nur wenige Male mit Taschenrechner und Papier durchführen, um die Systematik durch Übung zu verinnerlichen (und sich gegebenenfalls auf eine Klausur vorzubereiten, in der Ihnen kein Kalkulationsprogramm zur Verfügung steht). Jetzt dürfen Sie aber gern auch ausprobieren, wie die Systematik dieser tabellarischen Vorgehensweise sich in Excel darstellt. Die Sicht der hierzu abgedruckten Tabelle enthält die erforderlichen Formeln anstelle der Werte. Man erhält diese Sicht mit Hilfe der Registerkarte „Formeln" und der Schaltfläche „Formeln anzeigen". Der Inhalt der grau hinterlegten Felder wurde nicht eingetastet sondern durch „Ziehen" am schwarzen Kästchen rechts unten aus der einmal eingegebenen Musterformel reproduziert. Beachten Sie, dass Zellenbezüge, die sich dabei nicht ändern sollen, mit dem $-Zeichen fixiert werden.

	A	B	C
1	xi	xi -x̄	(xi -x̄)^2
2	499	=A2-A15	=B2^2
3	510	=A3-A15	=B3^2
4	489	=A4-A15	=B4^2
5	485	=A5-A15	=B5^2
6	519	=A6-A15	=B6^2
7	517	=A7-A15	=B7^2
8	498	=A8-A15	=B8^2
9	489	=A9-A15	=B9^2
10	508	=A10-A15	=B10^2
11	499	=A11-A15	=B11^2
12	509	=A12-A15	=B12^2
13	529	=A13-A15	=B13^2
14			
15	=SUMME(A2:A13)/12		=SUMME(C2:C13)/11
16			=WURZEL(C15)

Die im Text angesprochenen Funktionen für die Berechnung von Varianz und Standardabweichung ohne die explizite Durchführung der Einzelschritte sind

VAR.S(…) bzw. STABW.S(…).

Im Beispielfall ist also z. B. =VAR.S(A2:A13) in die Zelle einzugeben, die die Varianz enthalten soll. Das .S in den Funktionsnamen veranlasst die Verwendung der Formelvariante für Stichproben. Falls .N statt .S verwendet wird, berechnet Excel die Werte für die Grundgesamtheit.

Mit Hilfe von Varianz und Standardabweichung möchten wir uns einen Eindruck darüber verschaffen, ob unsere Daten weit verstreut um den Mittelwert herum liegen oder ob sie sich im Gegenteil stark in der Nähe des Mittelwertes konzentrieren. Je größer die Varianz bzw. die Standardabweichung ist – bei gleichem Mittelwert – desto größer ist die Streuung. Die Standardabweichung hat – darauf wurde hingewiesen – dieselbe Dimension wie die Beobachtungswerte selbst, bei Längen beispielsweise cm und ist deshalb der Varianz in der Regel vorzuziehen.

Spricht nun aber eine Standardabweichung von – sagen wir – 3 cm für eine große oder eine kleine Streuung? Wenn wir von Messergebnissen bzgl. der Höhe eines Berges sprechen, werden wir die Streuung eher für klein halten, wenn es sich um die beobachtete Streuung der Länge von Regenwürmern handelt, beurteilen wir das sicher anders. Hier kommt es also auf das Verhältnis der Standardabweichung zur Größenordnung der Werte selbst an. Diese repräsentieren wir durch den Betrag ihres Mittelwerts. Wir setzen dabei voraus, dass der Mittelwert nicht gleich 0 ist (sonst ist der Variationskoeffizient undefiniert) und definieren:

	für die Population	für eine Stichprobe
Variationskoeffizient	$\frac{\sigma}{|\mu|} \cdot 100$	$\frac{s}{|\bar{x}|} \cdot 100$

Der Variationskoeffizienten wird in Prozenten ausgedrückt, bei einem Variationskoeffizienten von 40 % weiß man also, dass die Standardabweichung 40 % des Mittelwerts beträgt.

Der Variationskoeffizient der von Erwin ermittelten Laptoppreise ist 13,46/504,25 = 2,67 %. Diese Preise streuen also im Verhältnis zum mittleren ermittelten Preis recht wenig.

Gelegentlich drückt man den Variationskoeffizienten auch als reine Verhältniszahl aus, also ohne Umrechnung in Prozente, dann unterbleibt die Multiplikation mit 100.

Lernkontrolle zu 4.2

1. Für eine Grundgesamtheit und eine Stichprobe …
    a. … verwendet man immer identische Formeln für den arithmetischen Mittelwert.
    b. … verwendet man immer identische Formeln für die Varianz.
    c. … verwendet man immer identische Formeln für den Variationskoeffizienten.
    d. … ist die Varianz einer Stichprobe bei Anwendung einer geeigneten Formel immer gleich der Varianz der Grundgesamtheit, aus der die Stichprobe entnommen wurde.

2. Welche Aussagen treffen zu?

    a. Man modifiziert die Formel für die Varianz einer Stichprobe im Vergleich zur Formel für die Grundgesamtheit, weil dieser Wert sonst zu groß würde.
    b. Wenn Verteilung A einen größeren Mittelwert als Verteilung B hat, dann ist auch die Varianz von Verteilung A größer als die von Verteilung B.
    c. Wenn Verteilung A einen größeren Mittelwert als Verteilung B hat, dann ist bei gleicher Varianz der Variationskoeffizient von Verteilung A kleiner als der von Verteilung B.
    d. Als Maß für die Streuung sollte bevorzugt die Varianz verwendet werden, da dieses Maß sehr einfach zu interpretieren ist.

3. Gegeben ist die Zahlenfolge 1, 2, 3, …, 10, die für uns eine Grundgesamtheit sein soll. Die unten zur Wahl gestellten Werte sind auf zwei Nachkommastellen gerundet.

    a. Die Varianz ist 7,25.
    b. Die Varianz ist 8,17.
    c. Die Varianz ist 8,25.
    d. Die Varianz ist 9,17.
    e. Die Standardabweichung ist 2,86.
    f. Die Standardabweichung ist 2,87.
    g. Die Standardabweichung ist 3,03.

Zusammenfassung

Will man die Streubreite der Daten mit einfachen Mitteln beschreiben, bieten sich Spannweite, Interquartilsabstand und Box-Plot an. Sie erfüllen diesen Zweck mit zunehmender Differenziertheit. Als praktisch und theoretisch wichtigstes Streuungsmaß haben Sie die Varianz bzw. die Quadratwurzel aus der Varianz, die Standardabweichung, kennen gelernt. Ihre Berechnung ist etwas aufwändiger. Als dimensionslose, im Verhältnis zum Mittelwert größennormierte Maßzahl ergibt sich aus der Standardabweichung der Variationskoeffizient.

5 Weitere Maße statistischer Verteilungen

Lernziele

In diesem kurzen Kapitel lernen Sie zunächst symmetrische von schiefen Verteilungen zu unterscheiden und dies mit einer Maßzahl zu präzisieren. Danach erfahren Sie, warum der Satz „Sind Werte gleichverteilt, dann sind sie ungleich verteilt." nicht so unsinnig ist, wie er sich anhört.

Praxisbeispiel

Auf den Internetseiten des Statistischen Bundesamtes findet sich zum Einkommen der deutschen Privathaushalte im Jahr 2011 folgende Tabelle (Ausschnitt)

Tabelle 5.1   Einkommensverteilung

	monatliches Nettoeinkommen von ... bis unter ... EUR				
	unter 1300	1300 - 2600	2600 - 3600	3600 - 5000	5000 - 18000
Anzahl (in 1000)	6 902	12 053	6 873	5 733	5 139
Durchschnitts-nettoeinkommen	1 021	2 382	3 903	5 559	9 269

Quelle: Statistisches Bundesamt 2013

Die Unterteilung der Nettoeinkommensskala in unterschiedlich breite Intervalle entspricht nicht dem, was wir bei der Besprechung der Histogramme in Abschnitt 2.4 angestrebt haben. Auch Excel bietet keine fertige Grafiklösung für Histogramme variabler Intervallbreite an. Erster Reflex des um standardisierte Darstellung bemühten Statistikers könnte sein, nach einem anderen Beispiel zu suchen. Aber auch in der Statistik ist es nicht immer die beste Lösung, den Problemen aus dem Weg zu gehen. Wir unterteilen die gegebenen Klassen in Klassen der Breite 100 € (größter gemeinsamer Teiler der Klassenbreiten) und nehmen an, dass innerhalb der vorgegebenen Klassen die Häufigkeit je Teilintervall konstant ist – das Beste, was die Daten hergeben. Damit erhalten wir Abbildung 5.1. Wir erkennen, dass diese Verteilung „schief" ist.

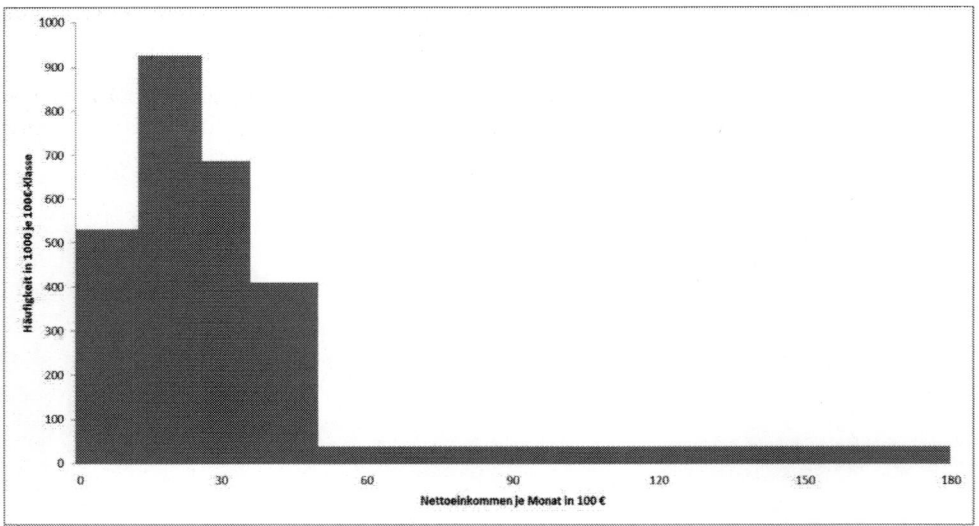

Abbildung 5.1   Nettoeinkommen deutscher Haushalte 2011

Sie erkennen, dass diese Verteilung alles andere als symmetrisch ist. Diese Asymmetrie wollen wir quantifizieren. Außerdem können Sie errechnen, dass auf die unterste Einkommensgruppe (ca. 19 % der Haushalte) etwa 5 % der Bruttoeinkommen entfielen, während die oberste Gruppe (ca. 14 % der Haushalte) etwa 34 % des Gesamtbruttoeinkommens verzeichnete. Auch für eine solche Ungleichverteilung wollen wir eine Maßzahl einführen.

5.1   Schiefe

Den Ausdruck

$$\frac{1}{N}\sum(x_i - \mu)^k,$$

den wir für k = 2 bei der Definition der Varianz kennen gelernt haben, nennt man auch *das k-te zentrale Moment* der Verteilung. Ist die Verteilung symmetrisch zum Mittelwert, dann kommen alle Werte genauso oft in einem bestimmten Abstand unter wie über dem Mittelwert vor, zu jedem negativen ($x_i - \mu$) gehört ein ebenso großes positives ($x_i - \mu$), so dass sich bei ungeradem k die Beiträge zum k-ten Moment vollständig aufheben. Für eine solche Verteilung ist der obige Ausdruck bei ungeradem k also null. Umgekehrt: Eine unsymmetrische, „schiefe" Verteilung ergibt für ungerades k eine Summe ungleich null. Die Summe ist negativ, wenn die Werte unterhalb des Mittelwertes tendenziell weiter von diesem entfernt liegen und umgekehrt. Der einfachste dieser Ausdrücke ist der für k = 3, ihn verwendet man als Maßzahl für die *Schiefe* der Verteilung. Wir haben an der Definition wiederum einige Präzisierungen vorzunehmen:

Erstens ist die Dimension des dritten zentralen Moments die dritte Potenz der Dimension der ursprünglichen Verteilung: sind die Verteilungswerte z. B. cm, dann wird das dritte zentrale Moment in cm³ ausgedrückt. Das gilt es für viele Zwecke zu vermeiden.

Zweitens ist die Größenordnung des dritten Moments je nach der Größe der in der Verteilung vorkommenden Werte sehr wenig aussagekräftig. Hier tut eine Relativierung Not.

Drittens muss wieder festgestellt werden, dass das dritte Moment einer Stichprobe kein unverzerrtes Schätzen des entsprechenden Wertes der Population erlaubt. Es ist also – wie bei der Varianz bzw. Standardabweichung – eine Korrektur erforderlich. Wir bezeichnen die Schiefe der Grundgesamtheit mit γ (Gamma) und die der Stichprobe mit g.

Die beiden ersten Probleme löst man, indem man ($x_i - \mu$) durch die Standardabweichung dividiert und damit einmal eine dimensionslose Größe erreicht und zum anderen die Größenordnung zu einer anderen Größe der Verteilung in Bezug setzt.

Der Korrekturfaktor zur Vermeidung systematischer Fehlschätzung ist aus der folgenden Formel ersichtlich.

	Population	Stichprobe
Schiefe	$\gamma = \frac{1}{N} \sum \left(\frac{x_i - \mu}{\sigma} \right)^3$	$g = \frac{n}{(n-1)\cdot(n-2)} \sum \left(\frac{x_i - \bar{x}}{s} \right)^3$

Ist die so definierte Maßzahl „Schiefe" negativ, spricht man von einer linksschiefen Verteilung, bei positiver Schiefe von rechtsschiefer Verteilung. Manchen fällt es schwer, diese Begriffe intuitiv zuzuordnen. Dann kann es hilfreich sein, sich am Begriffe der Steilheit zu orientieren. Unter einer links- oder rechtssteilen Verteilung werden Sie sich wahrscheinlich gut etwas vorstellen können. Dann merken Sie sich noch: linksschief ist rechtssteil, rechtsschief ist linkssteil.

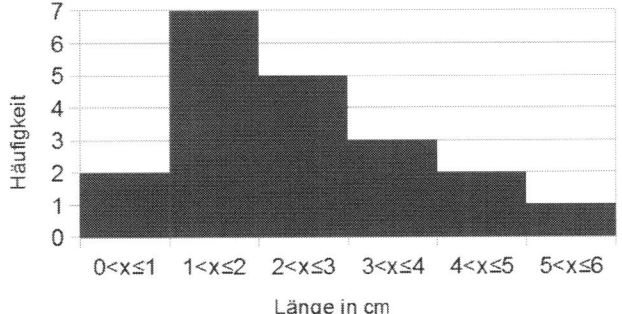

Abbildung 5.2
Schiefe > 0
rechtsschief
linkssteil

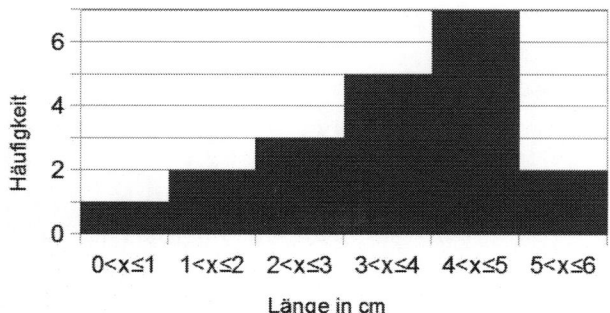

Abbildung 5.3
Schiefe < 0
linksschief
rechtssteil

Als Beispiel wollen wir die Schiefe der Verteilung aus Abbildung 5.2 berechnen. Wir nehmen dazu der Einfachheit halber an, dass die Beobachtungswerte durchweg am oberen Rand der Klassen liegen. Unsere Werte sind also: zweimal 1, siebenmal 2, fünfmal 3, fünfmal 4, zweimal 5 und einmal 6. Daraus ergibt sich für die Schiefe ein Wert von 0,66, eine positive Zahl. Damit ist mit mehr oder weniger großem Rechenaufwand unser optischer Eindruck bestätigt, dass die Verteilung rechtsschief ist.

> Computerübung
> Wenn der Leser die Formel explizit mit einer systematisch die erforderlichen Schritte aufgreifenden Tabelle berechnen will, wird er so vorgehen, wie es oben in Abschnitt 4.2 für die Varianz gezeigt wurde. Sollte die Leserin das nicht für nötig halten, kommt sie schnell mit =SCHIEFE(...) zu demselben Ergebnis. Beachten Sie: Excel hat nur *eine* Funktion für die Schiefe, es ist die Stichprobenvariante.

Lernkontrolle zu 5.1

1. Füllen Sie die Lücken aus:

    a. Den Ausdruck
    $$\frac{1}{N}\sum(x_i - \mu)^k \qquad \text{bezeichnet man als} \underline{\qquad\qquad\qquad\qquad}.$$
    b. Der Ausdruck in a. nimmt für ungerade k den Wert null an, wenn die Verteilung _____ ist.
    c. Die Varianz ist das _____ zentrale Moment einer Verteilung.
    d. Die Quadratwurzel aus der Varianz heißt _____.

2. Welche Aussagen treffen zu?

    a. Für eine symmetrische Verteilung beträgt die Maßzahl der Schiefe immer null.
    b. Eine linksschiefe Verteilung fällt links steiler ab.
    c. Eine rechtsschiefe Verteilung hat eine positive Schiefe.
    d. Eine rechtsschiefe Verteilung ist linkssteil.

3. Eine Stichprobe ergibt die Werte 1, 2, 3, 4, …, 10, 100.
   a. Die Schiefe ist 3,26; die Stichprobenverteilung ist linksschief.
   b. Die Schiefe ist 3,26; die Stichprobenverteilung ist rechtsschief.
   c. Die Schiefe ist -3,26; die Stichprobenverteilung ist linksschief.
   d. Die Schiefe ist -3,26; die Stichprobenverteilung ist rechtsschief.

5.2 Konzentration

5.2.1 Lorenzkurve

Ein Mäzen stellt 110.000 € für die Förderung von zehn Künstlerinnen zur Verfügung. Mit seinen Beratern ist er sich über die Rangfolge einig, in der die Künstlerinnen berücksichtigt werden sollen, aber zur Aufteilung der Gesamtsumme gibt es unterschiedliche Auffassungen, die in Tabelle 5.2 dargestellt sind. Da der Mäzen nicht nur reich und kunstliebend sondern auch den exakten Wissenschaften zugetan ist, möchte er die Fragestellung gern mit Methoden der Statistik aufbereiten.

Für die Beschreibung einer derartigen Situation, in der eine Ressource mehr oder weniger gleichmäßig (weniger oder stärker konzentriert) verteilt wird, suchen wir also Möglichkeiten zur grafischen Veranschaulichung und zur Quantifizierung.

Tabelle 5.2   Alternativen für die Verteilung von Fördergeldern

Empfänger	Vorschlag A (1.000 €)	Vorschlag B (1.000 €)	Vorschlag C (1.000 €)
1	11	1	2
2	11	3	2
3	11	5	2
4	11	7	2
5	11	9	2
6	11	13	20
7	11	15	20
8	11	17	20
9	11	19	20
10	11	21	20

Zunächst stellen wir die drei Vorschläge in einer Grafik einander gegenüber. Wir tragen jeweils zum i-ten Empfänger die Summe S_i der bei der jeweiligen Alternative bis zu ihm einschließlich vergebenen Beträge auf.

$$S_i = \sum_{k=1}^{i} a_k.$$

Die a_k sind dabei die Förderungssummen in nach ihrer Höhe aufsteigender Reihenfolge, a_1 ist der kleinste zugedachte Betrag, a_{10} der größte. Zusätzlich zeichnen wir eine Kurve für den Extremfall ein, dass eine der Künstlerinnen alles erhält.

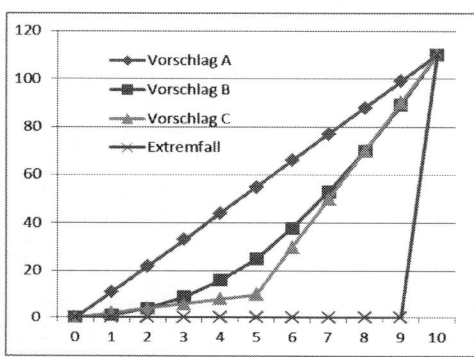

Abbildung 5.4
Grafik der Verteilung von Stipendien

Je weniger gleichmäßig die Verteilung ist, umso stärker weicht die Kurve von der diagonalen Geraden ab. Der Extremfall der Konzentration der Gesamtsumme auf einen Empfänger führt auf die am weitesten rechts unten verlaufende Streckenführung.

Diese Grafik wollen wir in eine standardisierte Form transformieren, in der für die horizontal und vertikal aufzutragenden Werte jeweils genau die Bereiche von 0 bis 1 zur Verfügung stehen. Wir wollen dann die Variable für die horizontale Achse mit x und die für die vertikale Achse mit y bezeichnen, die beobachteten (im Beispiel: vorgeschlagenen) n (hier: 10) Werte heißen nach wie vor a_k, wenn k der Index für die k-te Beobachtung (die k-te Künstlerin) ist, wieder unter der Annahme, dass die a_k aufsteigend sortiert sind. Es sei dann

$$S = \sum_{k=1}^{n} a_k \qquad x_i = \frac{i}{n} \qquad y_i = \frac{1}{S} \cdot \sum_{k=1}^{i} a_k = \frac{1}{S} \cdot S_i.$$

Damit erreicht man gerade die beabsichtigte Standardisierung auf die x- und y-Intervalle von 0 bis 1. Zusammen mit dem Nullpunkt sind die Kurvenpunkte dann

$$(0|0), (x_1|y_1), (x_2|y_2), \ldots, (x_n|y_n) = (1|1).$$

Eine so standardisierte Kurve nennt man *Lorenzkurve*. Sie wurde von dem Statistiker Max Otto Lorenz erfunden. Das Diagramm für die drei vorgeschlagenen Stipendienverteilungen und den theoretischen Extremfall sieht damit so aus:

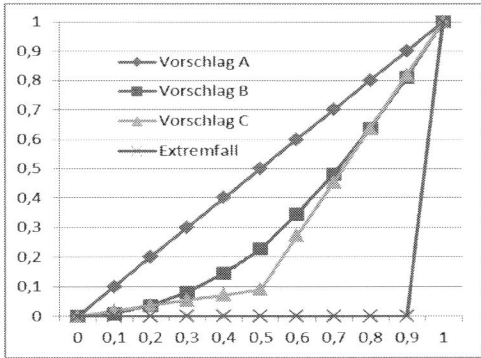

Abbildung 5.5   Lorenzkurven für die Verteilung von Stipendien

Computerübung

Erstellen Sie die Lorenzkurve nach Abbildung 5.5 aus den gegebenen Werten. Hier ist wieder die dazu benötigte Excel-Tabelle in der Ansicht, die die Formeln zeigt. Bitte beachten Sie, dass alle

	A	B	C	D	E	F	G	H	I	J	K	L	M	N
1	Empfänger	Vorschlag A	Vorschlag B	Vorschlag C	Extrem	kum A	kum B	kum C	kum Extrem	x_i	y(A)	y(B)	y(C)	y(Extrem)
2	0	0	0	0	0	=B2	=C2	=D2	=E2	=A2/10	=F2/110	=G2/110	=H2/110	=I2/110
3	1	11	1	2	0	=F2+B3	=G2+C3	=H2+D3	=I2+E3	=A3/10	=F3/110	=G3/110	=H3/110	=I3/110
4	2	11	3	2	0	=F3+B4	=G3+C4	=H3+D4	=I3+E4	=A4/10	=F4/110	=G4/110	=H4/110	=I4/110
5	3	11	5	2	0	=F4+B5	=G4+C5	=H4+D5	=I4+E5	=A5/10	=F5/110	=G5/110	=H5/110	=I5/110
6	4	11	7	2	0	=F5+B6	=G5+C6	=H5+D6	=I5+E6	=A6/10	=F6/110	=G6/110	=H6/110	=I6/110
7	5	11	9	2	0	=F6+B7	=G6+C7	=H6+D7	=I6+E7	=A7/10	=F7/110	=G7/110	=H7/110	=I7/110
8	6	11	13	20	0	=F7+B8	=G7+C8	=H7+D8	=I7+E8	=A8/10	=F8/110	=G8/110	=H8/110	=I8/110
9	7	11	15	20	0	=F8+B9	=G8+C9	=H8+D9	=I8+E9	=A9/10	=F9/110	=G9/110	=H9/110	=I9/110
10	8	11	17	20	0	=F9+B10	=G9+C10	=H9+D10	=I9+E10	=A10/10	=F10/110	=G10/110	=H10/110	=I10/110
11	9	11	19	20	0	=F10+B11	=G10+C11	=H10+D11	=I10+E11	=A11/10	=F11/110	=G11/110	=H11/110	=I11/110
12	10	11	21	20	110	=F11+B12	=G11+C12	=H11+D12	=I11+E12	=A12/10	=F12/110	=G12/110	=H12/110	=I12/110

grau unterlegten Felder durch „Ziehen" entstanden sind, also keine manuellen Eingaben erforderten. Sie markieren beispielsweise die programmierte Zelle F3, gehen mit dem Mauszeiger an das rechte untere Ende der Zelle, bis ein dünnes Kreuz erscheint und „ziehen" dann die Markierung so weit wie benötigt nach unten. Sie können den Zellinhalt bei Bedarf natürlich auch nach rechts ziehen. Das Diagramm erhalten Sie so: Sie markieren die Spalten J bis N, gehen zur Karteikarte „Einfügen" und wählen das „Punkte"-Diagramm in der Variante „linear verbundene Punkte".

5.2.2   Gini-Koeffizient

Wenn die Abweichung der Lorenzkurve von der Diagonalen kennzeichnend für die Konzentration der Beobachtungswerte ist, dann bietet es sich an, die Fläche zwischen dieser Kurve und der Diagonalen als Maß für die Konzentration zu wählen. Ist diese Fläche gleich null, dann ist die Gesamtmenge der Ressource vollkommen gleichmäßig verteilt, ist die Fläche maximal, dann liegt maximale Konzentration vor. Auch hier soll wieder normiert werden. Maximaler Konzentration entspricht in Abbildung 5.5 der Streckenzug unten rechts. Er ist offenbar nur von der Anzahl n der Objekte abhängig, unter denen verteilt werden kann. Immer, wenn eine Gesamtsumme (Gesamtmenge, Gesamtzahl usw.) auf nur einen Empfänger (Spender, Betroffenen usw.) von n möglichen konzentriert ist, ist die Lorenzkurve der Streckenzug

$$(0|0); (0|(n-1)/n); (1|1).$$

Es liegt nun nahe, die zu diesem Streckenzug gehörende Fläche zu 1 zu normieren mit dem Ergebnis, dass die so erklärten Konzentrationskennzahlen immer zwischen 0 und 1 liegen und beide Werte in Extremfällen auch vorkommen können. Dieses Maß heißt (normierter) *Gini-Koeffizient* (nach dem italienischen Statistiker Gini).

Ohne die (nicht schwierige, vielmehr elementargeometrische) Herleitung auszuführen, geben wir die Formal für den normierten Gini-Koeffizienten einfach an:

$$Gini = \frac{n}{n-1} \cdot \left(\sum_{i=1}^{n} \frac{2i-1}{n} \cdot \frac{a_i}{s} - 1 \right).$$

Dabei haben die Bezeichnungen wieder dieselbe Bedeutung wie in Abschnitt 5.2. Die Gini-Koeffizienten für die Stipendienüberlegungen sind:

$Gini_{Vorschlag\ A} = 0$ $\qquad$ $Gini_{Vorschlag\ B} = 0{,}384$ $\qquad$ $Gini_{Vorschlag\ C} = 0{,}455$

Der Extremfall „Alles für Eine" ergibt natürlich definitionsgemäß $Gini_{Extrem} = 1$.

Computerübung

Excel besitzt keine eigene Formel zur Ermittlung des Gini-Koeffizienten aus einer Wertereihe. Erarbeiten Sie eine Tabelle, in der die erforderlichen Rechenoperationen schrittweise durchgeführt werden.

Wenn anstelle der Einzelwerte – wie bisher dargestellt – absolute Häufigkeitsverteilungen von Werten gegeben sind, könnte man theoretisch aus den Häufigkeitsverteilungen die Einzelwerte als lange Liste erzeugen und dann das Obige anwenden. Aber natürlich geht es einfacher mit einer Formel, die direkt die Häufigkeitsverteilung aufgreift. Wir geben auch diese Formel ohne Herleitung an. Die beobachteten Werte a_i (i = 1, ..., n) seien jetzt mit den Häufigkeiten h_i aufgetreten. Wir nehmen wie soeben an, dass die a_i der Größe nach aufsteigend geordnet sind. Die Punkte der Lorenzkurve berechnen wir jetzt wie folgt:

Summe der Häufigkeiten (Gesamtzahl Beobachtungen) $\qquad S_x = \sum_{k=1}^{n} h_k$

Gewichtete Summe der Beobachtungswerte $\qquad S_y = \sum_{k=1}^{n} h_k \cdot a_k$

$x_i = \frac{1}{S_x} \sum_{k=1}^{i} h_k \qquad y_i = \frac{1}{S_y} \sum_{k=1}^{i} h_k a_k$ für i = 1, ..., n; außerdem sei $x_0 = y_0 = 0$

$$Gini = \frac{S_x}{S_x - 1} \left(\sum_{i=1}^{n} (x_i + x_{i-1})(y_i - y_{i-1}) - 1 \right)$$

Wir schreiben die obigen Vorschläge A und C und den Fall maximaler Konzentration als Häufigkeitsverteilungen und berücksichtigen der gleichmäßigen Darstellung wegen immer alle bei diesen Vorschlägen überhaupt vorkommenden Werte. Man beachte, dass auch der Wert 0 berücksichtigt werden muss, sonst lässt sich die Anzahl möglicher Empfänger nicht in allen Fällen einbringen. Für den Fall B ist die Häufigkeitsverteilung trivial. Jede Förderhöhe 1, 3, ..., 21 ist genau einmal vertreten.

Tabelle 5.3   Verteilung von Fördergeldern als Häufigkeitsverteilung

Zuwendungsbetrag (a_i)	0	2	11	20	110
Häufigkeit bei Vorschlag A	0	0	10	0	0
Häufigkeit bei Vorschlag C	0	5	0	5	0
Häufigkeit beim Extremfall	9	0	0	0	1

Natürlich erhalten wir mit der neuen Formel dieselben Ergebnisse wie früher.

Computerübung

Ein Kalkulationsblatt, in dem der Gini-Koeffizient aus einer Häufigkeitsverteilung bestimmt wird, ist nicht eigentlich schwierig zu erarbeiten. Im folgenden Schnappschuss ist (für den Fall C des Beispiels) wieder die Formel-Ansicht gewählt, so dass Sie alles leicht nachvollziehen können. Überlegen Sie diesmal selbst, welche Formeln eingegeben werden müssen und wo Kopieren ausreicht.

	A	B	C	D	E	F
1	Betrag (ak)	Häufgk. (hk)	ak*hk	x.i	y.i	(x.i + x.i-1)*(y.i-y.i-1)
2	0	0	=A2*B2	=C2	=C2	
3	2	5	=A3*B3	=D2+B3/10	=E2+C3/110	=(D3+D2)*(E3-E2)
4	11	0	=A4*B4	=D3+B4/10	=E3+C4/110	=(D4+D3)*(E4-E3)
5	20	5	=A5*B5	=D4+B5/10	=E4+C5/110	=(D5+D4)*(E5-E4)
6	110	0	=A6*B6	=D5+B6/10	=E5+C6/110	=(D6+D5)*(E6-E5)
7						=10/9*(SUMME(F3:F6)-1)

Lernkontrolle zu 5.2

1. Lorenzkurve und Ginikoeffizient ...
   a. ... sind der beschreibenden Statistik zuzurechnen.
   b. ... dienen der Quantifizierung der Symmetrie einer Verteilung.
   c. ... sind nach Statistikern benannt.
   d. ... sind Werkzeuge, mit denen sich die Konzentration von Werten innerhalb einer Verteilung beschreiben lässt.
   e. ... haben als bedeutsame Anwendung die Beschreibung der Einkommensverteilung in einer Volkswirtschaft.
   f. ... wurden vom Statistiker Gini auf einer Fahrt auf dem St. Lorenzstrom entwickelt.

2. Die Lorenzkurve ...
   a. ... verläuft an keiner Stelle oberhalb der Diagonalen.
   b. ... enthält immer den Punkt (1|1).
   c. ... entfernt sich von der Diagonalen umso mehr, je gleichmäßiger die Werte in der zugrundliegenden Verteilung gestreut sind.
   d. ... ist gleich der Diagonalen, wenn die Standardabweichung der zugrundeliegenden Häufigkeitsverteilung null ist.
   e. ... ist gleich der Diagonalen, wenn die zugrundeliegende Häufigkeitsverteilung eine Gleichverteilung ist.

3. Der Ginikoeffizient ...
   a. ... nimmt Werte zwischen 0 und 1 an.
   b. ... entspricht dem Verhältnis der Flächen zwischen der Lorenzkurve und der Diagonalen einerseits und der Fläche unterhalb der Diagonalen andererseits.
   c. ... entspricht dem Verhältnis der Flächen zwischen der Lorenzkurve und der Diagonalen einerseits und der Fläche zwischen der Lorenzkurve einer extrem konzentrierten Verteilung und der Diagonalen andererseits.
   d. ... kann nie null werden.
   e. ... ist negativ, wenn die Einkommensverteilung sozial unvertretbar ist.

Zusammenfassung

Nachdem in den beiden vorausgegangenen Kapiteln Lage- und Streuungsmaße besprochen wurden, ist dieses Kapitel auf Maße eingegangen, die die „Form" von Verteilungen bezüglich gewisser Aspekte zu kennzeichnen gestatten. Das war zum einen die Symmetrie bzw. Asymmetrie der Verteilung und zum anderen die gleichmäßige Verteilung einer Gesamtmenge auf die Beobachtungsobjekte bzw. ihre Konzentration auf wenige Beobachtungsobjekte. Beide Maße haben betriebliche und volkswirtschaftliche Anwendungen, insbesondere wird der Gini-Index gern als Beurteilungskriterium für die „Gerechtigkeit" der Einkommensverteilung verwendet.

6 Wahrscheinlichkeitsrechnung

Lernziele

Nach Bearbeitung dieses Kapitels können Sie den Begriff der Wahrscheinlichkeit erläutern. Sie wissen, was ein Ereignisraum ist und können wesentliche Eigenschaften der Wahrscheinlichkeit von Ereignissen nennen und damit arbeiten. Damit Sie sich auch in komplexeren Situationen nicht verlieren, lernen Sie das Hilfsmittel der Wahrscheinlichkeitsbäume kennen.

Sie kennen den Begriff der bedingten Wahrscheinlichkeit und können mit bedingten Wahrscheinlichkeiten arbeiten. Sie können den Begriff anhand eines zweistufigen Zufallsexperiments mit den Darstellungsweisen Wahrscheinlichkeitsbaum, Venn-Diagramm und zweidimensionaler Wahrscheinlichkeitstabelle erläutern und die formale Definition anwenden. Sie wissen, wann Ereignisse stochastisch unabhängig sind und können die Unabhängigkeit prüfen.

Praxisbeispiel

Haben Sie schon einmal Roulette gespielt? Nicht russisches Roulette, sondern französisches. Bevor es heißt "Rien ne va plus" und Sie Ihr ganzes Geld verspielt haben, ist es vielleicht eine ganz gute Idee, die Wahrscheinlichkeiten für bestimmte Roulette-Ereignisse auszurechnen.

Nehmen wir erst mal die Wahrscheinlichkeit, dass Ihre Lieblingszahl fällt. Auf dem Rad finden Sie 37 Zahlen (einschließlich der Null), was eine Wahrscheinlichkeit von $1/37 = 0{,}027 = 2{,}7\,\%$ für jede Zahl ergibt. Beliebt ist auch, auf Schwarz oder Rot, Gerade oder Ungerade zu setzen, da so die Wahrscheinlichkeit des Gewinns höher ist. Sie ist aber nicht etwa 0,5, sondern nur $18/37 = 0{,}4865 = 48{,}65\,\%$. Da fängt der Taschenspielertrick des Casinos schon an. Warum ist die Wahrscheinlichkeit nicht 0,5? Bei Schwarz oder Rot ist das ja noch einzusehen, da die Null grün ist. Bei Gerade und Ungerade kommt das Casino aber in Erklärungsnot. Die Null ist offensichtlich nicht ungerade, aber ein Statistiker würde die Null als gerade bezeichnen. Nicht so das Casino. Dieses behauptet, dass die Null weder gerade noch ungerade ist und streicht alle Einsätze, die auf diesen Feldern liegen, ein, wenn die Null fällt. Es will ja schließlich auch etwas verdienen.

6.1 Einleitung

Die Kapitel 1 bis 5 beschäftigten sich damit, wie man Beobachtungen vorgefundener Gegebenheiten kommunizieren kann: wie man die ermittelten Werte zeichnerisch darstellen kann, wie man sie mit Maßzahlen kennzeichnen kann. Die „vorgefundenen Gegebenheiten" wurden dabei – ja, eben – als „gegeben" unterstellt, es galt lediglich, sie zu beschreiben. Wir haben „beschreibende", „deskriptive" Statistik betrieben.

Allerdings wurde bereits wiederholt angedeutet, dass zu der Entstehung dieser „Gegebenheiten" der Zufall beigetragen haben kann. Wir haben insbesondere über Stichproben gesprochen, die zufällig aus einer Grundgesamtheit gezogen wurden. Von jetzt an werden die Begriffe Zufall und Wahrscheinlichkeit im Mittelpunkt unseres Interesses stehen. Am folgenden Beispiel soll der Zusammenhang zum bisher Erläuterten deutlich gemacht werden:

Beispiel
Wir werfen zwanzigmal eine Münze und erhalten achtmal „Kopf", zwölfmal „Zahl". In der Begriffswelt der Kapitel 1 bis 5 lässt sich dazu sagen:

Wir haben es mit der (abstrakten) *Grundgesamtheit* „aller möglichen" Münzwürfe zu tun. Dem *Merkmal* „Lage der Münze nach dem Wurf" haben wir eine *nominale Skala* für die *Merkmalsausprägung*en „Kopf" und Zahl" zugeordnet. Die von uns zu beschreibende Stichprobe besteht aus zwanzig *Beobachtungseinheiten*. Die Häufigkeit der Merkmalsausprägung „Kopf" ist 8, die von „Zahl" ist 12.

Die Situation lässt sich graphisch durch dies Säulendiagramm der relativen Häufigkeiten beschreiben:

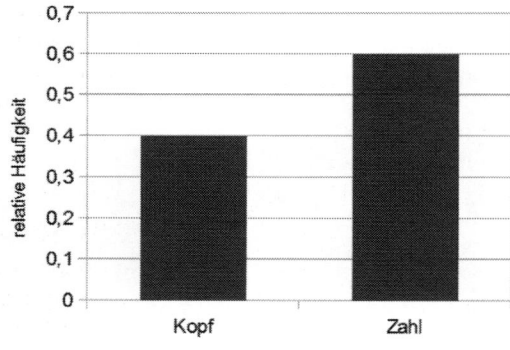

Abbildung 6.1
relative Häufigkeit Münzwurf

Wir sind nun zweifelsfrei davon überzeugt, dass sich bei einer größeren Anzahl von Würfen die relativen Häufigkeiten für beide möglichen Merkmalsausprägungen dem Wert 0,5 nähern müssen: Unsere Münze hat einen absolut symmetrisch abgerundeten Rand, so dass sie nie auf dem Rand stehen bleiben kann, daher genau zwei Ausprägungen. Unsere Münze ist außerdem vollkommen symmetrisch und ist auch von der Massenverteilung her vollkommen homogen. Wir sagen: „Beide Merkmalsausprägungen haben dieselbe Wahrscheinlichkeit 0,5."

Offenbar ist diese Wahrscheinlichkeit kein beobachteter/gemessener Wert. *Wahrscheinlichkeit* ist vielmehr eine von uns „erfundene" gedankliche Abstraktion. Das hat der Begriff mit vielen anderen Begriffen der Mathematik gemeinsam. Niemand hat jemals eine „echte" Gerade (eine Linie, die in einer Richtung unendlich dünn und in der anderen unendlich lang ist) beobachtet, trotzdem zeichnen wir Geraden und arbeiten in der Geometrie unbefangen mit ihnen.

Wir können allgemein Wahrscheinlichkeiten auf drei verschiedene Arten bestimmen, durch die klassische Methode, die Methode der relativen Häufigkeiten und durch die subjektive Methode.

Klassische Methode: Wir können die Wahrscheinlichkeit als denjenigen Wert ansehen, von dem wir aufgrund logischer/geometrischer/physikalischer Überlegungen überzeugt sind, dass er die zu erwartende relative Häufigkeit (von Zufallsschwankungen abgesehen) zutreffend beschreibt. (Wir gehen im Fall der Münze von zwei Zuständen aus, die gleiche Realisierungschancen haben, und rechnen „1 geteilt durch 2".) Allgemein wird eine Wahrscheinlichkeit als 1/n bestimmt, wenn das Zufallsexperiment insgesamt n Ergebnisse mit gleichen Chancen hat.

Methode der relativen Häufigkeiten: Wir können die Wahrscheinlichkeit als einen Wert ansehen, dem sich die Häufigkeit der betrachteten Merkmalsausprägung bei einer großen Zahl von „Experimenten" nähert. (Wir werfen die Münze hundertmal, tausendmal, 10^8-mal und berechnen die relativen Häufigkeiten von Kopf und Zahl.)

Subjektive Methode: Wir können schließlich Wahrscheinlichkeit auch als einen Wert ansehen, der sich zwar nicht stringent logisch aus z. B. der Geometrie einer Anordnung ableiten lässt, der aber eine vernünftige Annahme aus Expertensicht ist. („Die deutsche Volkswirtschaft wird mit einer Wahrscheinlichkeit von 0,7 ein Wachstum von mindestens 3 % haben." – „Die Regenwahrscheinlichkeit für übermorgen ist 20 %.")

Aus dem bisher in diesem Kapitel Gesagten ergibt sich:

(A) Wir werden in Zukunft Säulendiagramme und Histogramme nicht nur für konkret beobachtete und gezählte Häufigkeiten darstellen, sondern dies auch für solche „Häufigkeiten" tun, zu denen wir auf der Grundlage von theoretischen Überlegungen gekommen sind. Das werden insbesondere *relative* Häufigkeitsverteilungen sein, da damit ja Zahlen zwischen 0 und 1 dargestellt werden, also Werte, die gerade unserem Begriff der Wahrscheinlichkeit entsprechen.

(B) Es gilt, den zunächst intuitiv geschilderten Begriff der Wahrscheinlichkeit zu präzisieren und grundlegende Eigenschaften herauszuarbeiten.

6.2 Definitionen und Lehrsätze der Wahrscheinlichkeitstheorie

Als *Zufallsexperiment* bezeichnen wir einen Vorgang, der beliebig oft unter gleichen Bedingungen wiederholbar ist und immer ein Ergebnis aus einer bestimmten Menge von Ergebnissen hat, wobei das jeweilige Ergebnis des Einzelvorgangs aber nicht vorhersehbar ist.

Die Menge der möglichen und nicht weiter aufteilbaren Ergebnisse eines Zufallsexperiments nennen wir den *Ergebnisraum*. Ein einzelnes der Elemente des Ergebnisraums nennen wir auch in formaler statistischer Fachsprache ein *Ergebnis* oder auch ein *Elementarereignis*. Eine Menge von Elementarereignissen, nennen wir ein *Ereignis*, die Menge aller Ereignisse den *Ereignisraum*, das ist also die Menge aller Teilmengen des Ergebnisraums. (Für Genauigkeitsfanatiker: Es müssen nicht *alle* Teilmengen sein, wenn nur die unten aufgeführten Eigenschaften alle erfüllt sind. Für Sie als Wirtschaftswissenschaftler spielt diese Feinheit keine Rolle.)

Beispiel:
Beim Würfeln besteht das Zufallsexperiment im Werfen eines Würfels, der auf den sechs Seiten mit den Punktwerten 1 bis 6 gekennzeichnet ist. Hier ist der Ergebnisraum

{1, 2, 3, 4, 5, 6}.

Das Ergebnis eines einmaligen Würfelns kann z. B. „2" sein, dies ist auch im jetzt eingeführten formalen Sprachgebrauch ein Ergebnis, wir können es auch als Elementarereignis bezeichnen. Das Würfeln einer geraden Zahl ist in der soeben eingeführten Terminologie ein Ereignis, es entspricht der Untermenge {2, 4, 6} des Ergebnisraums.

In einem zweiten Schritt kann man Vereinigungsmengen, Schnittmengen und Komplementärmengen von Ereignissen bilden. Dies illustriert man am besten mit Hilfe der sogenannten *Venn-Diagramme*, die den Ergebnisraum und Ereignisse darin grafisch darstellen. Dabei ist das umfassende Rechteck immer der gesamte Ergebnisraum. Ein Kreis in dem Rechteck bezeichnet ein Ereignis. Überlappen sich zwei Kreise, dann haben die beiden dadurch dargestellten Ereignisse mindestens ein Elementarereignis gemeinsam. Zum Beispiel ist ein Ereignis „weiblich", das zweite Ereignis ist, BWL zu studieren. Dann repräsentiert die Schnittmenge alle weiblichen BWL-Studentinnen.

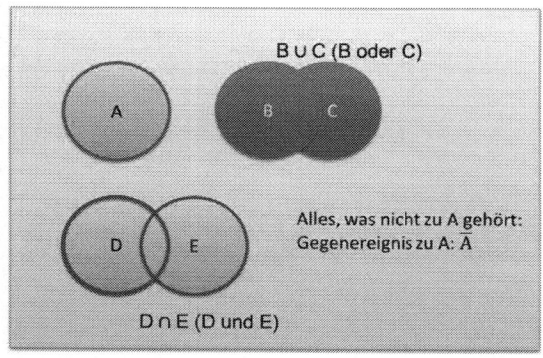

Abbildung 6.2   Venn-Diagramme

Als *Gegenereignis* oder *Komplementärereignis* eines Ereignisses A bezeichnet man das Ereignis, dass genau das Gegenteil von A eingetreten ist. Zu dem Gegenereignis von A gehören also genau alle Elementarereignisse, die nicht zu A gehören. Wir schreiben dafür in der

Regel $\bar{A}$, alternativ dazu auch ¬A oder A^c. Die letztgenannten Notationen verwenden wir insbesondere dann, wenn der Querstrich optisch schwer zu erkennen wäre, wie etwa über dem großen E.

Zur Kombination von Ereignissen verwendet man in der Statistik wie in der Mengenlehre die runden Symbole ∪ und ∩: B ∪ C bezeichnet alle Ereignisse, die entweder zu B oder zu C gehören (oder zu beiden, nicht exklusives „oder"). Im Venn-Diagramm ist diese Vereinigungsmenge alles, was zu den Kreisen B und C gehört. D ∩ E ist die Menge der Ereignisse, die sowohl zu der Menge D von Ereignissen gehören wie zur Menge E. Im Venn-Diagramm stellt man diese Schnittmenge als die überlappende Fläche von D und E dar.

Noch war nicht von Wahrscheinlichkeit die Rede. Aber uns ist klar: beim Würfeln mit einem fairen Würfel wird jedem der von uns jetzt so genannten Elementarereignisse die Wahrscheinlichkeit 1/6 zukommen, dem Ereignis „Gerade Zahl" die Wahrscheinlichkeit ½, usw. Wir ordnen also nun jedem Ereignis E des Ereignisraums (oder doch wenigstens allen Elementarereignissen) eine Zahl, nämlich eben seine *Wahrscheinlichkeit* P(E) zu.

Nach diesen Überlegungen sind wir jetzt hinreichend vorbereitet, die grundlegenden Eigenschaften beim Rechnen mit Wahrscheinlichkeiten zu formulieren. Wir werden uns diese Eigenschaften am Beispiel des Würfels verdeutlichen. Dabei ist

der Ereignisraum die Menge aller Teilmengen von {1, 2, 3, 4, 5, 6}.

P(E) = n/6 für jede Teilmenge, die aus n Zahlen besteht, insbesondere P(E) = 1/6, wenn E das Ereignis ist, eine bestimmte Zahl zu würfeln.

- Die Wahrscheinlichkeit eines Ereignisses E liegt immer zwischen 0 und 1 (beides eingeschlossen):

    Für jedes Ereignis E gilt: $0 \leq P(E) \leq 1$.

Im Beispiel: Natürlich ist es zu jeder Teilmenge der Zahlen von 0 bis 6, in der wenigstens eine Zahl vorkommt, möglich, dass ein Wurf eine dieser Zahlen ergibt: P > 0. Besteht die Teilmenge aus allen Zahlen 1 bis 6, dann ist es sicher, dass die gewürfelte Zahl dazugehört, P = 1. Ein wenig schwieriger ist es vielleicht, den Fall P = 0 zu verstehen. Die „Menge aller Teilmengen" enthält auch immer die leere Menge, also die „Menge", die keine der Zahlen 1 bis 6 enthält. Das ist ein Wurf, der keines der Ergebnisse 1 bis 6 hat: Der Würfel bleibt in der Luft schweben, oder auf einer seiner Kanten stehen, oder auf einer seiner Ecken. Das alles sind bei einem fairen Würfel Unmöglichkeiten; die leere Menge ist das unmögliche Ereignis, es hat die Wahrscheinlichkeit null.

- Die Wahrscheinlichkeit, dass irgendeines der n Elementarereignisse des Ereignisraums eintritt, ist 1.

    $P(E_1 \cup E_2 \cup \ldots \cup E_n) = 1$, wenn $E_1, E_2, \ldots, E_n$ genau alle Elementarereignisse sind.

Im Beispiel: Eine der Zahlen 1 bis 6 wird mit Sicherheit gewürfelt.

- Die Wahrscheinlichkeit eines Komplementärereignisses ist 1 minus der Wahrscheinlichkeit des Ereignisses.

$$P(\neg E) = 1 - P(E)$$

Im Beispiel: Die Wahrscheinlichkeit, eine 2 oder eine 3 zu würfeln, ist 1/3. Das Gegenereignis von {2, 3} ist {1, 4, 5, 6}, die Wahrscheinlichkeit eine 1 oder eine 4 oder eine 5 oder eine 6 zu würfeln ist 2/3.

- Ist ein Ereignis E aus bestimmten Elementarereignissen zusammengesetzt,
  $E = E_1 \cup E_2 \cup ... \cup E_m$,
  dann ist seine Wahrscheinlichkeit gleich der Summe der Wahrscheinlichkeiten dieser Elementarereignisse.

$$P(E) = P(E_1 \cup E_2 \cup ... \cup E_m) = P(E_1) + P(E_2) + ... + P(E_m)$$

Im Beispiel: {2, 3} ist zusammengesetzt aus {2} und {3}. Jede Zahl hat die Wahrscheinlichkeit 1/6, gewürfelt zu werden, P({2, 3}) = P({2}) + P({3}) = 1/6 + 1/6 = 1/3. Weitergehend gilt auch:

- Ist ein Ereignis E aus Ereignissen zusammengesetzt, von denen je zwei eine leere Schnittmenge haben (wir sagen auch, dass die Ereignisse *paarweise disjunkt* sind),
  $E = E_1 \cup E_2 \cup ... \cup E_m$ und $E_i \cap E_j = \emptyset$ für $i \neq j$,
  dann ist

$$P(E_1 \cup E_2 \cup ... \cup E_m) = P(E_1) + P(E_2) + ... + P(E_m).$$

Im Beispiel: {2, 3, 4, 5, 6} ist zusammengesetzt aus {2, 4} und {3, 6} und {5}. Keine dieser Teilmengen hat mit einer anderen ein gemeinsames Element. Die Wahrscheinlichkeiten der Teilmengen sind 1/3, 1/3, 1/6.
P({2, 3, 4, 5, 6}) = P({2, 4}) + P({3, 6}) + P({5}) = 1/3 + 1/3 + 1/6 = 5/6.

- Die Wahrscheinlichkeit für das Ereignis E ∪ F errechnet sich im allgemeinen Fall, in dem wir über die Schnittmenge nichts voraussetzen, wie folgt:

$$P(E \cup F) = P(E) + P(F) - P(E \cap F) \quad \text{(Additionssatz für Wahrscheinlichkeiten)}$$

Im Beispiel: Es sei E = {1, 3, 4 ,5}, F = {1, 2, 3}. Also ist E ∪ F = {1, 2, 3, 4, 5}, E ∩ F = {1, 3}.
P(E) = 4/6, P(F) = 3/6, P(E ∪ F) = 5/6, P(E ∩ F) = 2/6,
in der Tat: P(E ∪ F) = P(E) + P(F) − P(E ∩ F) = 4/6 + 3/6 − 2/6 = 5/6.

Lernkontrolle zu 6.2

1. Ein Elementarereignis …

    a. … ist ein Ereignis mit der Wahrscheinlichkeit 1.
    b. … wird synonym auch als Ergebnis bezeichnet.
    c. … ist ein Begriff, der nur in Zusammenhang mit Naturphänomenen wie Erdbeben oder Überflutungen verwendet wird.

d. ... ist ein Begriff der statistischen Chemie.
  e. ... ist in dem betrachteten Ereignisraum „atomar", nicht weiter unterteilbar.

2. Welche Aussagen treffen zu?
   a. Elementarereignisse haben immer eine Wahrscheinlichkeit zwischen 0 und 1.
   b. Alle möglichen Elementarereignisse müssen dieselbe Wahrscheinlichkeit haben.
   c. Wenn man in einem Ereignisraum mit endlich vielen Elementarereignissen die Wahrscheinlichkeiten aller möglichen Elementarereignisse kennt, dann kennt man die Wahrscheinlichkeiten aller möglichen Ereignisse.
   d. Die Menge der möglichen Elementarereignisse ist immer endlich.
   e. Sind A und B Ereignisse, dann ist die Wahrscheinlichkeit von „A oder B" stets gleich der Summe der Wahrscheinlichkeiten von A und B.
   f. Das Gegenereignis hat immer dieselbe Wahrscheinlichkeit wie das Ereignis selbst.
   g. Das Gegenereignis hat nie dieselbe Wahrscheinlichkeit wie das Ereignis selbst.

3. Aus einem gut gemischten Skatblatt (32 Karten, je acht der vier „Farben" Kreuz, Pik, Herz, Karo, Kreuz und Pik sind schwarz, Herz und Karo sind rot) wird eine Karte gezogen. Geben Sie die Wahrscheinlichkeiten für diese Ereignisse an:
   a. Die Karte ist der Kreuzbube.
   b. Die Karte ist rot.
   c. Es ist keine Herzkarte.
   d. Die Karte ist schwarz oder ein Ass.
   e. Es ist eine Pikkarte oder eine Herzkarte aber weder ein Bube noch eine Sieben.

6.3 Aufeinander folgende Experimente: Wahrscheinlichkeitsbäume

Wir führen ein kombiniertes Experiment durch: „Ziehe erst eine Karte aus einem Spiel mit 32 Karten und werfe dann eine Münze". Ein Elementarereignis dieses kombinierten Experiments ist ein Paar (Karte, Münzseite). Unser Beispiel hat 32 · 2 = 64 Elementarereignisse. Wir benötigen nun – Sie haben es in Abschnitt 6.2 gesehen – außer der Menge der Elementarereignisse noch deren Wahrscheinlichkeiten. Unterstellen wir, dass alle Elementarereignisse der Einzelexperimente die gleiche Wahrscheinlichkeit haben, dann gilt das auch für das kombinierte Experiment. Die Wahrscheinlichkeit jedes Elementarereignisses ist 1/64 Nach dem Additionssatz für Wahrscheinlichkeiten (s. Abschnitt 6.2) ist die Wahrscheinlichkeit jedes Ereignisses dann als Summe der Wahrscheinlichkeiten derjenigen Elementarereignisse zu ermitteln, aus denen das Ereignis besteht.

Unser Beispiel hat gegenüber dem allgemeinen Fall eines kombinierten Experiments zwei Besonderheiten: Beide Teilexperimente sind unabhängig voneinander (die gezogene Karte hat keinen Einfluss auf das Ergebnis des Münzwurfs) und in beiden Teilexperimenten haben alle Elementarereignisse dieselbe Wahrscheinlichkeit. Wir betrachten jetzt den allgemeinen Fall, dass *irgendwelche* Zufallsexperimente hintereinander ausgeführt werden.

Verlassen wir also das Anfangsbeispiel und wenden uns einem komplizierteren Spiel zu.

Beispiel:
Wir werfen eine Münze. Falls dabei „Kopf" oben liegt, ziehen wir als Nächstes zufällig eine Kugel aus einer Urne, in der eine rote, eine gelbe und zwei blaue Kugeln liegen, beim Ergebnis „Zahl" werfen wir die Münze noch einmal.

Die Situation lässt sich am übersichtlichsten in einem *Wahrscheinlichkeitsbaum* darstellen.

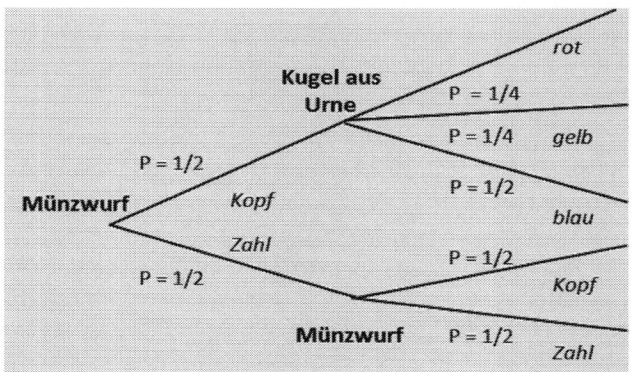

Abbildung 6.3   Wahrscheinlichkeitsbaum mit voneinander abhängigen Teilexperimenten

Wir stellen fest

- In einem der Teilexperimente haben nicht alle Elementarereignisse dieselbe Wahrscheinlichkeit.
- Beide Stufen sind nicht unabhängig voneinander.

Hier sind sogar je nach Ausgang des ersten Experiments strukturell andere Experimente auf der zweiten Stufe zu finden. Unabhängigkeit wäre aber ebenso wenig gegeben, wenn zwar auch bei „Zahl" ein Urnenexperiment mit verschiedenfarbigen Kugeln auf Stufe 2 angesiedelt wäre, aber die Urne zwei rote und je eine gelbe und eine blaue enthielte.

Der Ausgangspunkt des Baumes (hier ganz links), also der Punkt vor Durchführung des ersten Experiments, heißt *Wurzel*. Die Leserin wird bei ihrer Beschäftigung mit Wahrscheinlichkeitsbäumen bemerken, dass deren Wurzeln sehr selten unten zu finden sind, wo Wurzeln von Bäumen eigentlich hingehören. In der Regel finden wir sie bzw. zeichnen wir sie links oder oben. Die Wurzel und die anderen Verzweigungspunkte des Baumes nennen wir *Knoten*. Die von einem Knoten ausgehenden Strecken heißen *Äste*. An jedem Knoten findet also ein Experiment der jeweils folgenden Stufe statt. In Abbildung 6.3 ist an jedem Ast die Wahrscheinlichkeit notiert, mit der dieser Ast bei dem Experiment an dem davor liegenden Knoten vom Zufall gewählt wird. Eine Folge von Ästen von der Wurzel bis zum letzten erreichbaren Ast heißt *Pfad*. Die Endpunkte der Pfade sind die Ergebnisse des kombinierten Experiments, also die Elementarereignisse des kombinierten Experiments. Die Wahrscheinlichkeiten dieser Elementarereignisse berechnen sich als Produkt der Wahrscheinlichkeiten, die man längs des Pfades zu diesem Ereignis antrifft (*Pfadwahrscheinlichkeit*). Im Beispiel: Die Wahrscheinlichkeit, am Ende des kombinierten Zufallsexperiments eine gelbe Kugel in der Hand zu halten, ist ½ · ¼ = ⅛.

Wie gewohnt berechnet sich die Wahrscheinlichkeit eines zusammengesetzten Ereignisses als Summe der Wahrscheinlichkeiten der Elementarereignisse, aus denen sich das Ereignis zusammensetzt. Im Beispiel: Wenn mit dem kombinierten Experiment die Wette verbunden ist: „Ich werde entweder auf der zweiten Stufe des Experiments ‚Kopf' haben oder eine gelbe Kugel", dann hat man eine Gewinnwahrscheinlichkeit von ½ · ½ + ½ · ¼ = ⅜

Die Teilexperimente sind genau dann *unabhängig* voneinander, wenn sich an alle Elementarereignisse der ersten Stufe identische Teilbäume auf der zweiten Stufe anschließen. In diesem Fall kann man die Anzahl der Elementarereignisse des Gesamtexperiments durch Multiplikation der entsprechenden Zahlen der Teilexperimente berechnen. (Letzteres gilt natürlich auch dann, wenn lediglich die Ergebnisräume auf der zweiten Stufe identisch sind, die Wahrscheinlichkeitsbelegungen aber variieren, demnach keine Unabhängigkeit gegeben ist.) Abbildung 6.4 zeigt einen Baum für ein zweistufiges Zufallsexperiment mit zwei voneinander unabhängigen Teilexperimenten. Das Ergebnis des Münzwurfes mag sein, wie es will, als nächstes wird auf jeden Fall aus ein und derselben Urne gezogen.

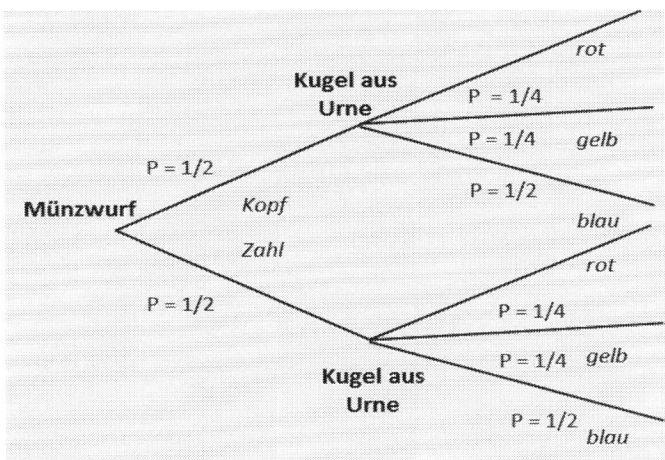

Abbildung 6.4   Wahrscheinlichkeitsbaum mit voneinander unabhängigen Teilexperimenten, Version 1

Lernkontrolle zu 6.3

1. Ein Wahrscheinlichkeitsbaum …

    a. … hat genau einen Stamm.
    b. … hat genau eine Wurzel.
    c. … hat genau einen Ast.
    d. … hat genau einen Pfad.
    e. … hat genau einen Knoten.

2. Bei einem Wahrscheinlichkeitsbaum …

    a. … ist die Anzahl der Wurzeln endlich.
    b. … haben alle Äste, die von einem Knoten ausgehen, dieselbe Wahrscheinlichkeit.
    c. … hat jeder Pfad dieselbe Länge.
    d. … ist die Pfadwahrscheinlichkeit das Produkt der Wahrscheinlichkeiten der Äste längs dieses Pfades.
    e. … ist die Pfadwahrscheinlichkeit die Summe der Wahrscheinlichkeiten der Äste längs dieses Pfades.

3. Welche Aussagen sind richtig?

    a. Wahrscheinlichkeitsbäume eignen sich nur zur Darstellung von Experimenten, bei denen alle Elementarereignisse die gleiche Wahrscheinlichkeit besitzen.
    b. Wahrscheinlichkeitsbäume kommen insbesondere zum Einsatz, wenn die Anzahl der Elementarereignisse besonders groß ist.
    c. Wahrscheinlichkeitsbäume verwendet man gern, wenn mehrere Experimente nacheinander durchgeführt werden.
    d. Bei Wahrscheinlichkeitsbäumen sollte man darauf achten, die Wurzel wie bei einem Baum in der Natur immer unten anzuordnen.
    e. Für ein einstufiges Zufallsexperiment ist das Zeichnen eines Wahrscheinlichkeitsbaumes eher unnütz.

6.4 Bedingte Wahrscheinlichkeit

Wir erinnern uns an das Spiel mit Münze und farbigen Kugeln. Die jetzt betrachtete Version des Spiels möge durch den Baum aus Abbildung 6.5 dargestellt sein.

Die Wahrscheinlichkeit z. B. von „rot" hängt also davon ab, ob in der ersten Stufe des Zufallsexperiments „Kopf" oder „Zahl" geworfen wurde.

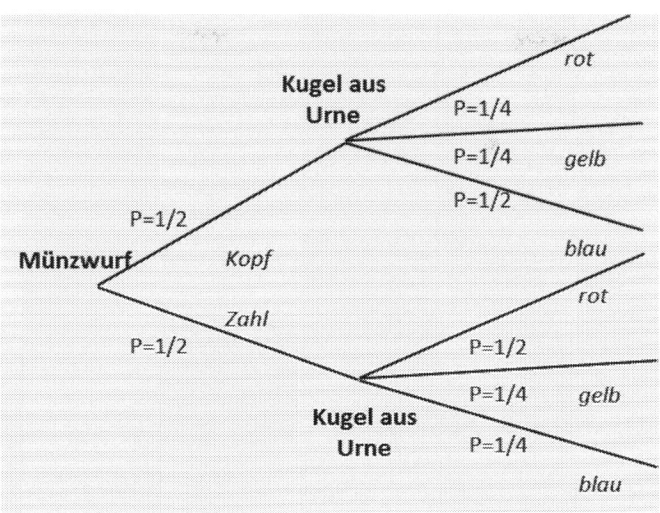

Abbildung 6.5 Wahrscheinlichkeitsbaum mit voneinander abhängigen Teilexperimenten, Version 2

Wir notieren diesen Zusammenhang so:

P(rot | Kopf) = ¼,

und P(rot | Zahl) = ½,

(oder wir sagen z. B.: *Die bedingte Wahrscheinlichkeit von „rot" unter der Bedingung „Kopf" gegeben „Kopf") ist ¼*.

Was hier für Elementarereignisse anhand eines zweistufigen Wahrscheinlichkeitsbaums erläutert wurde, kann ebenso ganz allgemein für irgendwelche Zufallsereignisse definiert werden. Legt man ein Venn-Diagramm zugrunde, dann ist P(A|B) der Anteil von B, der gleichzeitig auch zu A gehört, bezogen auf ganz B; in der Schreibweise der Wahrscheinlichkeiten:

$P(A|B) = \frac{P(A \cap B)}{P(B)}$ oder $P(A \cap B) = P(A|B) \cdot P(B)$, ebenso: $P(A \cap B) = P(B|A) \cdot P(A)$

(Multiplikationssatz für Wahrscheinlichkeiten).

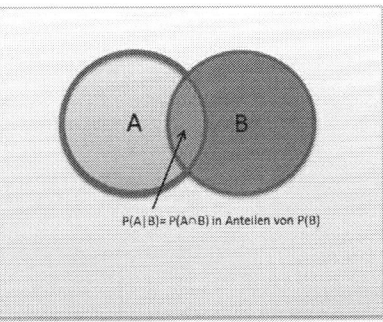

Abbildung 6.6 Venn-Diagramm mit bedingter Wahrscheinlichkeit

Nach Einführung des Begriffs der bedingten Wahrscheinlichkeit lässt sich der Baum also so mit Wahrscheinlichkeitsangaben beschriften:

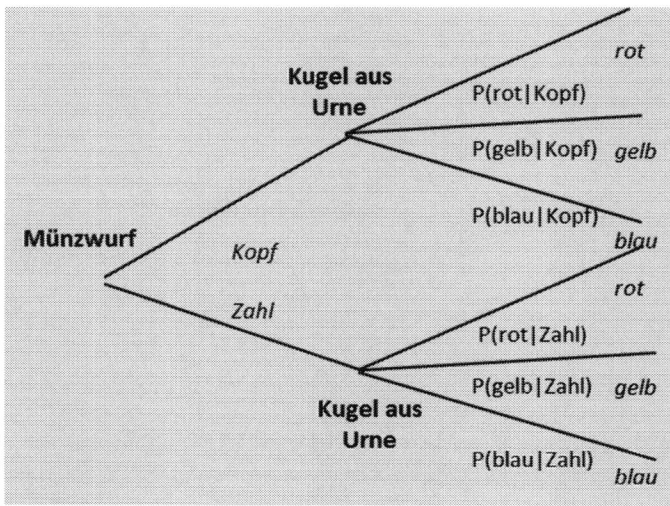

Abbildung 6.7 Wahrscheinlichkeitsbaum mit bedingten Wahrscheinlichkeiten

„rot" kann man bei diesem Zufallsexperiment auf zwei Pfaden erhalten: über den Weg „Kopf" und über „Zahl". Die *totale Wahrscheinlichkeit* von „rot" ist die Summe der Pfadwahrscheinlichkeiten:

$$P(rot) = P(Kopf) \cdot P(rot|Kopf) + P(Zahl) \cdot P(rot|Zahl).$$

Also ist $\qquad P(rot) = ½ \cdot ¼ \; + ½ \cdot ½ = ⅜.$

Wir wollen den Begriff der *bedingten Wahrscheinlichkeit* an einem weiteren Beispiel verdeutlichen und dabei mehrere Darstellungsmöglichkeiten ausprobieren.

Beispiel:
Alina geht ihren Freizeitaktivitäten gern gemeinsam mit einer ihrer Freundinnen nach. Sie spielt Tennis (50 % der Freizeit), fährt Rad (30 %) oder macht Sonstiges (20 %). Beim Tennis wird sie zu 40 % von Bea, zu 60 % von Carola begleitet. Beim Radfahren: 50 % Bea, 50 % Carola. Bei Sonstigem: 20 % Bea, 80 % Carola. Wir interessieren uns für die bedingte Wahrscheinlichkeit

$$P(\text{Begleitung durch Bea} | \text{Tennis oder Radfahren}).$$

Anders gesagt, wir möchten wissen, mit welcher Wahrscheinlichkeit wir Bea begegnen, wenn wir Alina beim Tennisspielen oder Radfahren treffen. Die Bedingung ist hier also ein kombiniertes Ereignis. Sie lernen drei Techniken kennen, diese Wahrscheinlichkeit zu bestimmen.

Erster Ansatz: Wahrscheinlichkeitsbaum

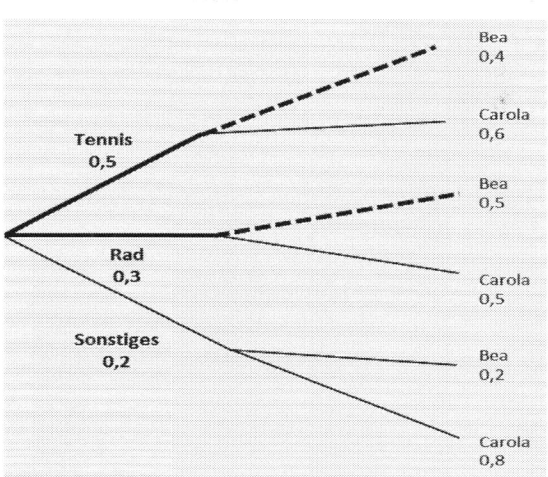

Abbildung 6.8   Wahrscheinlichkeitsbaum zum Treffen mit Bea

Die fetten, durchgezogenen Pfade markieren die Bedingung, die wir voraussetzen. Die Wahrscheinlichkeit dieses Ereignisses „Tennisspielen oder Radfahren" ist 0,8. Fett und gestrichelt markiert sind die Fälle, in denen wir Bea treffen, sofern die Bedingung erfüllt ist. Die Wahrscheinlichkeit hierfür ist die Summe der Wahrscheinlichkeiten auf den einzelnen hierzu gehörenden Pfaden. Erinnern Sie sich dabei, dass man die Wahrscheinlichkeit für das Ereignis am Ende des Pfades durch die Multiplikation der Einzelwahrscheinlichkeiten erhält. Also:

$$0{,}5 \cdot 0{,}4 + 0{,}3 \cdot 0{,}5 = 0{,}35.$$

Für die gesuchte bedingte Wahrscheinlichkeit setzen wir dies ins Verhältnis zu 0,8 und erhalten

$$0{,}35/0{,}8 = 0{,}4375.$$

Zweiter Ansatz: Venn-Diagramm

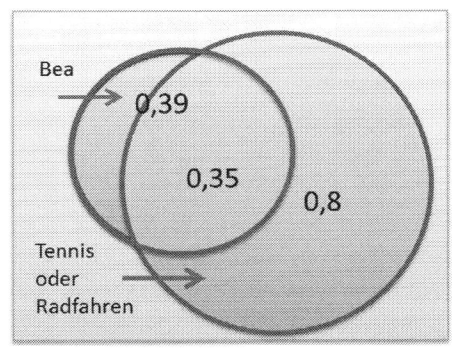

Abbildung 6.9   Venn-Diagramm zum Treffen mit Bea

Die Wahrscheinlichkeit 0,39 für „Begleitung durch Bea" entnehmen wir dem obigen Wahrscheinlichkeitsbaum als Summe der Pfadwahrscheinlichkeiten:

$$P(Bea) = 0,5 \cdot 0,4 + 0,3 \cdot 0,5 + 0,2 \cdot 0,2 = 0,39.$$

Für die Schnittmenge „(Tennis oder Radfahren) und Bea" haben wir oben schon die Wahrscheinlichkeit 0,35 berechnet. Das Diagramm macht anschaulich, dass es darauf ankommt, 0,35 ins Verhältnis zu 0,8 zu setzen, was natürlich wieder 0,4375 ergibt.

Dritter Ansatz: Tabelle
Wir haben in die folgende Tabelle zunächst die gegebenen Werte eingetragen. Man sieht, dass Zeilen bzw. Spalten jeweils für eine der zwei Stufen des zweistufigen Zufallsexperiments verwendet wurden. Wir haben am rechten und unteren Rand der Tabelle Summenfelder vorgesehen. In der letzten Spalte ist jeweils die Wahrscheinlichkeit für Tennis, Radfahren und Sonstiges eingetragen. Warum die Spalte mit „Summe" überschrieben ist, wird bei der folgenden Berechnung deutlich.

Tabelle 6.1 vorläufige Wahrscheinlichkeitstabelle zum Treffen mit Bea

	Wahrscheinlichkeiten		
Aktivität	Begleitung durch Bea	Begleitung durch Carola	Wahrscheinlichkeit der Aktivität
Tennis	0,4 (von Tennis)	0,6 (von Tennis)	0,5
Rad	0,5 (von Rad)	0,5 (von Rad)	0,3
Sonstiges	0,2 (von Sonstiges)	0,8 (von Sonstiges)	0,2
Wahrscheinlichkeit der Begleitung			

Beim Eintragen der Werte haben wir bei diesem vorbereitenden Schritt durch formlose Zusätze (in Klammern) klargestellt, auf welche Gesamtheit sich Wahrscheinlichkeiten jeweils beziehen, dass es sich um bedingte Wahrscheinlichkeiten handelt. Die 0,4 in (Zeile „Tennis" Spalte „Bea") ist ja nicht etwa die Wahrscheinlichkeit, dass wir Alina bei irgendeiner zufälligen Begegnung in Begleitung von Bea beim Tennis antreffen, sondern die Wahrscheinlichkeit, sie in Begleitung von Bea zu treffen, *wenn sie Tennis spielt*.

Nun wollen wir im nächsten Schritt statt der bedingten die „unbedingten" Wahrscheinlichkeiten der in den Tabellenfeldern repräsentierten Elementarereignisse dort eintragen. Dazu müssen wir die oben zunächst eingetragenen bedingten Wahrscheinlichkeiten mit den Wahrscheinlichkeiten der Zeilenereignisse multiplizieren (entsprechend der Berechnung der Pfadwahrscheinlichkeit im Baum). Danach errechnen wir auch noch die Spaltensummen (und sehen dabei, dass die Spaltensummen die Wahrscheinlichkeit für das Antreffen der jeweiligen Begleitperson ergeben).

Tabelle 6.2   Wahrscheinlichkeitstabelle zum Treffen mit Bea

Aktivität	Wahrscheinlichkeiten		
	Begleitung durch Bea	Begleitung durch Carola	Summe
Tennis	0,4 · 0,5 = 0,2	0,6 · 0,5 = 0,3	0,5
Rad	0,5 · 0,3 = 0,15	0,5 · 0,3 = 0,15	0,3
Sonstiges	0,2 · 0,2 = 0,04	0,8 · 0,2 = 0,16	0,2
Summe	0,39	0,61	1

Die jetzt schon wiederholt berechnete bedingte Wahrscheinlichkeit ist der Quotient aus der Summe der grau unterlegten Felder [Bea *und* (Tennis *oder* Rad)] und der Summe der ebenso unterlegten Felder (Tennis *oder* Rad):
P(Begleitung durch Bea | Tennis oder Radfahren) = (0,2 + 0,15)/(0,5 + 0,3).

Satz von Bayes
Mit Hilfe dieses Beispiels wollen wir noch eine Anwendung von bedingten Wahrscheinlichkeiten kennenlernen, die als *Satz von Bayes* bezeichnet wird. Das Beispiel enthält die allgemeine Information, dass Alina mit einer Wahrscheinlichkeit von 0,3 in ihrer Freizeit beim Radfahren angetroffen wird („*a priori Wahrscheinlichkeit*"). Erfahren wir nun, dass Alina gestern ihre Freizeit mit Bea verbracht hat, dann besitzen wir über das allgemeine Wissen über die Wahrscheinlichkeitsverhältnisse hinaus eine Zusatzinformation. Wir können Alinas Radfahren auf ihre gemeinsamen Aktivitäten mit Bea beziehen und erhalten

P(Rad | Begleitung durch Bea) = P(Rad ∩ Begleitung durch Bea)/P(Begleitung durch Bea)
= 0,15/0,39 = 0,3846.

Durch unser Zusatzwissen hat sich unsere Einschätzung der Wahrscheinlichkeiten von Alinas gestriger Aktivität verändert, wir sprechen jetzt von *a posteriori Wahrscheinlichkeiten*.

In allgemeiner Form formuliert man diesen Zusammenhang so:

Ist der Ereignisraum in die sich gegenseitig ausschließenden Ereignisse $A_1, A_2, \ldots, A_n$ vollständig aufgeteilt und ist B ein weiteres Ereignis in diesem Raum, dann gilt für jedes i zwischen 1 und n

$$P(A_i|B) = \frac{P(B|A_i) \cdot P(A_i)}{P(B|A_1) \cdot P(A_1) + P(B|A_2) \cdot P(A_2) + \ldots + P(B|A_n) \cdot P(A_n)}.$$

Der Leser möge sich dies am Alina-Beispiel verdeutlichen. Außerdem sollte man sich klar machen, dass der Bayes-Satz nichts anderes als eine Umformulierung der Definition der bedingten Wahrscheinlichkeit ist: Im Zähler steht nach dieser Definition der Wert $P(B \cap A_i)$, der Nenner ist nichts anderes als P(B), was wir in diesem Zusammenhang auch als *totale Wahrscheinlichkeit* von B bezeichnen. In unserem Beispiel gibt es drei Ereignisse A_i, nämlich A_1 = Tennis, A_2 = Rad und A_3 = Sonstiges. B ist das Ereignis „Begleitung durch Bea". Wenn wir jetzt die Wahrscheinlichkeit von A_2 = Radfahren ausrechnen wollen, gegeben, dass Alina in Begleitung von Bea ist (= B), ergibt sich gemäß des Satzes von Bayes das folgende Ergebnis:

$$P(A_2|B) = \frac{0{,}5 \cdot 0{,}3}{0{,}5 \cdot 0{,}4 + 0{,}5 \cdot 0{,}3 + 0{,}2 \cdot 0{,}2} = \frac{0{,}15}{0{,}39} = 0{,}3846.$$

Wie Sie sehen ist es dasselbe Ergebnis wie schon oben ausgerechnet.

Lernkontrolle zu 6.4

1. Die Wahrscheinlichkeit, dass das Ereignis B eintritt, wenn A eingetreten ist, …

   a. … heißt die bedingte Wahrscheinlichkeit von B unter der Bedingung A.
   b. … heißt die bedingte Wahrscheinlichkeit von A unter der Bedingung B.
   c. … bezeichnet man mit P(A|B).
   d. … bezeichnet man mit P(B|A).
   e. … lässt sich nur ermitteln, wenn P(A) ≠ 0 ist.
   f. … wird berechnet als
   $$\frac{P(A \cap B)}{P(A)}.$$
   g. … wird berechnet als
   $$\frac{P(A \cap B)}{P(B)}.$$
   h. … wird berechnet als
   $$\frac{P(B)}{P(A \cap B)}.$$
   i. … kann nicht null sein, wenn P(A) ≠ 0 ist.
   j. … lässt sich nur für Elementarereignisse definieren.
   k. … lässt sich für Elementarereignisse nicht sinnvoll definieren.

2. Ein Zufallsexperiment möge aus drei Teilexperimenten bestehen, die jeweils mehrere unterschiedliche Ergebnisse haben können.

   a. Für die Veranschaulichung dieser Situation eignet sich die Darstellung in einer Tabelle besonders gut.
   b. Die Struktur des Experiments lässt sich gut in einem Baumdiagramm darstellen.
   c. Die Struktur des Experiments lässt sich gut in einem Venn-Diagramm darstellen.
   d. Diese Situation kann man nur verbal angemessen beschreiben.

3. Ein Zufallsexperiment möge aus zwei Teilexperimenten bestehen, die jeweils mehrere unterschiedliche Ergebnisse haben können.

a. Für die Veranschaulichung dieser Situation eignet sich die Darstellung in einer Tabelle besonders gut.
b. Die Struktur des Experiments lässt sich gut in einem Baumdiagramm visualisieren.
c. Die Struktur des Experiments lässt sich gut in einem Venn-Diagramm visualisieren, wenn jedes der beiden Experimente nur zwei Ergebnisse zulässt.
d. Die Struktur sollte mit einem Polygonzug dargestellt werden.

4. In einer zweidimensionalen Wahrscheinlichkeitstabelle entsprechend Abbildung 6.2 ...

    a. ... sind in den Randfeldern stets unbedingte Wahrscheinlichkeiten eingetragen.
    b. ... steht im rechten unteren Feld immer die Wahrscheinlichkeit 1.
    c. ... addieren sich alle Felder (einschließlich aller Randfelder) zu 4.
    d. ... sind in den Nicht-Randfeldern stets bedingte Wahrscheinlichkeiten eingetragen.
    e. ... sind überhaupt keine bedingten Wahrscheinlichkeiten eingetragen.

6.5 Unabhängige Ereignisse

Wir kehren zurück zu unserem Spiel mit Münze und Farbkugeln. Wir spielen wieder die Variante nach Abbildung 6.4 (hier noch einmal zur Erinnerung abgedruckt), bei der die Urne in den Fällen „Kopf" und „Zahl" des vorausgegangenen Münzwurfs beide Male dieselbe Mischung von Kugeln enthält.

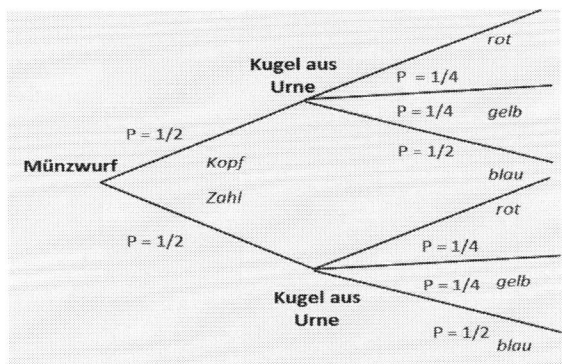

Abbildung 6.4 Wahrscheinlichkeitsbaum mit zwei voneinander unabhängigen Teilspielen

Es liegt nahe, dies dadurch auszudrücken, dass man sagt, die Ereignisse der zweiten Stufe seien *unabhängig* von denen in der ersten Stufe. So hatten wir auch bereits die Abbildung 6.4 beschriftet. Wir gehen auf den Begriff der statistischen (oder auch stochastischen) Unabhängigkeit hier noch einmal gesondert ein und stellen insbesondere die Beziehung zu dem in Abschnitt 6.4 eingeführten Begriff der bedingten Wahrscheinlichkeit her.

Betrachtet man z. B. das Ereignis „rot", so ist jetzt

P(rot|Kopf) = P(rot|Zahl).

Wir erinnern uns an den Nenner der Formel von Bayes, den wir auch als die totale Wahrscheinlichkeit von Ereignis B bezeichnet hatten und der für zwei Ereignisse A_i lautete

P(B) = P(B | A_1) · P(A_1) + P(B | A_2) · P(A_2).

Angewendet auf unsere Spielsituation, in der ja P(rot|Kopf) = P(rot|Zahl) gilt, gibt das:

P(rot) = P(rot|Kopf) · P(Kopf) + P(rot|Zahl) · P(Zahl) = P(rot|Kopf) · [P(Kopf) + P(Zahl)]

= P(rot|Kopf) · 1

= P(rot|Kopf).

Deswegen wird aus

$$P(rot|Kopf) = \frac{P(rot \cap Kopf)}{P(Kopf)}$$

jetzt einfach

$$P(rot) = \frac{P(rot \cap Kopf)}{P(Kopf)} \quad \text{oder} \quad P(rot) \cdot P(Kopf) = P(rot \cap Kopf).$$

Wir fassen zusammen und drücken es jetzt allgemein aus:

- (Stochastisch) unabhängige Ereignisse A und B sind gekennzeichnet durch: P(A|B) = P(A), P(B|A) = P(B), P(A ∩ B) = P(A) · P(B) (Multiplikationssatz für Wahrscheinlichkeiten unabhängiger Ereignisse).

Im Beispiel:
P(Kopf ∩ rot) = ½ · ¼ = ⅛ (Wahrscheinlichkeit des Pfades Kopf – rot)

P(Kopf) = ½ (Wahrscheinlichkeit von „Kopf" an der Wurzel)

P(rot) = ½ · ¼ + ½ · ¼ = ¼ (Totale Wahrscheinlichkeit von „rot", Summe der Wahrscheinlichkeiten der beiden Pfade, die zu „rot" führen)

Damit ist P(Kopf ∩ rot) = P(Kopf) · P(rot) (⅛ = ½ · ¼) gegeben, die Unabhängigkeit von „Kopf" und „rot" anhand der Formel bestätigt.

In der zweidimensionalen Tabelle, in der wir die Verhältnisse eines zweistufigen Zufallsexperiments zusammenfassen können (so wie wir es oben für die Freizeitaktivitäten von Alina, Bea und Carola gemacht haben) bedeutet das, dass sich die Werte im Zentrum der Tabelle jeweils durch Multiplikation der zugehörigen Randwerte ergeben.

Die folgende Tabelle beschreibt, dass Alina bei *allen Aktivitäten stets* in 40 % der Fälle von Bea und in 60 % von Carola begleitet wird.

Tabelle 6.3   Wahrscheinlichkeitstabelle zu Alinas Aktivitäten, wenn diese unabhängig von ihrer Begleitung sind

Aktivität	Wahrscheinlichkeiten		
	Begleitung durch Bea	Begleitung durch Carola	Summe
Tennis	0,2	0,3	0,5
Rad	0,12	0,18	0,3
Sonstiges	0,08	0,12	0,2
Summe	0,4	0,6	1

Sich ausschließende Ereignisse

Ist die Schnittmenge zweier Ereignisse leer, A ∩ B = Ø, dann ist die Wahrscheinlichkeit P(A ∩ B) = 0 (Vergleiche Abschnitt 6.2). Wenn die beiden Ereignisse je für sich positive Wahrscheinlichkeiten haben, kann aber das Produkt dieser Wahrscheinlichkeiten nicht 0 sein. Zwei sich gegenseitig ausschließende Ereignisse sind also sicher voneinander abhängig. Das ist uns natürlich auch unmittelbar einsichtig: Wenn eines der Ereignisse eingetreten ist, besteht die Abhängigkeit darin, dass das andere sicher nicht mehr eintreten kann. Der Zusammenhang kann auch durch das Venn-Diagramm nach Abbildung 6.10 veranschaulicht werden, bei dem sich die beiden Ereignisse A und B nicht überschneiden.

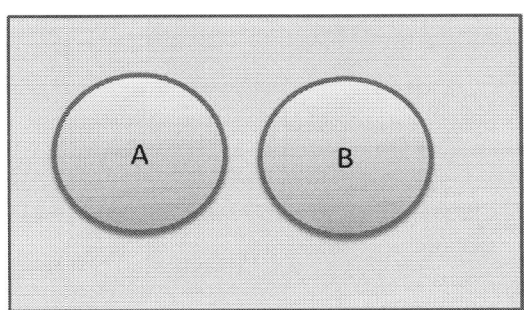

Abbildung 6.10 sich ausschließende Ereignisse

Lernkontrolle zu 6.5

1. „Stochastische Unabhängigkeit von A und B"...

    a. ... ist ein Begriff, der ein zweistufiges Zufallsexperiment voraussetzt.
    b. ... ist gleichbedeutend mit P(A ∩ B) = 0.
    c. ... ist immer gegeben, wenn A und B unmögliche Ereignisse sind.
    d. ... bedeutet P(A ∩ B) = P(A) · P(B).
    e. ... bedeutet P(A | B) = P(A).

2. Bei einem Zufallsexperiment …
   a. … können manche Ereignispaare voneinander unabhängig sein, andere nicht.
   b. … sind Ereignis und Gegenereignis immer voneinander unabhängig.
   c. … sind Ereignis und Gegenereignis nie voneinander unabhängig.
   d. … schließen sich zwei voneinander unabhängige Ereignisse immer gegenseitig aus.
3. Wir würfeln mit zwei Würfeln. Welche Ereignisse sind voneinander unabhängig?
   a. Würfel 1 zeigt 6, Würfel 2 zeigt 3.
   b. Würfel 1 zeigt 2, die Summe der gewürfelten Zahlen ist 7.
   c. Würfel 1 zeigt eine gerade Zahl, Würfel 2 zeigt 4.
   d. Die Summe der gewürfelten Zahlen ist gerade, das Produkt der gewürfelten Zahlen ist gerade.

Zusammenfassung

Mit „Wahrscheinlichkeit" meint man die vermutete Sicherheit, mit der ein grundsätzlich ungewisses Ereignis eintreten wird, oder einen unterstellten Grenzwert, dem sich empirisch beobachtete Häufigkeiten zufälliger Ereignisse nähern, oder einen erwarteten Wert, der aufgrund von Expertenwissen festgelegt wird. Bei vielen Zufallsexperimenten wie z. B. dem Werfen einer Münze oder beim Würfeln besitzen alle Elementarereignisse dieselbe Wahrscheinlichkeit. Mit Hilfe von Wahrscheinlichkeitsbäumen beschreibt man auch komplexere Situationen.

Setzt man voraus, dass das Ereignis A eingetroffen ist, und bestimmt die Wahrscheinlichkeit des Ereignisses B unter dieser Voraussetzung, so erhält man die bedingte Wahrscheinlichkeit von B unter der Bedingung A. Falls es auf das Erfülltsein der Voraussetzung A jedoch gar nicht ankommt, die bedingte Wahrscheinlichkeit also gleich der unbedingten ist, nennen wir die Ereignisse stochastisch unabhängig. Dies ist symmetrisch in A und B, d. h. A ist genau dann unabhängig von B, wenn B unabhängig von A ist, und daher sagen wir auch einfach „A und B sind voneinander unabhängig."

7 Wahrscheinlichkeitsverteilungen

Nachdem Sie in Kapitel 6 das Rüstzeug der Wahrscheinlichkeitstheorie erworben haben, sind wir jetzt in der Lage, den am Ende von Abschnitt 6.1 geäußerten Gedanken weiter zu verfolgen: *„Wir werden in Zukunft Säulendiagramme und Histogramme nicht nur für konkret beobachtete und gezählte Häufigkeiten darstellen, sondern dies auch für solche 'Häufigkeiten' tun, zu denen wir auf der Grundlage von theoretischen Überlegungen gekommen sind. Das werden insbesondere relative Häufigkeitsverteilungen sein, da damit ja Zahlen zwischen 0 und 1 dargestellt werden, also Werte, die gerade unserem Begriff der Wahrscheinlichkeit entsprechen."* Wir werden in diesem Zusammenhang auch eine terminologische Präzisierung vornehmen: Da wir Werte der mathematischen Größe „Wahrscheinlichkeit" und nicht mehr beobachtete und gezählte Häufigkeiten behandeln, werden wir von *Wahrscheinlichkeitsverteilungen* sprechen.

Lernziele

Nach erfolgreicher Bearbeitung dieses Kapitels kennen Sie den Begriff „Zufallsvariable" und können ihn erläutern. Sie können zwischen diskreten und stetigen Zufallsvariablen unterscheiden. Sie wissen, dass für beide Typen „Verteilungsfunktionen" für kumulierte Wahrscheinlichkeiten sinnvoll definierbar sind, aber „Wahrscheinlichkeitsfunktionen" nur im diskreten Fall eine Rolle spielen, während für stetige Zufallsvariable „Wahrscheinlichkeitsdichtefunktionen" zu betrachten sind. Für beide Fälle kennen Sie die Rechenvorschrift für Erwartungswert, Varianz und Standardabweichung. Als Beispiele für den diskreten bzw. stetigen Fall kennen Sie die Familien der Gleichverteilungen, Binomialverteilungen, Normalverteilungen, Exponential- und Poissonverteilungen und ihre jeweiligen Eigenschaften.

Praxisbeispiel

Kommen wir noch einmal auf das Beispiel des Roulettes zurück. Es soll doch Leute geben, die behaupten, dass sie vom Glücksspiel leben können. Was sagt der Statistiker dazu?

Wenn Sie den ganzen Abend Roulette spielen, dann ist die Anzahl der Gewinne binomialverteilt – Sie werden in diesem Kapitel lernen, was das heißt. Sehen wir uns einige Beispiele an. Wenn Sie zehn Mal hintereinander auf Ihre Lieblingszahl setzen, dann ist die Wahrscheinlichkeit, zehn Mal zu verlieren, gleich $(36/37)^{10} = 0{,}7603$. Die Wahrscheinlichkeit, wenigstens einmal zu gewinnen, ist die Gegenwahrscheinlichkeit $1 - 0{,}7603 = 0{,}2397$, die Wahrscheinlichkeit, genau einmal zu gewinnen, ist $10 \cdot (36/37)^9 \cdot 1/37 = 0{,}2112$. Immerhin, das sind ja schon über 20 %. Wie man das ausrechnet, lernen Sie in diesem Kapitel. Sie können dann auch ausrechnen, wie hoch die Wahrscheinlichkeit ist, genau sieben Mal zu gewinnen, nämlich $120 \cdot (36/37)^3 \cdot 1/37^7 = 1{,}1643 \cdot 10^{-9}$. Diese Wahrscheinlichkeit ist so klein (eine Dezimalzahl mit acht Nullen hinter dem Komma), dass man tunlichst nicht auf eine solche Glückssträhne hoffen sollte.

Aber kommen wir auf den anfangs erwähnten Berufsspieler zurück. Wenn er in jeder Runde immer 100 € auf eine Zahl setzt, wie hoch ist dann sein erwarteter Gewinn? Auch das auszurechnen lernen Sie in diesem Kapitel. Fällt die Zahl, erhält er seine 100 € zurück und zusätzlich 3.500 €, so dass die Summe 3.600 beträgt. Fällt eine andere Zahl, verliert er 100 €. Der erwartete Gewinn beträgt somit $(1/37) \cdot 3.500 - (36/37) \cdot 100 = -2,70$ €. Der Roulette-Spaß kostet also pro Runde durchschnittlich 2,70 €. Bei der Farbenstrategie sieht es genauso aus. Wer immer 100 € auf beispielsweise Schwarz setzt, fährt einen erwarteten „Gewinn" von $(18/37) \cdot 100 - (19/37) \cdot 100 = -2,70$ € ein. Vielleicht werden Sie am besten doch nicht Berufsspieler, sondern eher Betriebswirt oder Volkswirt.

7.1 Zufallsvariable

Bei der Beschäftigung mit deskriptiver Statistik haben wir verschiedene Kategorien von Skalen für die darzustellenden Merkmale unterschieden. Die waagerechte Achse, über der wir unsere Säulendiagramme oder Histogramme aufgetragen haben, konnte je nach Skala nur mit Namen beschriftet sein oder aber auch die Achse der reellen Zahlen sein. Im jetzt Folgenden werden wir es immer mit reellen Zahlen als „unabhängigen Veränderlichen" zu tun haben. Zumindest zunächst beschränken wir uns dabei auf den eindimensionalen Fall. „Abhängige Veränderliche" werden Wahrscheinlichkeitswerte sein.

Wahrscheinlichkeitswerte gehören – so haben Sie gelernt – zu Zufallsereignissen. Nun sind die Zufallsereignisse, mit denen wir es in Kapitel 6 zu tun hatten, in aller Regel keine reellen Zahlen oder Teilmengen davon, eignen sich also nicht für unsere „x-Achse". Hier wird ein Zwischenschritt notwendig: Wir müssen den Ereignissen reelle Zahlen zuordnen, die dann auf dieser Achse aufgetragen werden können. Da diese Zahlen Zufallsereignissen zugeordnet sind, bezeichnen wir sie als Werte von *Zufallsvariablen*; dieser Ausdruck wird von jetzt an den oben vorläufig benutzten (und wegen der Vorläufigkeit in Anführungszeichen gesetzten) Begriff „unabhängige Veränderliche" ersetzen. In der Regel wird uns dann in erster Linie die Wahrscheinlichkeit interessieren, die einem Wert der Zufallsvariable zugeordnet ist (als „y-Wert" auf der senkrechten Achse). Für die Zufallsereignisse, die ja im ersten Schritt auf Werte der Zufallsvariablen abgebildet wurden, kann man dann wieder die Wahrscheinlichkeit bestimmen, wenn diese Abbildung umkehrbar ist.

Beispiele:

Zufallsexperiment	Zufallsvariable X	Beispiel für ein Ereignis	Wert der Zufallsvariablen im Beispiel
Einmal würfeln	Anzahl der Punkte	Würfeln einer 6	6
Zweimal würfeln	Summe der Punktzahlen	Würfeln von (6, 3)	9
Zweimal würfeln	Höchste Punktzahl	Würfeln von (6, 3)	6
Stichprobe von zehn Schülern einer Jahrgangsstufe ziehen	Durchschnittliches Körpergewicht	Auswahl von Bert, Theo, ..., Xaver	45,3 (kg)

Die Abbildung 7.1 beschreibt die Zusammenhänge:

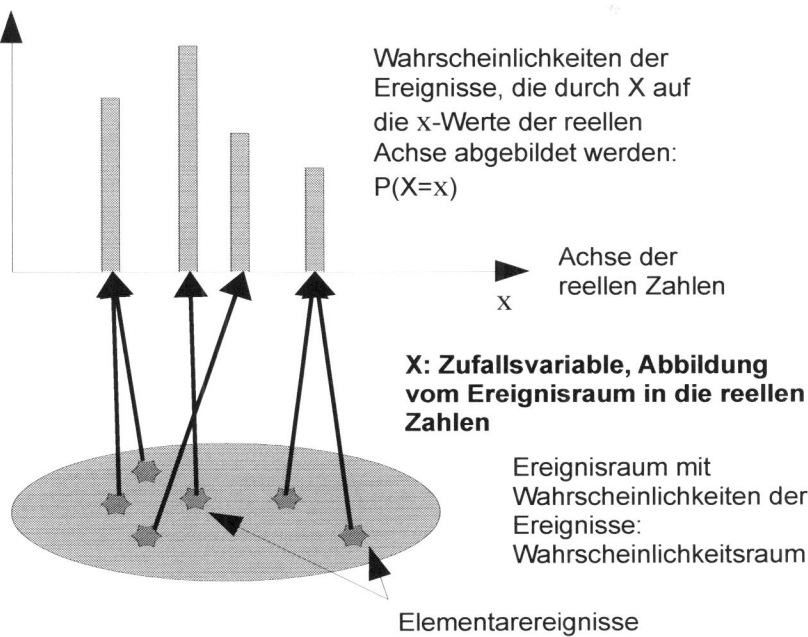

Abbildung 7.1   Ereignisraum und Wahrscheinlichkeitsverteilung

Sie sollten sich ein wenig Zeit nehmen, die in dieser Grafik skizzierten Zusammenhänge und damit den Begriff der Zufallsvariablen vollständig zu verstehen.

Die Skizze zeigt, dass das Ergebnis oder die Ergebnisse des zugrundeliegenden Raums, die durch die Abbildung X auf einen bestimmten Wert der Variablen, x, abgebildet werden, eine bestimmte Wahrscheinlichkeit haben und dass wir diese Wahrscheinlichkeit dem Wert x zuordnen. So ergibt sich eine Wahrscheinlichkeitsfunktion p(x).

Wir werden allerdings sehen, dass wir für gewisse (nämlich die stetigen) Zufallsvariablen diese Erläuterungen noch ein wenig anders formulieren müssen. Dass es auch bei den Zufallsvariablen offenbar wieder zwei Kategorien gibt, haben Sie bereits an den Beispielen in der obigen Tabelle erkannt. Im ersten Beispiel etwa sind die möglichen Werte der Zufallsvariablen 1, 2, 3, 4, 5, 6, im letzten Beispiel kann theoretisch jeder Wert – wenigstens aus einem bestimmten Intervall – vorkommen. Wir haben es also mit *diskreten* einerseits, *kontinuierlichen* oder *stetigen Zufallsvariablen* andererseits zu tun. Dieser Unterschied ist es, der uns im Folgenden zu der angekündigten Differenzierung zwingen wird.

Betrachten wir zunächst **diskrete Zufallsvariablen**.

Diskrete Zufallsvariable sind solche, die nur eine endliche Anzahl von Werten haben oder doch höchstens eine abzählbare Wertemenge. Offenbar zeigt die Abbildung 7.1 den Fall einer diskreten Zufallsvariablen.

Für mathematisch Interessierte: Eine abzählbare Wertemenge kann ganz schön kompliziert sein. Die rationalen Zahlen etwa, also die Brüche von zwei ganzen Zahlen, sind abzählbar, liegen aber dicht auf der reellen Zahlengeraden. In der statistischen Praxis hat man es jedoch in der Regel nur mit solchen diskreten Zufallsvariablen mit abzählbar vielen Werten zu tun, bei denen diese Werte sauber voneinander getrennt sind, wie z. B. die Zahlen 0, 1, 2, 3, ... Dies wird auch für die einzige in diesem Buch behandelte Zufallsvariable mit abzählbarer Wertemenge, die Poissonverteilung, gelten.

Beispiel 1: diskrete Gleichverteilung

Als einfachsten Fall einer diskreten Zufallsverteilung lernen Sie die *diskrete Gleichverteilung* kennen. Genau genommen handelt es sich dabei um eine Familie von Verteilungen, und das erste aus der obigen Liste von Beispielen ist ein Mitglied dieser Familie:

Wird beim Würfeln mit einem Würfel die Zufallsvariable X als Anzahl der Punkte definiert, dann ist bei einem fairen Würfel jeder der Zahlen 1 bis 6 auf der Achse der Zufallsvariablen der Wahrscheinlichkeitswert 1/6 zugeordnet.

Die Zuordnung

$$x \to p(x) = P(X = x)$$

nennen wir die *Wahrscheinlichkeitsfunktion* der Zufallsvariablen. Es ist üblich, bei der graphischen Darstellung senkrechte Strecken zu verwenden, also „Säulen" geringer Dicke. Verzichten wir auf die explizite Darstellung des Ereignisraums, dann wird die oben eingeführte graphische Veranschaulichung für dieses Beispiel so aussehen:

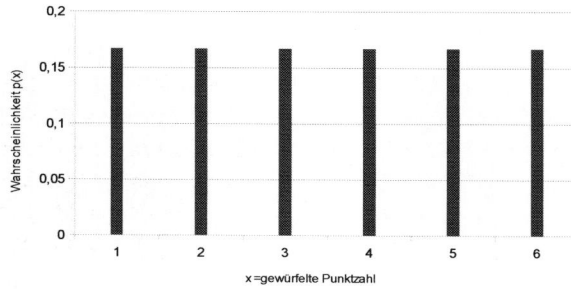

Abbildung 7.2
diskrete Gleichverteilung für
n = 6

Alle Elementarereignisse sind gleich wahrscheinlich, wir haben es mit einer sogenannten *Gleichverteilung* zu tun. Ist n die Anzahl möglicher Elementarereignisse, dann ist 1/n die Wahrscheinlichkeit jedes Wertes der Zufallsvariablen (hier der Werte 1, 2, ..., 6).

Sie erkennen, warum wir oben von der Familie der diskreten Gleichverteilungen gesprochen haben: zu jeder natürlichen Zahl n gehört ein Familienmitglied.

Beispiel 2:
Wird dem Würfeln mit zwei Würfeln die Zufallsvariable „X = Summe der Punktzahlen beider Würfel" zugeordnet, dann sind die 36 möglichen Elementarereignisse ebenfalls gleich wahrscheinlich, die Zufallsvariable bildet aber mehrere der Elementarereignisse auf einen x-Wert ab. Die Punktsumme 4 beispielsweise kann durch die Ereignisse (1, 3), (2, 2) und (3, 1) entstanden sein. Jedes dieser Ereignisse hat die Wahrscheinlichkeit 1/36, der 4 ist die Summe dieser Wahrscheinlichkeiten zuzuordnen, also 3 · 1/36 = 1/12 = 0,083.

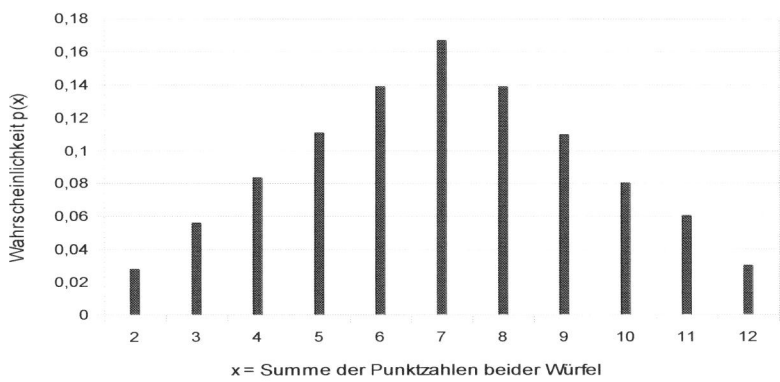

Abbildung 7.3   Wahrscheinlichkeitsverteilung der Augensumme von zwei Würfeln

Neben der Wahrscheinlichkeitsfunktion ist die *kumulative Wahrscheinlichkeitsfunktion* von Bedeutung. Sie wird auch *Verteilungsfunktion* genannt. Sie gibt die Wahrscheinlichkeit dafür an, dass der Wert der Zufallsvariablen *höchstens* einen bestimmten x-Wert annimmt:

$$x \rightarrow F(x) = P(X \leq x).$$

Verteilungsfunktionen diskreter Zufallsvariabler sind Treppenfunktionen, die einen Sprung bei jedem Wert der Zufallsvariablen mit von null verschiedener Wahrscheinlichkeit haben. An den Sprungstellen nimmt die Verteilungsfunktion jeweils den Wert der oberen Treppenstufe an. Abbildung 6.4 zeigt dies am Beispiel des Würfelns mit einem Würfel. Es ist also beispielsweise $P(X \leq 3{,}7)$ die Wahrscheinlichkeit dafür, dass ein Wurf eine Augenzahl von 1 oder 2 oder 3 zeigt, also 1/2. $P(X \leq 3)$ hat denselben Wert, aber $P(X \leq 2{,}999999) = 1/3$.

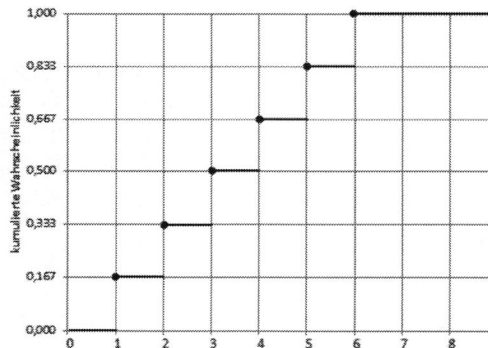

Abbildung 7.4
Verteilungsfunktion der diskreten Gleichverteilung für n = 6

In Analogie zu den Begriffen Mittelwert, Varianz und Standardabweichung in der deskriptiven Statistik führen wir entsprechende Begriffe für Zufallsvariablen ein (unter derselben Benennung). Bitte beachten Sie bei den folgenden Formeln, dass die Werte der Zufallsvariablen bzw. die ihrer Abweichungen vom Mittel jeweils mit der Wahrscheinlichkeit der Werte gewichtet werden.

Den Mittelwert der Zufallsvariablen X, der hier allerdings üblicherweise als *Erwartungswert* bezeichnet wird, definiert die Formel:

$$E(X) = \mu = \sum_{i=1}^{n} x_i \cdot p(x_i).$$

Die Varianz als Maß für die mittlere quadratische Abweichung vom Mittelwert ist:

$$V(X) = \sigma^2 = \sum_{i=1}^{n} (x_i - \mu)^2 \cdot p(x_i)$$

und daraus berechnet sich die Standardabweichung als

$$\sigma = \sqrt{\sigma^2}.$$

Wir wenden dies zur Erläuterung auf das Beispiel des einmaligen Werfens eines Würfels an.

E(X) = 1 · 1/6 + 2 · 1/6 + 3 · 1/6 + 4 · 1/6 + 5 · 1/6 + 6 · 1/6 = 3,5

V(X) = (1 − 3,5)² · 1/6 + (2 − 3,5)² · 1/6 + (3 − 3,5)² · 1/6 + (4 − 3,5)² · 1/6 + (5 − 3,5)² · 1/6 + (6 − 3,5)² · 1/6 ≈ 2,9

σ ≈ 1,7

Allgemein gilt für die diskrete Gleichverteilung mit $x_i = i$: $E(X) = \frac{n+1}{2}$, $V(X) = \frac{n^2-1}{12}$.

Wir wenden uns jetzt den **stetigen Zufallsvariablen** zu.

Unter den Beispielen für Zufallsvariablen hatten wir auch das mittlere Körpergewicht einer Gruppe von zehn Schülern erwähnt. Diese Zufallsvariable kann grundsätzlich jede Zahl (sagen wir zwischen 20 kg und 80 kg) annehmen. Dass ein Wert von genau z. B. 42,713... kg beobachtet wird, kann man praktisch ausschließen: P(X = 42,713...) = 0. Die für die diskreten Zufallsvariablen eingeführte Wahrscheinlichkeitsfunktion versagt also hier. Weiter sinnvoll bleibt allerdings die Verteilungsfunktion

$$x \rightarrow F(x) = P(X \leq x).$$

Die Verteilungsfunktion erweist sich also als die universellere Beschreibung für Zufallsvariablen.

Die Differenz $F(x_2) - F(x_1) = P(X \leq x_2) - P(X \leq x_1) = P(x_1 < X \leq x_2)$ gibt offenbar die Wahrscheinlichkeit dafür an, dass die Zufallsvariable Werte zwischen x_1 und x_2 annimmt.

Hat sich beispielsweise ergeben, dass in einer Bevölkerungsgruppe die Wahrscheinlichkeit für ein Körpergewicht von bis zu 80 kg 0,75 ist und die Wahrscheinlichkeit für ein Gewicht von bis zu 70 kg 0,51, dann liegt das Gewicht einer zufällig herausgegriffenen Person dieser Gruppe mit einer Wahrscheinlichkeit von 75 % − 51 % = 24 % zwischen 70 kg und 80 kg. Die „mittlere Wahrscheinlichkeitsdichte" in diesem Intervall ist 0,24 je 10 kg.

Lässt man nun das Intervall zwischen x_1 und x_2 immer kleiner werden, dann strebt – hinreichend angenehme Eigenschaften der Verteilungsfunktion vorausgesetzt – die mittlere Wahrscheinlichkeitsdichte im Intervall gegen einen Grenzwert, den Wert der Wahrscheinlichkeitsdichte in dem betreffenden Punkt.

Zwischen der Verteilungsfunktion F(x) und der Wahrscheinlichkeitsdichtefunktion f(x) bestehen die Beziehungen

$$f(x) = \frac{dy}{dx}F(x) \quad F(x) = \int_{-\infty}^{x} f(t)dt.$$

An die Stelle der Summationen, die für Erwartungswert und Varianz im diskreten Fall verwendet wurden, treten jetzt Integrale, an die Stelle der Wahrscheinlichkeiten tritt die Wahrscheinlichkeitsdichtefunktion. Die Definitionen für Erwartungswert und Varianz lauten jetzt:

$$E(X) = \mu = \int x \cdot f(x)dx, \quad V(X) = \int (x-\mu)^2 \cdot f(x)dx.$$

Für die mathematisch interessierten Leserinnen dürfen diese Formeln nicht fehlen. Lassen Sie sich aber durch die Integrale nicht verunsichern. In den für Sie wesentlichen Fällen werden Ihnen die Ergebnisse als Standardformeln angegeben.

Beispiel 3 Stetige Gleichverteilung
Ist die Wahrscheinlichkeitsdichte an allen Stellen eines Intervalls, sagen wir zwischen a und b, konstant, dann sprechen wir von einer stetigen Gleichverteilung. Sie ist das stetige Gegenstück der in Beispiel 1 besprochenen diskreten Gleichverteilung. Stellen Sie sich eine Stoppuhr extremer Genauigkeit vor, die also „alle" Werte – und nicht nur Hundertstel oder Tausendstel von Sekunden – anzeigen kann. Stoppt man die Uhr nach einiger Zeit, dann ist „jede" Zeit zwischen 0 und 60 Sekunden von der vorigen vollen Minute an gerechnet gleich wahrscheinlich. Wir haben eine stetige Gleichverteilung zwischen a = 0 und b = 60 vor uns.

Für die stetige Gleichverteilung zwischen a und b gilt:

$$f(x) = \begin{cases} \dfrac{1}{b-a} & \text{für } a \leq x \leq b \\ 0 & \text{sonst} \end{cases}$$

$$E(X) = \frac{b+a}{2} \qquad V(X) = \frac{(b-a)^2}{12}$$

Wie Sie sehen, wurde das Versprechen bezüglich der Angabe der Formeln für E und V hier eingelöst. Wahrscheinlich wäre es Ihnen in diesem Fall allerdings nicht schwer gefallen, die Integrale auch selbst zu berechnen. Ob Sie es einmal versuchen?

Lernkontrolle zu 7.1

1. Eine Zufallsvariable …
   a. … kann Werte zwischen 0 und 1 annehmen.
   b. … ist eine Abbildung in die reellen Zahlen.
   c. … kann nur positive Werte annehmen.
   d. … kann nur ganzzahlige Werte annehmen.
   e. … kann zum Beispiel dem Ergebnis „Kopf" beim Werfen einer Münze den Wert 1 zuordnen.

2. Eine diskrete Zufallsvariable …
   a. … kann nur ganzzahlige Werte annehmen.
   b. … kann nur endlich viele Werte annehmen.
   c. … kann höchstens abzählbar viele Werte annehmen.
   d. … soll keine Werte haben, die für jedermann ersichtlich sind.
   e. … ordnet jedem Ereignis des zugrundeliegenden Ereignisraums eine Zahl zu.

3. Eine stetige Zufallsvariable …
   a. … wird auch als kontinuierliche Zufallsvariable bezeichnet.
   b. … kann nur ganzzahlige Werte annehmen.
   c. … kann ganzzahlige Werte annehmen.
   d. … kann nur endlich viele Werte annehmen.

e. ... ordnet jedem Ereignis des zugrundeliegenden Ereignisraumes eine Zahl zu.
4. Zu diskreten Zufallsvariablen ...
   a. ... gehören diskrete Wahrscheinlichkeitsverteilungen.
   b. ... können auch stetige Wahrscheinlichkeitsverteilungen gehören.
   c. ... gehören immer symmetrische Wahrscheinlichkeitsverteilungen.
   d. ... gehören auch die Zufallsvariablen, die das Gewicht von Personengruppen messen.
5. Was trifft zu?
   a. Eine stetige Wahrscheinlichkeitsverteilung hat eine Wahrscheinlichkeitsdichtefunktion.
   b. Eine diskrete Wahrscheinlichkeitsverteilung hat eine Wahrscheinlichkeitsdichtefunktion.
   c. Eine stetige Wahrscheinlichkeitsverteilung hat eine Wahrscheinlichkeitsfunktion.
   d. Eine diskrete Wahrscheinlichkeitsverteilung hat eine Wahrscheinlichkeitsfunktion.
   e. Eine stetige Wahrscheinlichkeitsverteilung hat eine Verteilungsfunktion.
   f. Eine diskrete Wahrscheinlichkeitsverteilung hat eine Verteilungsfunktion.
   g. Im Fall einer stetigen Wahrscheinlichkeitsverteilung ist die Verteilungsfunktion das Integral der Wahrscheinlichkeitsdichtefunktion.
   h. Der Grenzwert jeder Verteilungsfunktion für $x \to \infty$ ist 1.
   i. Der Grenzwert jeder Verteilungsfunktion für $x \to \infty$ ist 0.
   j. Der Grenzwert einer Verteilungsfunktion für $x \to \infty$ kann unterschiedliche Werte annehmen

7.2 Die Binomialverteilung

Ein Zufallsexperiment habe *genau zwei Elementarereignisse*, die wir als „Erfolg" bzw. „Misserfolg" bezeichnen. Die Wahrscheinlichkeit für „Erfolg" sei p, dann ist $q = 1 - p$ die Wahrscheinlichkeit für das „Gegenereignis" „Misserfolg". In Erinnerung an den Schweizer Mathematiker Jakob Bernoulli nennt man Experimente dieses Typs auch *Bernoulli-Experimente*.

Wir führen jetzt ein und dasselbe Bernoulli-Experiment mehrfach aus, sagen wir n-mal. Zur Präzisierung: Wir führen ein zusammengesetztes Zufallsexperiment aus, das folgende Eigenschaften besitzt:

– Es besteht aus n Bernoulli-Experimenten.
– Die Bernoulli-Experimente haben alle dieselbe Wahrscheinlichkeit p für „Erfolg".
– Die Bernoulli-Experimente sind alle voneinander unabhängig.

Ein solches zusammengesetztes Experiment heißt *Bernoulli-Kette*.

Wir ordnen dem Experiment die ganzzahlige Zufallsvariable X = „Gesamtzahl der Erfolge" zu und nennen die zugehörige Wahrscheinlichkeitsverteilung eine *Binomialverteilung*.

Diese Zufallsvariable ist offenbar diskret und kann die Werte 0, 1, 2, ..., n annehmen. Zur Ermittlung der Wahrscheinlichkeitsverteilung müssen wir feststellen, mit welcher Wahrscheinlichkeit jeder dieser Werte auftreten wird. Ein einfacher Fall ist sicher P(X = 0), also die Wahrscheinlichkeit dafür, dass kein einziges Mal „Erfolg" bzw. n-mal „Misserfolg" zu verzeichnen war. Wir wissen, dass die Wahrscheinlichkeiten voneinander unabhängiger Ereignisse bei der Verknüpfung durch logisches „und" miteinander zu multiplizieren sind. „Misserfolg" *und* „Misserfolg" *und* ... *und* „Misserfolg" (n-mal) hat also die Wahrscheinlichkeit $(1-p)^n = q^n$. Analog behandelt man den Fall P(X = n) n-maligen Erfolges. Die Wahrscheinlichkeit für diesen Fall ist also p^n.

Komplizierter sind die Mischfälle. Wenn genau k-mal „Erfolg" eingetreten ist (k ist irgendeine Zahl zwischen 0 und n), dann kann das ja bis auf die gerade besprochenen Extremfälle an unterschiedlichen Stellen unseres Kettenexperiments eingetreten sein. Es müssen nur irgendwelche k der Einzelexperimente „erfolgreich" und die übrigen „erfolglos" ausgefallen sein. Veranschaulichen wir das an einigen solchen Fällen bei n = 10 und k = 4 (1 stehe für Erfolg, 0 für Misserfolg):

- **1111**000000
- 00**1**0**1**00**1**0**1**
- **1**000001011
- usw.

Wie viele dieser Kombinationen es für k = 4 gibt, ist ein Standardproblem der Kombinatorik. Man kann leicht beweisen, dass es genau n!/[k!(n − k)!] Möglichkeiten gibt, Untermengen von k Elementen aus n Elementen herauszugreifen. In unserem Fall mit n = 10 und k = 4 ergibt sich also 10!/[4! 6!] = 210. Für den etwas unhandlichen Ausdruck n!/[k!(n − k)!], den wir Binomialkoeffizient nennen, schreiben wir übrigens lieber

$$\binom{n}{k}.$$

Auf 210 unterschiedliche Weisen können also genau vier Erfolge bei den zehn Einzelexperimenten zustande gekommen sein. Jetzt müssen wir noch die Wahrscheinlichkeit eines einzelnen solchen Falles berechnen: Es sind – unabhängig voneinander – k (= 4) Erfolge *und* n − k (= 6) Misserfolge vorgekommen, die Wahrscheinlichkeit dafür ist $p^k \cdot q^{(n-k)}$ (= $p^4 \cdot q^6$ in unserem Beispielfall). Für den allgemeinen Fall ergibt sich abschließend für k-maligen Erfolg also die Wahrscheinlichkeit

$$P(X = k) = B_{n;p}(k) = \binom{n}{k} p^k (1-p)^{n-k}.$$

Wir machen durch die Bezeichnung deutlich, dass diese Verteilung zwei Parameter hat. Anders gesagt, es handelt sich um eine ganze Familie von Verteilungen, deren Mitglieder sich durch die Zahlen (Parameter) n und p unterscheiden. Die Werte $B_{n,p}(k)$ lassen sich verhältnismäßig leicht mit dem Taschenrechner berechnen. Bei einer Erfolgswahrscheinlichkeit von 0,3 ergibt sich für unser Beispiel

$$P(X = 4) = B_{10;\,0,3}(4) = \binom{10}{4} 0{,}3^4 \cdot 0{,}7^6 = 0{,}2001.$$

Für diese Wahrscheinlichkeiten gibt es natürlich auch Tabellenwerke. Zu den Tabellenwerken ist anzumerken:

- Da die Wahrscheinlichkeit p, genau k Erfolge zu haben, identisch ist mit der, genau n – k Misserfolge zu haben, kann man sich auf Werte p ≤ 0,5 beschränken: Sucht man ein B$_{n;\,p}$(k) mit p > 0,5, dann findet man es als B$_{n;\,1-p}$(n – k).

- Je größer n wird, umso länger muss die Tabelle werden, da sie ja Wahrscheinlichkeiten für alle k zwischen 0 und n auflisten muss. Meistens hört das Angebot von Tabellen bei n = 100 auf und weist auch für kleinere n schon große Lücken auf. Man muss dann allerdings nicht zwangsläufig auf umfangreiche eigene Berechnungen zurückgreifen. Wir werden im nächsten Abschnitt eine Verteilung kennen lernen, die sich gerade für große n gut als Näherung für die Binomialverteilung eignet.

- Umfangreichere Tabellen als für die Einzelwahrscheinlichkeiten stehen häufig für die Verteilungsfunktion F$_{n;\,p}$(k) (Summenfunktion) zur Verfügung, also für die Wahrscheinlichkeiten P(X ≤ k). Man vergewissere sich also bei jedem Nachschlagen in einem Tabellenwerk durch einen Blick auf die Überschrift, ob man es mit der einen oder anderen Tabellierung zu tun hat.

- Für die Verteilungsfunktion gilt: Sie gibt die Wahrscheinlichkeit an, höchstens k Erfolge zu haben. Das Gegenereignis dazu ist, mehr als k Erfolge zu haben, dies wieder ist dasselbe wie weniger als n – k Misserfolge oder höchstens n – k – 1 Misserfolge zu haben, also F$_{n;\,p}$(k) = 1 – F$_{n;\,1-p}$(n – k – 1).

Tabelle 7.1   Binomialverteilung (Ausschnitt)

n=10 / k	p=0,05	p=0,10	p=0,15	p=0,20	p=0,25	p=0,30	p=0,35	p=0,40	p=0,45	p=0,50
0	0,5987	0,3487	0,1969	0,1074	0,0563	0,0282	0,0135	0,0060	0,0025	0,0010
1	0,3151	0,3874	0,3474	0,2884	0,1877	0,1211	0,0725	0,0403	0,0207	0,0098
2	0,0746	0,1937	0,2759	0,3020	0,2816	0,2335	0,1757	0,1209	0,0763	0,0438
3	0,0105	0,0574	0,1298	0,2013	0,2503	0,2668	0,2522	0,2150	0,1665	0,7172
4	0,0010	0,0112	0,0401	0,0881	0,1460	0,2001	0,2377	0,2508	0,2384	0,2051
5	0,0001	0,0015	0,0085	0,0264	0,0584	0,1029	0,1536	0,2007	0,2340	0,2461
6	0,0000	0,0001	0,0012	0,0055	0,0162	0,0368	0,0689	0,1115	0,1596	0,2051
...	...	...	...	...	...	...	...	...	...	...

Im Anhang finden Sie zu einigen n die Tabellen der Binomialverteilung. Wir wollen die Anwendung für das oben genannte Beispiel erläutern. Dort war n = 10 und k = 4. Wir berechnen die Wahrscheinlichkeit, genau viermal Erfolg zu haben, einmal für die Erfolgswahrscheinlichkeit p = 0,4 des Einzelexperiments und zum anderen für p = 0,7. Ein Ausschnitt der benötigten Tabelle ist in Tabelle 7.1 wiedergegeben. In der Zeile für k = 4 suchen wir die Spalte für p = 0,4 und finden 0,2508 als die gesuchte Wahrscheinlichkeit. Ist andererseits p = 0,7, dann haben wir die Spalte für p = 1 – 0,7 = 0,3 zu verwenden, jetzt aber in der Zeile für k = 10 – 4 = 6 zu suchen. Wir finden 0,0368.

Als Erwartungswert und Varianz der Binomialverteilung ermittelt man:

$$E(X_{Binom,n;p}) = n \cdot p \quad V(X_{Binom,n;p}) = n \cdot p \cdot (1-p).$$

Anwendung auf unser Beispiel ergibt

für p = 0,4: $E(X_{Binom, 10; 0,4}) = 10 \cdot 0,4 = 4$, $V(X_{Binom, 10; 0,4}) = 10 \cdot 0,4 \cdot 0,6 = 2,4$.

In Worten: Wird das Experiment zehnmal wiederholt, dann kann man im Mittel insgesamt vier Erfolge erwarten. Die durchschnittliche quadrierte Differenz zu diesen erwarteten vier Erfolgen ist dann 2,4.

Für p = 0,7 ergibt sich analog: $E(X_{Binom, 10; 0,7}) = 10 \cdot 0,7 = 7$, $V(X_{Binom, 10; 0,7}) = 10 \cdot 0,7 \cdot 0,3 = 2,1$.

Zusatzbemerkung:
Eine naheliegende Realisierung einer binomialverteilten Zufallsvariable liefert ein Urnenexperiment, bei dem (sagen wir) weiße und schwarze Kugeln im Verhältnis p zu 1 – p in der Urne liegen und n-mal *mit Zurücklegen* gezogen wird. (Alternativ könnte auch eine so große Zahl von Kugeln in der Urne liegen, dass das Entnehmen von bis zu n Kugeln keinen merklichen Einfluss auf die Trefferwahrscheinlichkeit beim jeweils nächsten Ziehen hat.)

> Computerübung
> Erarbeiten Sie selbst die Tabelle 7.1. =BINOM.VERT(4;10;0,4;FALSCH) liefert beispielsweise die Wahrscheinlichkeit bei zehn Versuchen mit jeweiliger Erfolgswahrscheinlichkeit 0,4 genau viermal Erfolg zu haben. Der letzte Parameter FALSCH sorgt dafür, dass die Wahrscheinlichkeitsfunktion angesprochen wird, nicht die Verteilungsfunktion (kumulierte Werte), die hier WAHR erfordern würde.

Lernkontrolle zu 7.2

1. Was trifft zu?

    a. Die Binomialverteilung hängt von zwei Parametern ab, die beide positiv sein müssen.
    b. Die Schiefe der Binomialverteilung ist immer 0.
    c. Eine Bernoulli-Kette besteht aus n Experimenten, deren Ereignisse alle gleich wahrscheinlich sind.
    d. Das Einzelexperiment in einer Bernoulli-Kette kann 1, 2 oder 3 verschiedene Ergeb-

nisse haben.
e. Die Einzelexperimente in einer Bernoulli-Kette sind voneinander unabhängig.
f. Die Binomialverteilung ist diskret.

2. Bitte füllen Sie die Lücken.

   a. Der Erwartungswert der Binomialverteilung zu den Parametern n = 80, p = 0,2 ist _____.
   b. Der Erwartungswert der Binomialverteilung zu den Parametern n = 180, p = 1 ist _____.
   c. Die Varianz der Binomialverteilung zu den Parametern n = 80, p = 0,2 ist _____.
   d. Die Varianz der Binomialverteilung zu den Parametern n = 180, p = 1 ist _____.

3. Studierende der Hochschule H. haben einen Laufclub gegründet und treffen sich einmal pro Woche zum Training. Während des Wintersemesters fällt ihnen auf, dass es bei praktisch jedem Treffen regnet. Nehmen Sie an, dass die Regenwahrscheinlichkeit in H. 40 % ist. Wie hoch ist die Wahrscheinlichkeit, dass es bei mindestens 12 der 15 Treffen des Wintersemesters regnet?

   a. 0,0001
   b. 0,0019
   c. 0,0245
   d. 0,0463

7.3 Die Normalverteilung

Nach der eher anspruchslosen stetigen Gleichverteilung lernen wir nun als Vertreterin der stetigen Verteilungen die theoretisch wie praktisch außerordentlich bedeutungsvolle *Normalverteilung* kennen, deren graphische Darstellung die berühmte „Glockenkurve" ist.

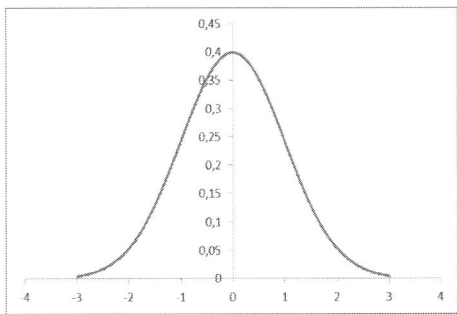

Abbildung 7.5   Standardnormalverteilung

Wie bei der Binomialverteilung handelt es sich bei „der" Normalverteilung tatsächlich um eine von zwei Parametern abhängige *Familie von Verteilungen*. Die relevanten Parameter sind in diesem Fall identisch mit den Kenngrößen Erwartungswert µ und Varianz σ^2 (bzw.

Standardabweichung σ) der Verteilung. Wir sagen kurz, die Verteilung sei N(μ, σ²), und meinen damit, dass die Zufallsvariable normalverteilt mit einem Erwartungswert μ und einer Varianz σ² ist. Beachten Sie: Manche Autoren verwenden die Notation N(μ, σ), geben also an zweiter Stelle dieser Kurzbezeichnung die Standardabweichung und nicht, wie wir, die Varianz an.

Die Dichtefunktion der Normalverteilung N(μ, σ²) ist

$$f_{Normal;\mu;\sigma}(x) = \frac{1}{\sigma\sqrt{2\pi}} e^{-\frac{(x-\mu)^2}{2\sigma^2}}.$$

Viele reale Verteilungen (Längen, Gewichte, Maße von Werkstücken, ...) sind annähernd normalverteilt. Wegen der Unterschiede dieser Kollektive benötigt man natürlich die Flexibilität unterschiedlicher Parameter μ und σ. Andererseits entzieht sich die allgemeine Normalverteilung dadurch jedem Versuch, sie tabellarisch zu erfassen. Das ist aber glücklicherweise auch nicht erforderlich. Es genügt ein Vertreter der gesamten Familie, um alles zu berechnen, was man mit der Normalverteilung ausrechnen muss. Dieser Vertreter heißt die *Standardnormalverteilung*. Sie hat den Mittelwert μ = 0 und die Standardabweichung σ = 1, also wird sie mit N(0, 1) bezeichnet, die Dichtefunktion lautet

$$f_{Normal;St}(z) = \frac{1}{\sqrt{2\pi}} e^{-\frac{z^2}{2}}.$$

> **Computerübung**
>
> Erstellen Sie die Grafik der Abbildung 7.5 mit Excel. Füllen Sie zunächst eine Spalte mit den x-Werten zwischen -3 und +3, etwa in Abständen von 0,1. Dazu geben Sie natürlich nur den ersten Wert ein, berechnen den unmittelbar folgenden durch Addition von 0,1 und ziehen dann am Wiederholungspunkt unten rechts. Ermitteln Sie nun mit =NORM.VERT(...;0;1;FALSCH) die Werte der Wahrscheinlichkeitsdichtefunktion der (Standard-)Normalverteilung. Mit ... ist hier der jeweilige x-Wert angedeutet, die Werte 0 und 1 stehen für Mittelwert und Standardabweichung, definieren also die Standardnormalverteilung, und FALSCH sorgt dafür, dass die Dichtefunktion und nicht die Verteilungsfunktion errechnet wird. Die Grafik erstellen Sie dann aus den errechneten Werten mit Einfügen / Diagramme / Punkt / interpolierte Linien.

Die Standardnormalverteilung ist symmetrisch zur senkrechten Koordinatenachse. In eine Tabelle braucht man daher nur die Hälfte der Werte aufzunehmen. In der Regel wird man die Standardnormalverteilung als eine Tabelle der Verteilungsfunktion, also der kumulativen Wahrscheinlichkeit finden, auch diese wegen der Symmetrie stets nur für z-Werte eines Vorzeichens, üblicherweise für positive z-Werte.

Als aufmerksamer Leser haben Sie bemerkt, dass wir für die Standardnormalverteilung die Bezeichnung der unabhängigen Variablen geändert haben. In der Tat ist es üblich, für eine standardnormalverteilte Zufallsvariable das Z und für einen konkreten Wert dieser Zufallsvariablen das z zu benutzen. Der Grund liegt darin, dass wir Werte der „allgemeinen", nicht-standardisierten Verteilungen, denen wir bei der statistischen Arbeit in der Praxis begegnen, weiterhin x nennen und mit

$$z = \frac{x - \mu}{\sigma} \quad \text{bzw.} \quad x = \mu + \sigma \cdot z$$

genau die Transformation vor uns haben, die die allgemeine in die standardisierte Normalverteilung überführt und umgekehrt. Zur Darstellung dieser Transformation benötigt man natürlich zwei Variablenbezeichnungen. Außerdem ist es ohnehin hilfreich, schon an dem Buchstaben z zu erkennen, dass von der Standardnormalverteilung gesprochen wird.

Tabelle 7.2   Tabelle der Standardnormalverteilung (Ausschnitt)

z	0	1	2	3	4	5	6	7	8	9
...	...	...	...	...	...	...	...	...	...	...
0,9	0,8159	0,8186	0,8212	0,8238	0,8264	0,8289	0,8315	0,8340	0,8365	0,8389
1,0	0,8413	0,8438	0,8461	0,8485	0,8508	0,8531	0,8554	0,8577	0,8599	0,8621
1,1	0,8643	0,8665	0,8686	0,8708	0,8729	0,8749	0,8770	0,8790	0,8810	0,8830
1,2	0,8849	0,8869	0,8888	0,8907	0,8925	0,8944	0,8962	0,8980	0,8997	0,9015
1,3	0,9032	0,9049	0,9066	0,9082	0,9099	0,9115	0,9131	0,9147	0,9162	0,9177
1,4	0,9192	0,9207	0,9222	0,9236	0,9251	0,9265	0,9279	0,9292	0,9306	0,9319
1,5	0,9392	0,9345	0,9357	0,9370	0,9382	0,9394	0,9406	0,9418	0,9429	0,9441
1,6	0,9452	0,9463	0,9474	0,9484	0,9495	0,9505	0,9515	0,9525	0,9535	0,9545
...	...	...	...	...	...	...	...	...	...	...

Nehmen wir an, das Körpergewicht der Deutschen sein normalverteilt mit einem Mittelwert von 75 kg und einer Varianz von 25. Sie ist also mit N(75, 25) verteilt. Die Standardabweichung beträgt dann 5. Wie hoch ist die Wahrscheinlichkeit, dass der nächste Deutsche, den wir auf der Straße treffen, weniger als 80 kg wiegt? Wir suchen also P(X < 80). Zuerst müssen wir den x-Wert standardisieren: z = (80 − 70)/5 = 1. Dann schauen wir die Wahrscheinlichkeit P(Z < 1) in der Tabelle der Verteilungsfunktion der Standardnormalverteilung nach. Sie finden einen Ausschnitt in Tabelle 7.2 und die ganze Tabelle im Anhang. Das zutreffende Tabellenfeld finden wir so: Wir ergänzen den z-Wert 1 auf zwei Nachkommastellen: z = 1,00. Die beiden Stellen vor und unmittelbar nach dem Komma führen zu einer Zeile der Tabelle, die zweite Nachkommastelle zur richtigen Spalte. Die Wahrscheinlichkeit P(Z < 1) beträgt 0,8413. Da die z-Transformation die Wahrscheinlichkeiten erhält, gilt also auch P(X < 80) = 0,8413. Diese Eigenschaft ist in Abbildung 7.6 gut zu erkennen.

Interessieren wir uns nun für die Wahrscheinlichkeit, dass eine Person höchstens 67,5 kg wiegt Dazu transformieren wir den Wert x = 67,5 durch z = (67,5 − 75)/5 in den z-Wert z = -1,5 und suchen in der Verteilungsfunktion der Standardnormalverteilung den zugehörigen Wahrscheinlichkeitswert. Er lautet 0,0608. Die Ermittlung ist etwas schwieriger, da es sich um einen negativen z-Wert handelt und wir eine Tabelle benutzen, die nur für $z \geq 0$ eingerichtet ist. Abbildung 7.7 erläutert das Vorgehen.

Kurz gesagt: $P(Z \leq -1,5) = 1 - P(Z \leq 1,5)$ aufgrund der Symmetrie der Normalverteilung. Der gefundene Wert für $P(Z \leq 1,5)$ ist 0,9392, die gesuchte Wahrscheinlichkeit demnach 1 − 0,9392 = 0,0608. Dies ist also die Wahrscheinlichkeit, jemandem zu begegnen, der 67,5 kg oder weniger wiegt.

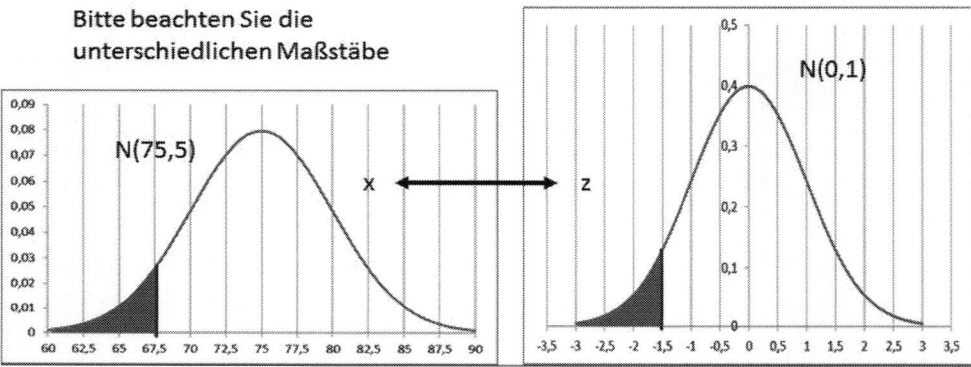

Abbildung 7.6 Zusammenhang Normalverteilung und Standardnormalverteilung

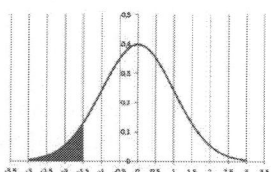 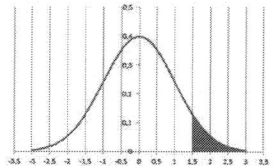 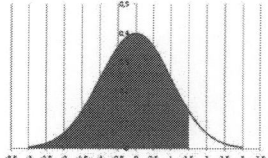

Gesucht: $P(Z \leq -1,5)$
(weil -1,5 negativ: nicht in der Tabelle)

Wegen der Symmetrie:
$P(Z \leq -1,5) = P(Z \geq 1,5)$

Gegenereignis:
$P(Z \geq 1,5) = 1 - P(Z < 1,5)$
$= 1 - P(Z \leq 1,5)$
$P(Z \leq 1,5)$ in der Tabelle

Abbildung 7.7 Bestimmung von Wahrscheinlichkeiten der Standardnormalverteilung für negative z-Werte

Intervalle um den Erwartungswert

Es wird für spätere Anwendungen immer wieder bedeutsam sein, Grenzen zu kennen, innerhalb derer (oder außerhalb derer) ein bestimmter Prozentsatz der Werte liegt. So könnte es z. B. wichtig sein zu wissen, in welchem Gewichtsintervall 90 % der Deutschen liegen.

Ist ein bestimmter Prozentwert vorgegeben, sucht man in der Tabelle der Standardnormalverteilung die zum Nullpunkt symmetrischen z-Werte, innerhalb deren gerade dieser Anteil der Verteilung liegt, und transformiert diese Werte dann zu x-Werten der spezifischen Normalverteilung.

Will man beispielsweise den z-Wert zum Wahrscheinlichkeitsintervall 88 % finden, weiß man, dass links und rechts dieses Wahrscheinlichkeitsintervalls jeweils 6 % Wahrscheinlichkeit liegen. Also ist die Wahrscheinlichkeit, einen Wert kleiner als die obere Intervallgrenze zu finden, gleich 0,06 + 0,88 = 0,94. Dann sucht man in der Tabelle 7.2 den z-Wert zur Wahrscheinlichkeit 0,94. Wir finden $P(Z \leq 1{,}55) = 0{,}9394$ und $P(Z \leq 1{,}56) = 0{,}9406$. Diese zwei Werte liegen symmetrisch um 0,94, sodass der gesuchte z-Wert der Durchschnitt aus beiden gefundenen Werten ist: $z = 1{,}555$.

Häufig sind es aber in der statistischen Praxis einige wenige Prozentsätze, die routinemäßig verwendet werden. So interessiert man sich sehr oft für den Anteil der Verteilung, der – symmetrisch zum Mittelwert –

90 % , 95 % , 99 %

der „Wahrscheinlichkeitsmasse" enthält, also für das Intervall symmetrisch zum Mittelwert, in das die Zufallswerte mit den angegebenen Wahrscheinlichkeiten fallen. Die Intervallgrenzen berechnet man als Mittelwert ± Vielfaches der Standardabweichung und erhält für die oben genannten Prozentzahlen als jeweils zugehöriges „Vielfaches"

1,645, 1,96, 2,575

In das Intervall $\mu - 1{,}96 \cdot \sigma \leq x \leq \mu + 1{,}96 \cdot \sigma$ beispielsweise fallen also 95 % aller Realisierungen einer $N(\mu, \sigma^2)$-verteilten Zufallsvariablen. Anders gesagt: außerhalb der beschriebenen Intervallgrenzen liegen nur

10 % , 5 % , 1 %

der Zufallswerte, oder noch anders: oberhalb bzw. unterhalb der oberen bzw. unteren Grenze liegen nur jeweils

5 % , 2,5 % , 0,5 %.

Für die von uns angenommene $N(75, 25)$-Normalverteilung der deutschen Körpergewichte sind die Grenzen des 90 %-Intervalls $75 - 1{,}64 \cdot 5 = 66{,}8$ und $75 + 1{,}64 \cdot 5 = 83{,}2$.

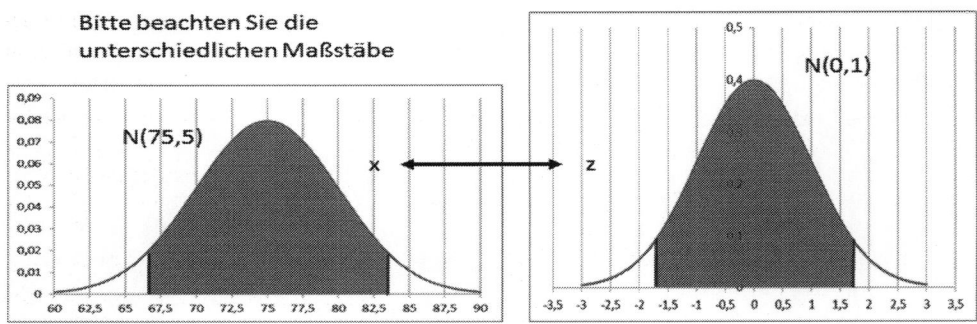

Abbildung 7.8   90 %-Intervall der Normalverteilung

Statt die Prozentzahlen für ein Intervall um den Mittelwert vorzugeben, kann man auch umgekehrt auf Vielfache der Standardabweichung abstellen. Es bietet sich hierbei natürlich insbesondere an, ganzzahlige Vielfache von σ zu wählen. So erhält man:

auf das Intervall   entfallen

- $\mu - 1 \cdot \sigma \leq x \leq \mu + 1 \cdot \sigma$ ca. 68,3 %
- $\mu - 2 \cdot \sigma \leq x \leq \mu + 2 \cdot \sigma$ ca. 95,5 %
- $\mu - 3 \cdot \sigma \leq x \leq \mu + 3 \cdot \sigma$ ca. 99,7 %

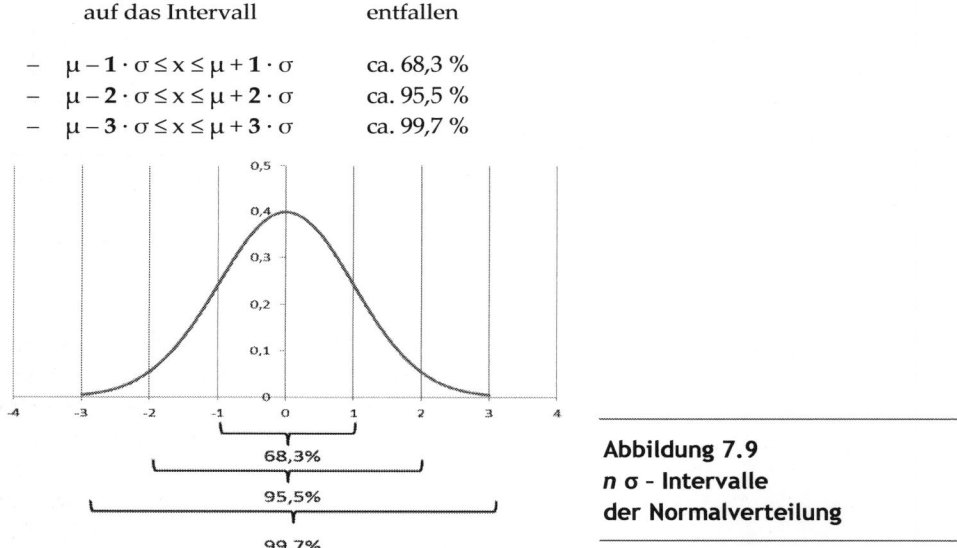

Abbildung 7.9
n σ - Intervalle
der Normalverteilung

Die Normalverteilung approximiert die Binomialverteilung

Wir haben oben erwähnt, dass für große n die Arbeit mit der Binomialverteilung gewisse Schwierigkeiten mit sich bringen kann und dass hier eine Näherung durch die Normalverteilung helfen kann. Als Faustregel für die Zulässigkeit einer solchen Approximation gilt: $n \cdot p \geq 5$, $n \cdot (1 - p) \geq 5$ und $n > 20$. Sind alle diese Bedingungen erfüllt, kann man ohne großen Fehler eine Normalverteilung als Näherung für die Binomialverteilung benutzen. Dabei ist natürlich die Normalverteilung zu wählen mit demselben Erwartungswert und derselben Standardabweichung, wie sie die zu approximierende Binomialverteilung hat, Was heißt aber nun Approximation, da ja einerseits eine diskrete, andererseits eine stetige Verteilung vorliegt? Es liegt nahe, als Annäherung an die Wahrscheinlichkeit $P_{binom}(X = k)$ die Wahrscheinlichkeit $P_{normal}(k - ½ \leq X \leq k + ½)$ zu nehmen, da damit dann auch der Bereich einer Einheit „um k herum" erfasst ist. Für die kumulierte Wahrscheinlichkeitsverteilung entsprechend: man approximiert $P_{binom}(X \leq k)$ durch $P_{normal}(X \leq k + ½)$.

Die Güte dieser Approximation veranschaulicht Abbildung 7.9 an der Binomialverteilung mit n = 25 und p = 0,4. Für diese Binomialverteilung ergibt sich ein Erwartungswert von E(X) = 25 · 0,4 = 10. Die Varianz beträgt V(X) = 25 · 0,4 · 0,6 = 6. Die dunklen Säulen sind kumulierte Wahrscheinlichkeiten der Binomialverteilung, die helleren die nach obiger Vorschrift ermittelten kumulierten Wahrscheinlichkeiten der Normalverteilung N(10, 6).

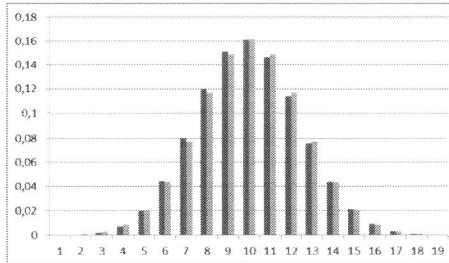
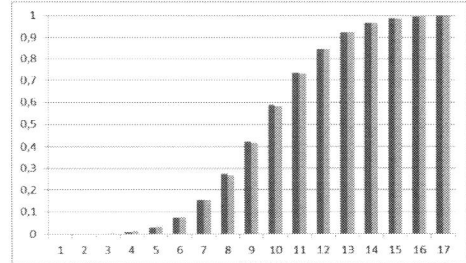

Abbildung 7.10 Approximation einer Binomialverteilung (dunkel) durch die Normalverteilung (hell)

Beispiel:
Für ein 75-mal durchgeführtes Bernoulli-Experiment mit der Erfolgswahrscheinlichkeit p = 0,45 des Einzelexperiments möchten wir mit Hilfe von Tabellenwerten ermitteln, mit welcher Wahrscheinlichkeit insgesamt zwischen 30 und 40 Erfolge vorkommen. Als erstes machen wir uns klar, dass die interessierende Situation zu beschreiben ist als „kleiner oder gleich 40 aber nicht kleiner als 30". Wir suchen also: $P_{binom}(30 \leq X \leq 40) = P_{binom}(X \leq 40) - P_{binom}(X \leq 29)$. Jetzt nehmen wir die besprochene Approximation vor – die dafür geforderten Bedingungen sind erfüllt – und berechnen demzufolge $P_{normal}(X \leq 40,5) - P_{normal}(X \leq 29,5)$. Die richtige Normalverteilung ist diejenige, die dasselbe Mittel und dieselbe Varianz wie die anzunähernde Binomialverteilung hat. Der Erwartungswert der Binomialverteilung ist n · p = 75 · 0,45 = 33,75, die Varianz beträgt n · p · (1 – p) = 75 · 0,45 · 0,55 = 18,56. Die Standardabweichung ist 4,31. Wir transformieren die Intervallgrenzen 40,5 und 29,5 in die entsprechenden Punkte der Standardnormalverteilung („z-Transformation"): z_{oben} = (40,5 – 33,75)/4,31 = 1,566, z_{unten} = (29,5 – 33,75)/4,31 = -0,986. Zu 1,566, gerundet auf 1,57, entnehmen wir der Tabelle 7.2 der Standardnormalverteilung den Wahrscheinlichkeitswert 0,9418.

Statt des negativen Wertes -0,986, gerundet -0,99, verwenden wir den positiven Wert 0,99, finden 0,8389, ziehen diese Wahrscheinlichkeit dann aber von 1 ab: 0,1611. Die Differenz 0,9418 – 0,1611 ≈ 0,78 ist die gesuchte Wahrscheinlichkeit, dass zwischen 30 und 40 Erfolge auftreten.

Computerübung

Zu Abbildung 7.10: Erarbeiten Sie zunächst die rechte Grafik der Verteilungsfunktion. Die Wahrscheinlichkeit, eine größere Anzahl von „Erfolgen" zu erzielen, ist bei der angenommenen Erfolgswahrscheinlichkeit p = 0,4 recht klein, daher beschränken wir uns auf Werte für k bis (z. B.) einschließlich 17. Die Werte 0 bis 17 nehmen wir in die erste Spalte unseres Arbeitsblatts auf. Hier sind die beiden ersten Zeilen unseres Rechenblatts:

	A	B	C
1	0	=BINOM.VERT(A1;25;0,4;WAHR)	=NORM.VERT(A1+0,5;10;WURZEL(6);WAHR)
2	=A1+1	=BINOM.VERT(A2;25;0,4;WAHR)	=NORM.VERT(A2+0,5;10;WURZEL(6);WAHR)

Bitte stellen Sie sicher, dass Sie die Bedeutung aller Eintragungen verstehen. Insgesamt entstehen 18 Zeilen (0 bis 17). Sie markieren nun die Spalten B und C ab der *zweiten* Zeile (k = 1) und veranlassen Excel, ein Säulendiagramm passenden Typs zu zeichnen. Sie beginnen bei der zweiten Zeile, weil Excel die Säulen beginnend bei 1 durchnummeriert, so erreichen Sie eine passende Beschriftung, die mit dem Wert von k übereinstimmt. (Alternativ könnten Sie eine zusätzliche Spalte vorausschicken, die wieder die Werte von 0 an enthält, die Sie aber *als Text formatiert* haben und in der Sie jeweils ein *Leerzeichen* vor den Zahlen eingegeben haben. Damit Excel diese Spalte als Säulenbeschriftung verwendet, markieren Sie die jetzigen Spalten A, C und D. Die jetzt zweite Spalte mit den numerischen k-Werten ist bei der Markierung für das Diagramm auszublenden: Sie klicken bei gedrückter Taste STRG auf den Kopf der benötigten Spalten A, C, D).

Erarbeiten Sie nun auch die linke Grafik der Wahrscheinlichkeitswerte.

Tabelle 7.3   Beispieltabelle (Ausschnitt) zur Standardnormalverteilung

z	0	1	2	3	4	5	6	7	8	9
...	...	...	...	...	...	...	...	...	...	...
0.9	0.8159	0.8186	0.8212	0.8238	0.8264	0.8289	0.8315	0.8340	0.8365	0.8389
...	...	...	...	...	...	...	...	...	...	...
1.5	0.9392	0.9345	0.9357	0.9370	0.9382	0.9394	0.9406	0.9418	0.9429	0.9441
...	...	...	...	...	...	...	...	...	...	...

Lernkontrolle zu 7.3

1. Was trifft zu?

   a. Die Normalverteilung hängt von zwei Parametern ab, die beide positiv sein müssen.
   b. Die Schiefe der Normalverteilung ist 0.
   c. Die Wahrscheinlichkeitsdichtefunktion der Normalverteilung hat für x → ∞ den Grenzwert 1.
   d. Die Verteilungsfunktion der Standardnormalverteilung hat bei x = 0 den Wert 1.
   e. Die Verteilungsfunktion der Standardnormalverteilung hat bei x = 0 den Wert 0,5.
   f. Die Standardabweichung der Normalverteilung N(16, 4) ist 4.
   g. Die Normalverteilung N(π; π) ist diskret.

2. Es sei X standardnormalverteilt, Y sei normalverteilt gemäß N(3, 4). Ermitteln Sie aus der Tabelle die folgenden Wahrscheinlichkeiten.

   a. $P(X \leq 2{,}9)$
   b. $P(X \leq -2)$
   c. $P(X > 0{,}72)$
   d. $P(Y \leq 2)$
   e. $P(1{,}1 \leq Y \leq 5{,}7)$

3. Was trifft zu?

   a. Die Normalverteilung eignet sich als Approximation der Binomialverteilung $B_{n;p}$ besonders dann, wenn p klein ist.
   b. Bei der Approximation der Binomialverteilung durch die Normalverteilung muss man darauf achten, den Unterschied einer diskreten und einer stetigen Verteilung auszugleichen.
   c. Die Approximation der Binomialverteilung durch die Normalverteilung geschieht mit der Standardnormalverteilung.
   d. Bei der Approximation der Binomialverteilung durch die Normalverteilung wählt man die Normalverteilung mit demselben Mittelwert und derselben Standardabweichung wie die zu approximierende Verteilung.
   e. $B_{n;p}$ wird durch $N(n \cdot p, \sqrt{n \cdot p \cdot (1-p)})$ approximiert.

7.4 Poissonverteilung und Exponentialverteilung

In diesem Abschnitt werden zwei weitere wichtige Verteilungen besprochen, wieder eine diskrete und eine stetige. Es handelt sich um die Poissonverteilung und die Exponentialverteilung. Wir werden sehen, dass diese beiden Verteilungen sehr eng zusammengehören. Man kann sagen, dass sie zwei Seiten derselben Medaille sind. Im Übrigen handelt es sich in beiden Fällen wieder um eine Familie von Verteilungen, die Familienmitglieder sind diesmal durch jeweils einen Parameter unterschieden.

Die Poissonverteilung

Wir erinnern uns, dass die Binomialverteilung durch zwei Parameter gekennzeichnet war, n und p, wobei n die Anzahl voneinander unabhängiger Einzelexperimente und p die Erfolgswahrscheinlichkeit eines Einzelexperiments in der Kette war. Der Erwartungswert war gegeben durch n·p. In der Abbildung 7.11 sind Binomialverteilungen mit dem immer gleichen Erwartungswert 3 gegenübergestellt, die sich durch von links nach rechts wachsendes n und demzufolge fallendes p unterscheiden. Beispielsweise steht der ganz linke Balken für $B_{6;\ 0{,}5}$. Auch für große n sind nur die ersten elf Wahrscheinlichkeiten eingezeichnet, weil größere Erfolgshäufigkeiten praktisch die Wahrscheinlichkeit 0 haben. Sie erkennen, dass die Verteilungen sich immer mehr einer Grenzverteilung nähern. Diese Grenzverteilung ist die *Poissonverteilung*. Sie hat nur den einen Parameter µ, den Erwartungswert der Verteilung. Die zum Erwartungswert 3 gehörende Poissonverteilung ist in Abbildung 7.12 dargestellt.

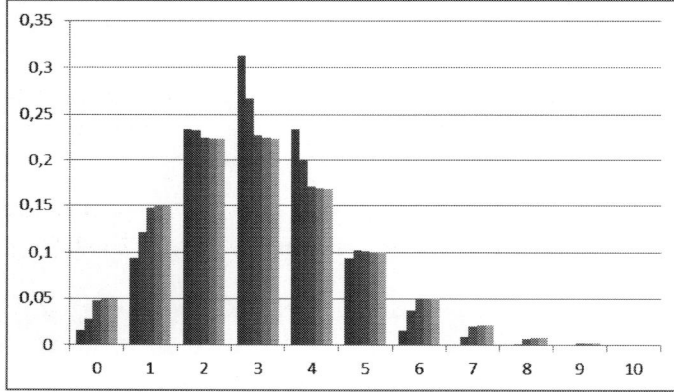

Abbildung 7.11
Binomialverteilungen mit identischem Erwartungswert 3;
von links nach rechts:
n = 6, p = 0,5
n = 10, p = 0,3
n = 100, p = 0,03
n = 500, p = 0,006
n = 1000, p = 0,003

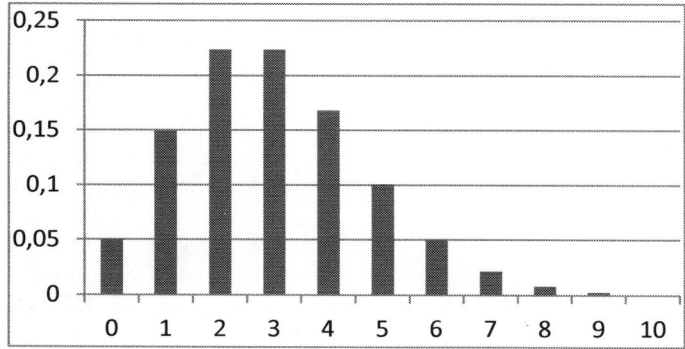

Abbildung 7.12
Poissonverteilung
mit µ = 3

Mit Hilfe der Poissonverteilung modelliert man bevorzugt Zufallsprozesse, bei denen im Zeitverlauf Ereignisse zufällig auftreten und die Wahrscheinlichkeit des Auftretens innerhalb einer gegebenen Zeitspanne konstant bleibt.

> Computerübung
> Erstellen Sie eine Grafik der Poissonverteilung mit dem Parameter μ = 2. Die Funktion POISSON.VERT(k;2;FALSCH) liefert die benötigten Wahrscheinlichkeiten. Finden Sie eine Binomialverteilung, die dieser Poissonverteilung so gut entspricht, dass für k zwischen 0 und 10 die maximale Abweichung der Wahrscheinlichkeiten höchstens 0,001 ist.

Beispiele:
- Die Anzahl von Fahrzeugen, die einen Kontrollpunkt in einem gegebenen Zeitintervall passieren
- Die Anzahl von Stromausfällen in einem Monat
- Die Anzahl durchgebrannter Glühbirnen in einem Verwaltungsgebäude in einer Woche.

Man stelle sich vor, dass man den betrachteten Zeitabschnitt in sehr viele gleich lange kleine Intervalle unterteilt, in denen das interessierende Ereignis jeweils mit einer konstanten, sehr kleinen Wahrscheinlichkeit auftritt.

Bezeichnet μ = n · p den Erwartungswert, dann ist diese Zahl also der (einzige) Parameter, der die Vertreter der Poisson-Familie unterscheidet. Unter Verwendung dieses Parameters hat die Poissonverteilung die Wahrscheinlichkeitsfunktion

$$p_{Poisson,\mu}(x) = e^{-\mu} \cdot \frac{\mu^x}{x!} \text{ für } x = 0, 1, 2, \ldots$$

Sowohl der Erwartungswert (das war uns schon klar) als auch die Varianz der Poissonverteilung haben den Wert μ:

$$E(X_{Poisson,\mu}) = \mu \quad V(X_{Poisson,\mu}) = \mu$$

Auch hier halten wir also das Versprechen, in etwas komplizierteren Fällen Erwartungswert und Varianz explizit durch Formeln anzugeben, so dass dem Leser die eigene Berechnung erspart bleibt. Das würde hier immerhin die Auswertung einer unendlichen Summe erfordern.

Es kann ein wenig gewöhnungsbedürftig sein, dass der Parameter der Verteilung dieselbe Bezeichnung wie der Erwartungswert hat. Da die Größen aber übereinstimmen, wäre es nicht sehr sinnvoll, unterschiedliche Bezeichnungen einzuführen und dann zu sagen, dass beide Größen gleich sind.

Aus unserer Herleitung ergibt sich, dass die Poissonverteilung für hinreichend große n und hinreichend kleine p gut als Approximation für die Binomialverteilung benutzt werden kann. Das ist hilfreich, weil sich die Formel für die Poisson-Wahrscheinlichkeit sehr leicht berechnen lässt und eben auch nur von einem Parameter abhängt. Als Faustregel für die Zulässigkeit der Approximation kann man verwenden: n ≥ 100, p ≤ 0,1. Während sich die Normalverteilung eher für die Approximation von relativ symmetrischen Binomialverteilungen eignet (p in der Nähe von 0,5), ist die Poissonverteilung offenbar gerade im gegenteiligen Fall besonders kleiner p und damit asymmetrischer Binomialverteilungen geeignet.

Wir weisen noch einmal ausdrücklich darauf hin (der Leser hat es bereits gemerkt), dass die Poisson-Verteilung zwar diskret ist, eine nach Poisson verteilte Zufallsvariable jedoch unendlich viele Werte annehmen kann, nämlich alle ganzen Zahlen 0, 1, 2, ... Für große x werden die Wahrscheinlichkeiten natürlich extrem klein.

Beispiel:
Die Anzahl der Störche, die in einer Stunde an einem Kontrollpunkt vorbeifliegen, sei Poisson-verteilt mit einem Mittelwert von fünf. Die Wahrscheinlichkeit, dass in der nächsten Stunde genau sieben Störche vorbeifliegen, lässt sich dann wie folgt berechnen:

$$p(7) = e^{-5} \cdot \frac{5^7}{7!} = 0{,}1044$$

Die Exponentialverteilung
Mit Hilfe der Exponentialverteilung modelliert man bevorzugt Zufallsprozesse, bei denen im Zeitverlauf Ereignisse zufällig auftreten und man sich für die Zeitabstände zwischen den Ereignissen interessiert. Auch „die" Exponentialverteilung ist eine einparametrige Familie von Verteilungen. Der Parameter heißt hier λ (Lambda). Das λ misst ebenfalls die Anzahl der Ereignisse pro Zeiteinheit.

Beispiele:
- Der zeitliche Abstand, in dem ein Kontrollpunkt von einem Fahrzeug passiert wird.
- Der zeitliche Abstand zwischen zwei Stromausfällen.
- In einem Verwaltungsgebäude: der zeitliche Abstand zwischen dem Durchbrennen einer Glühbirne und dem der nächsten.

Offenbar benötigen wir zur Modellierung dieser Vorgänge eine stetige Verteilung: die Zufallsvariable „Zeitabstand" kann „jeden" nicht negativen Wert annehmen. Für stetige Verteilungen interessiert uns neben der Dichtefunktion stets besonders die Verteilungsfunktion, so dass wir beides hier zweckmäßigerweise gleichzeitig lernen:

$$f_{Exponential,\lambda}(x) = \lambda \cdot e^{-\lambda \cdot x} \qquad F_{Exponential,\lambda}(x) = 1 - e^{-\lambda \cdot x} \quad (x \geq 0).$$

Mithilfe der Verteilungsfunktion kann man Wahrscheinlichkeiten ausrechnen:

$$P(X \leq x_0) = 1 - e^{-\lambda \cdot x_0} \quad (x_0 \geq 0).$$

Für Erwartungswert und Varianz ergibt sich:

$$E(X_{Exponential,\lambda}) = \frac{1}{\lambda} \quad V(X_{Exponential,\lambda}) = \left(\frac{1}{\lambda}\right)^2.$$

Beispiel:
Im Durchschnitt fliegen am Kontrollpunkt pro Stunde fünf Störche vorbei. Da λ wie μ die Anzahl der Ereignisse pro Zeiteinheit misst, ist λ = 5. Wir wollen wissen, wie groß die Wahrscheinlichkeit ist, dass die Zeit, die zwischen dem Vorbeiflug von zwei Störchen verstreicht, weniger als eine halbe Stunde beträgt. Dazu rechnen wir:

$$P(X \leq 0{,}5) = 1 - e^{-5 \cdot 0{,}5} = 0{,}9179.$$

Beziehung zwischen Poissonverteilung und Exponentialverteilung
Der Leserin ist aufgefallen, dass die Beispiele am Anfang dieses Abschnitts jeweils die Beispiele im vorangegangenen Abschnitt unter einem anderen Aspekt aufgegriffen haben. Das Beispiel der Störche machte es deutlich. Auf eine Beziehung zwischen Poissonverteilung und Exponentialverteilung hatten wir schon am Anfang des Kapitels hingewiesen. Diese Beziehung besteht darin, dass die „zu einer Poissonverteilung gehörende" Exponentialverteilung gerade die Verteilung der Zeitintervall-Längen zwischen den Ereignissen der Poissonverteilung beschreibt. Umgekehrt: Hat man Zeitintervalle, die exponential verteilt sind, und setzt zwischen je zwei aufeinander folgende Intervalle jeweils eine Zeitmarke, dann ist die Anzahl der Zeitmarken innerhalb von Zeiträumen konstanter Länge Poisson-verteilt. Wir wollen jetzt die Beziehung zwischen den Parametern der Poissonverteilung und der Exponentialverteilung herstellen. Um die Verhältnisse eindeutig zu klären, verwenden wir dabei wie schon oben Indizes, die jeweils die gemeinte Verteilung bezeichnen. Wir erinnern daran, dass dabei

$$E(X_{Poisson,\mu}) = Parameter(X_{Poisson,\mu}) = \mu_{Poisson}.$$

Für die Exponentialverteilung soll der Buchstabe μ natürlich wie immer den Erwartungswert bezeichnen, den wir, falls erforderlich, dann auch $\mu_{Exponential}$ nennen werden. Die Beziehung zwischen den Verteilungen, die in der soeben geschilderten Weise zusammenhängen, ist:

$$\mu_{Poisson} = \lambda_{Exponential}.$$

Wir haben ja darauf hingewiesen, dass beide Parameter die Anzahl der Ereignisse pro Zeiteinheit messen. Weiterhin haben wir für die Exponentialverteilung folgenden Zusammenhang aufgestellt:

$$E(X_{Exponential,\lambda}) = \mu_{Exponential,\lambda} = 1/\lambda_{Exponential}.$$

Fasst man beide Bedingungen zusammen, erhält man:

$$\mu_{Poisson} = 1/\mu_{Exponential,\lambda}.$$

Das leuchtet uns ein: Je größer die mittlere Dauer der exponential verteilten Intervalle zwischen den Ereignissen ist, umso kleiner ist die mittlere Anzahl der Ereignisse je Zeiteinheit. Damit die genannten Beziehungen gelten, muss natürlich die Zeit für die Exponentialverteilung in derselben Einheit gemessen werden, auf die sich die Zufallsvariable „Anzahl Ereignisse im Zeitintervall" der Poissonverteilung bezieht.

Beispiel eines Paares Poissonverteilung/Exponentialverteilung
In einem einsam gelegenen Wirtshaus trifft nur selten ein Gast ein. Man hat herausgefunden, dass die Zwischenräume von Ankunft zu Ankunft exponential verteilt sind. In den letzten drei Wochen haben sich an den einzelnen Tagen folgende Check-in-Zahlen ergeben:
2, 1, 1, 1, 0, 0, 0, 1, 2, 0, 0, 1, 0, 0, 1, 0, 0, 1, 2, 1, 1.
Wir stellen das in Abbildung 7.8 graphisch dar.

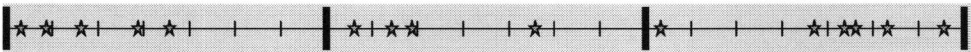

Abbildung 7.13   Gastankünfte in einem Wirtshaus

Wir wählen als Zeiteinheit die Woche. Dann ergibt sich als Durchschnitt 15/3 = 5 Ankünfte je Woche entsprechend durchschnittlich

1/5 = 0,2 Wochen (oder 7/5 = 1,4 Tage) Abstand zwischen zwei Ankünften.

Die zugehörigen Funktionen sind (x gemessen in Wochen bei der Exponentialverteilung, k in Anzahl je Woche bei der Poissonverteilung):

	Poissonverteilung	Exponentialverteilung
Wahrscheinlichkeitsfunktion	$p(k) = e^{-5} \cdot \dfrac{5^k}{k!}$	
Wahrscheinlichkeitsdichtefunktion		$f(x) = 5 \cdot e^{-5x}$
Verteilungsfunktion	$\sum_{i=0}^{k} p(i)$	$F(x) = 1 - e^{-5x}$

Der Wirtshausbesitzer fragt sich erstens am Montagmorgen, mit welcher Wahrscheinlichkeit in den nächsten 24 Stunden ein neuer Gast zu erwarten ist, mit welcher Wahrscheinlichkeit also die Wartezeit bis zur nächsten Ankunft höchstens 1/7 Woche ist. Er hat das Statistikbuch von Schuster und Liesen gelesen und berechnet:

$P(X_{\text{Exponential}} \leq 1/7) = F(1/7) = 1 - e^{-5/7} \approx 0{,}5105$.

Das enttäuscht ihn ein wenig. Er möchte nun zweitens wissen, was denn die Wahrscheinlichkeit dafür ist, dass wenigstens in der vor ihm liegenden Woche ein Gast kommt. Ergebnis:

$$P(X_{Exponential} \leq 1) = F(1) = 1 - e^{-5} \approx 0{,}9933.$$

Das ist dann doch wenigstens ein kleiner Lichtblick.

Dieselben Resultate hätte er auch mit Hilfe der Poissonverteilung erhalten können. Gehen wir von der zweiten Fragestellung aus, dann ist sie äquivalent mit der Frage, mit welcher Wahrscheinlichkeit mindestens ein Ereignis „Gast kommt an" in einer Woche vorkommt:

$$P(X_{Poisson} \geq 1) = 1 - P(X_{Poisson} < 1) = 1 - P(X_{Poisson} = 0) = 1 - p(0) = 1 - e^{-5} = 0{,}9933.$$

Für die erste Frage muss er von einer modifizierten Poisson-Verteilung ausgehen, die die Anzahl von Ankünften *je Tag* beschreibt. Hier ist der Mittelwert 5/7 Ankünfte je Tag, die Wahrscheinlichkeitsfunktion also

$$p_{Tag}(k) = e^{-\frac{5}{7}} \cdot \frac{(\frac{5}{7})^k}{k!},$$

womit $1 - p_{Tag}(0)$ wieder auf dasselbe Ergebnis führt, wie es die Exponentialfunktion tat:

$$P(X_{Poisson} \geq 1) = 1 - P(X_{Poisson} < 1) = 1 - P(X_{Poisson} = 0) = 1 - p_{Tag}(0) = 1 - e^{-\frac{5}{7}} \cdot \frac{(\frac{5}{7})^0}{0!} = 0{,}5105.$$

Will nun aber der Wirt wissen, wie groß die Wahrscheinlichkeit ist, dass sogar genau/ mindestens/bis zu 3 Gäste in der nächsten Woche anreisen, dann sollte er jedenfalls die Poisson-Verteilung verwenden und wie folgt rechnen:

$P(X_{Poisson} = 3) = p(3) = 0{,}14$

$P(X_{Poisson} \geq 3) = 1 - P(X_{Poisson} < 3) = 1 - P(X_{Poisson} = 0) - P(X_{Poisson} = 1) - P(X_{Poisson} = 2)$

$= 1 - e^{-5} \cdot \frac{5^0}{0!} - e^{-5} \cdot \frac{5^1}{1!} - e^{-5} \cdot \frac{5^2}{2!} = 1 - 0{,}0067 - 0{,}0337 - 0{,}0842 = 0{,}8754$

$P(X_{Poisson} \leq 3) = P(X_{Poisson} = 0) + P(X_{Poisson} = 1) + P(X_{Poisson} = 2) + P(X_{Poisson} = 3)$

$= 0{,}0067 + 0{,}0337 + 0{,}0842 + 0{,}1404 = 0{,}2650$

In Abbildung 7.14 finden Sie noch die für das Beispiel relevanten Grafiken.

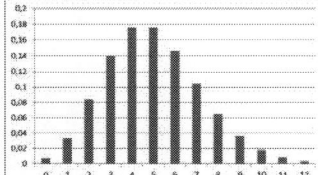 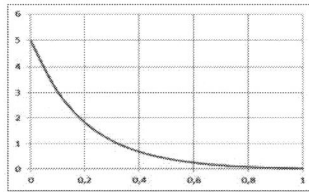 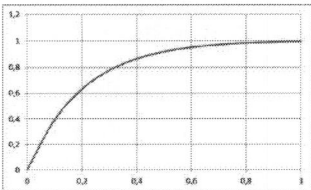

Abbildung 7.14 Check-Ins im einsamen Landgasthof:
(a) Wahrscheinlichkeit für k Check-Ins je Woche
(b) Wahrscheinlichkeitsdichte für Zeit (in Wochen) zwischen zwei Check-Ins
(c) Wahrscheinlichkeit für „höchstens x Wochen" zwischen zwei Check-Ins

---

Computerübung

Ermitteln Sie die oben errechneten Werte der Poisson- und Exponentialverteilung mit Hilfe der Excel-Funktionen POISSON.VERT(x;μ;w_f), bzw. EXPON.VERT(x;λ;w_f). Achten Sie darauf, die zutreffenden Verteilungsparameter einzusetzen und sich richtig zwischen Wahrscheinlichkeitsfunktion bzw. Wahrscheinlichkeitsdichtefunktion und Verteilungsfunktion zu entscheiden. Der dritte Parameter w_f wählt mit FALSCH die Wahrscheinlichkeitsfunktion bzw. Wahrscheinlichkeitsdichtefunktion, mit WAHR die Verteilungsfunktion.

Lernkontrolle zu 7.4

1. Die Poissonverteilung ...

    a. ... ist diskret.
    b. ... hängt von zwei Parametern ab.
    c. ... hängt von einem Parameter ab.
    d. ... verwendet man, wenn Ereignisse fast gleichzeitig vorkommen.
    e. ... verwendet man, wenn die Wahrscheinlichkeit eines Ereignisses in jedem Zeitintervall bestimmter Länge gleich groß ist.
    f. ... kann zur Approximation von Binomialverteilungen verwendet werden, wenn n groß und p klein ist.
    g. ... hat die Eigenschaft, dass Erwartungswert und Varianz identisch sind.
    h. ... hat die Eigenschaft, dass Erwartungswert und Standardabweichung identisch sind.

2. Die Exponentialverteilung ...

    a. ... ist diskret.
    b. ... hängt von zwei Parametern ab.
    c. ... hängt von einem Parameter ab.

d. ... verwendet man für die Beschreibung der Zeiten zwischen Poisson-verteilten Ereignissen.
   e. ... beschreibt die Verteilung von Weltausstellungen auf der Zeitachse.
   f. ... besitzt eine symmetrische Wahrscheinlichkeitsdichtefunktion.

3. Für das Verhältnis von Poisson- zu Exponentialverteilung gilt:
   a. Es besteht kein Zusammenhang.
   b. Zu jeder Poissonverteilung kann auf natürliche Weise eine Exponentialverteilung zugeordnet werden und umgekehrt.
   c. Die Varianz der Poissonverteilung ist der Kehrwert der Varianz der zugehörigen Exponentialverteilung.
   d. Die Erwartungswerte einander zugeordneter Poisson- und Exponentialverteilungen sind identisch.

Zusammenfassung

Eine Zufallsvariable ist eine Abbildung von einem Ereignisraum auf die reelle Zahlenachse. Aus den Wahrscheinlichkeiten der Ereignisse ergibt sich eine Verteilungsfunktion: jedem x-Wert ist die Wahrscheinlichkeit derjenigen Elementarereignisse zugeordnet, die durch die Zufallsvariable auf Werte kleiner oder gleich x abgebildet werden. Für diskrete Zufallsvariable lässt sich auch die Wahrscheinlichkeitsfunktion erklären, die einem x die Wahrscheinlichkeit der Elementarereignisse zuordnet, die genau auf x abgebildet werden. Im Fall von stetigen Zufallsvariablen ist die Wahrscheinlichkeitsdichtefunktion die Ableitung der Verteilungsfunktion. Erwartungswert, Varianz und Standardabweichung von Wahrscheinlichkeitsverteilungen errechnen sich auf naheliegende Weise in Analogie zu den entsprechenden Größen für Häufigkeitsverteilungen.

Einfachere Beispiele für Wahrscheinlichkeitsverteilungen sind die diskrete und die stetige Gleichverteilung. Die Binomialverteilung (eigentlich: die zweiparametrige Familie der Binomialverteilungen) ist ein Standardbeispiel einer diskreten Verteilung. Die Normalverteilung (eigentlich: die zweiparametrige Familie der Normalverteilungen) ist Standardbeispiel einer stetigen Verteilung. Poisson- und Exponentialverteilungen bilden jeweils eine einparametrige Familie von diskreten bzw. stetigen Wahrscheinlichkeitsverteilungen; die demselben Parameter zugeordneten Verteilungen beider Familien gehören auf natürliche Weise zusammen.

8 Punkt- und Intervallschätzungen

Lernziele

Sie lernen in diesem Kapitel, wie sich das Ziehen von Stichproben aus einer Grundgesamtheit und das Berechnen einer statistischen Größe aus den Stichprobenwerten in die Vorstellungswelt von den Zufallsvariablen einordnet. Sie können dann zwischen Größen der Grundgesamtheit, einer einzelnen Stichprobe und der Stichprobenverteilung unterscheiden. Sie lernen die Beziehungen zwischen diesen Größen für die Fälle „Mittelwert" und „Varianz" näher kennen. Sie können Stichprobengrößen zum Schätzen von Größen der Grundgesamtheit nutzen und die Präzision solcher Schätzungen quantifizieren. Schließlich wissen Sie, wie man die Stichprobengröße bemessen muss, um eine vorgegebene Präzision zu erreichen.

Praxisbeispiel

Im Vorfeld von Bundes- und Landtagswahlen haben Wahlprognosen, die auf der Befragung von rund 1.000 Personen aufbauen, Hochkonjunktur. Haben Sie sich schon einmal überlegt, wie zuverlässig solche Punktprognosen sind, dass z. B. die CDU einen Wähleranteil von 40 % erreichen wird. Ziemlich unzuverlässig, jedenfalls von sehr geringer Aussagekraft. Besser wäre es, eine Bandbreite anzugeben, in der der Wähleranteil mit großer, am besten präzise angegebener Wahrscheinlichkeit liegen wird. Um das an einem Beispiel zu verdeutlichen: Sie sind Wahlforscher und haben für die F.D.P auf der Basis einer repräsentativen Befragung von 1.250 Wahlberechtigten einen Stimmenanteil von 7,0 % für diese Stichprobe ermittelt. Dann könnten Sie ein Wahrscheinlichkeitsintervall aufstellen und die Aussage treffen, dass der Stimmenanteil in der ganzen Bevölkerung mit einer Wahrscheinlichkeit von 95 % zwischen 5,6 % und 8,4 % liegt. Das wäre wesentlich genauer und ehrlicher, wird aber leider in der Regel nicht gemacht, da die Wahlforschungsinstitute wahrscheinlich annehmen, das zu erklären wäre viel zu kompliziert.

8.1 Punktschätzung des Mittelwerts

Verfolgen Sie die Ausführungen der nächsten Absätze auch anhand der Abbildung 8.1.

Wir greifen Überlegungen vorausgegangener Kapitel erneut auf. In Kapitel 7 wurde der Begriff der Zufallsvariablen als einer Abbildung vom Ereignisraum in die reelle Zahlenachse eingeführt. Wir betrachten jetzt eine spezielle Kategorie von Ereignisräumen, die wir *Stichprobenräume* nennen wollen. Wir gehen aus von einer Grundgesamtheit, über die wir mit Hilfe von Stichproben Erkenntnisse gewinnen wollen. Diese Erkenntnis soll in dem vorliegenden Abschnitt den durchschnittlichen Wert eines Merkmals betreffen, das allen Individuen der Grundgesamtheit zukommt – natürlich eines metrischen Merkmals, damit wir den Mittelwert überhaupt bilden können. Beispiel: Das Körpergewicht aller Einwohner von Deutschland. Könnte man alle Einwohner wiegen, dann wäre es eine Aufgabe der beschreibenden Statistik, die Häufigkeitsverteilung des Gewichtes aufzustellen und die Maßzahl µ, den „Mittelwert", für die zentrale Lage zu berechnen. Das erscheint weder ökonomisch noch politisch realisierbar. Stattdessen wollen wir uns mit dem Wiegen von n = 1.000 zufällig herausgegriffenen Personen begnügen, einer Stichprobe. Alle denkbaren solchen Stichproben bilden den uns jetzt interessierenden Ereignisraum. Es ist naheliegend, den Mittelwert der Gewichte unserer 1.000 Probanden als Schätzwert für den unbekannten Mittelwert der Grundgesamtheit zu verwenden. Dieser Mittelwert von 1.000 Zahlen ist demnach unsere Zufallsvariable, wir nennen sie $\bar{X}$. In diesem Kontext verwendet man dann statt „Zufallsvariable" auch den Begriff „*Schätzgröße*". Die Schätzgröße kann und wird normalerweise für jede Stichprobe einen unterschiedlichen Wert haben – so ist das bei Zufallsvariablen – und es ergibt sich für diese Werte (die Zufallsvariable ist stetig) eine Dichtefunktion und eine Verteilungsfunktion.

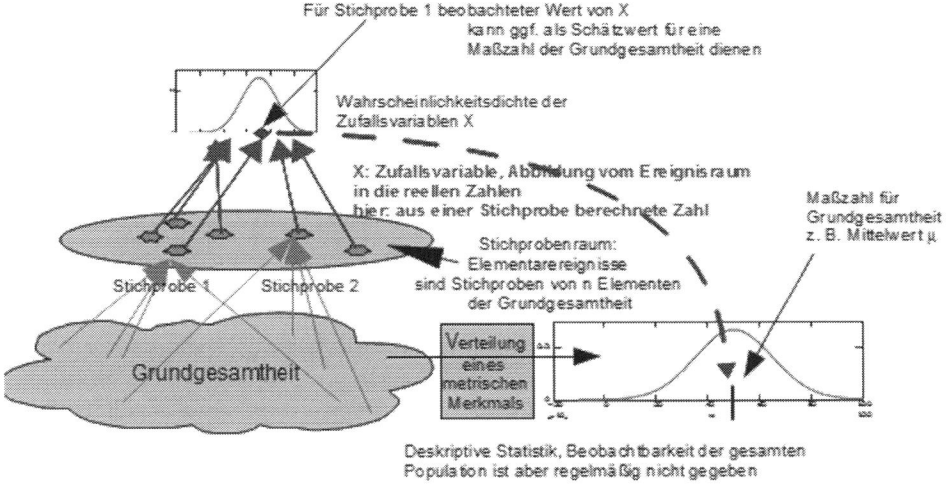

Abbildung 8.1   Von der Grundgesamtheit zur Stichprobenverteilung

Wir halten fest: Zur Schätzung des Mittelwertes der Population verwenden wir *einen* Wert $\bar{x}$ der Zufallsvariablen, der sich aus *einer* Stichprobe errechnet, für Aussagen darüber, ob sich dieser Wert für eine solche Schätzung eignet, untersuchen wir die gesamte Verteilung der Schätzgröße „Stichprobenmittel" $\bar{X}$. Dazu machen wir Aussagen über die Verteilung von $\bar{X}$, die wir allerdings hier nicht beweisen. Im Abschnitt zu Intervallschätzungen werden wir weitere Aussagen über diese Verteilung hinzufügen.

Aussage 1 zum Stichprobenmittel $\bar{X}$

Der Erwartungswert von $\bar{X}$, $E(\bar{X})$, ist gleich dem Mittelwert des betrachteten Merkmals in der Grundgesamtheit.

$$E(\bar{X}) = \mu$$

Wir beschreiben diesen Sachverhalt mit dem Satz: „Das Stichprobenmittel ist ein erwartungstreuer Schätzwert für μ."

Aussage 2 zum Stichprobenmittel $\bar{X}$

Die Varianz von $\bar{X}$, $V(\bar{X})$, berechnet sich wie folgt, wobei σ^2 die Varianz des betrachteten Merkmals in der Grundgesamtheit ist:

$$V(\bar{X}) = \frac{\sigma^2}{n}$$

Der Leser möge sich vor Augen halten, dass wir es bei diesen Überlegungen mit drei verschiedenen Mittelwerten (bei Zufallsvariablen nennen wir die Größe lieber Erwartungswert) und Varianzen zu tun haben:

1. Den Größen der Grundgesamtheit, wir haben sie mit griechischen Buchstaben bezeichnet, es sind wohldefinierte Zahlen, die wir allerdings regelmäßig nicht kennen,

2. den Größen einer einzelnen gezogenen Stichprobe (im Beispiel von 1.000 ausgewählten Personen), sie hängen von der Zufallsauswahl der Stichprobe ab und sind deswegen selbst zufällig,

3. den Größen der Verteilung der Zufallsvariablen, sie sind aufgrund theoretischer Überlegungen aus den Größen der Population und dem Stichprobenumfang zu berechnen und daher ebenfalls wohldefinierte Zahlen.

Die obigen Aussagen besagen nun,

- dass die in (1) und (3) beschriebenen Mittelwerte identisch sind,
- dass die Varianz (und damit auch die Standardabweichung) der Zufallsvariable „Stichprobenmittelwert" mit wachsendem Stichprobenumfang n immer kleiner wird.

Wenn wir also für den Mittelwert des uns interessierenden Merkmals in der Grundgesamtheit einen Schätzwert suchen, gehen wir mit der Berechnung des Mittelwerts dieses Merkmals in einer Stichprobe grundsätzlich „in die richtige Richtung", unser Kompass weist – anders als die Magnetnadel im realen Kompass bezüglich des Nordpols – genau zum Ziel, allerdings können wir zufällig etwas nach links oder rechts abkommen: jede Stichprobe wird einen etwas anderen Mittelwert des Merkmals ergeben und keiner wird wohl genau gleich dem Mittelwert der Grundgesamtheit sein.

Wollen wir sicherstellen, dass die zufällige Abweichung von der richtigen Richtung klein wird, dann sollten wir eine große Stichprobe ziehen. Für die in der Graphik dargestellte

Situation heißt das: wir haben es mit einem anderen Stichprobenraum zu tun, die Zufallsvariable ist eine andere, die Verteilung ist eine andere.

Da unser Ergebnis ein Punkt auf der Achse der Zufallsvariablen ist, bezeichnen wir es als eine *Punktschätzung*.

Beispiel:
Unsere Grundgesamtheit sei die Menge „aller" Würfe mit einem bestimmten Würfel. Interessierendes Merkmal ist die bei einem Wurf gewürfelte Augenzahl. Wir ziehen eine Stichprobe aus der Grundgesamtheit, indem wir zwanzigmal würfeln (Originalexperiment eines der Autoren):

     5, 3, 1, 6, 4, 3, 6, 1, 2, 4, 4, 3, 2, 4, 2, 1, 1, 2, 5, 4

Die Augensumme ist 63, der Mittelwert 63/20 = 3,15. Diese Zahl ist also eine Punktschätzung für den Mittelwert des Merkmals in der Population, der bei einem idealen Würfel 3,5 beträgt.

Lernkontrolle zu 8.1

1. Aus einer Grundgesamtheit wird eine Stichprobe gezogen; der Mittelwert des interessierenden Merkmals wird berechnet.

    a. Dieser Mittelwert ist größer, je größer der Stichprobenumfang ist.
    b. Dieser Mittelwert ist eine Zufallsvariable.
    c. Zur Berechnung dieses Mittelwerts verwendet man dieselbe Formel wie für die Berechnung des Mittelwerts in der Grundgesamtheit.
    d. Dieser Mittelwert ist eine Punktschätzung für den Mittelwert des Merkmals in der Grundgesamtheit.
    e. Um für den Mittelwert des Merkmals in der Grundgesamtheit einen guten Schätzwert zu erhalten, zieht man mindestens zwei Stichproben und ermittelt den Mittelwert der Mittelwerte.

2. Die Zufallsvariable „Mittelwert des interessierenden Merkmals in Stichproben festen Umfangs" …

    a. … hat eine Wahrscheinlichkeitsverteilung.
    b. … hat eine diskrete Wahrscheinlichkeitsverteilung.
    c. … hat eine zum Stichprobenumfang umgekehrt proportionale Standardabweichung.
    d. … hat eine zum Stichprobenumfang umgekehrt proportionale Varianz.
    e. … hat einen Erwartungswert, der mit wachsendem Stichprobenumfang immer kleiner wird.
    f. … streut stärker, je stärker das Merkmal in der Grundgesamtheit streut.

3. Aus einer Grundgesamtheit von 10.000 Studierenden wird eine zufällige Stichprobe von zehn Studierenden gezogen. Als Mittelwert ihres Intelligenzquotienten (IQ) wird 112 festgestellt.

   a. Der mittlere IQ aller Studierenden ist mit hoher Sicherheit größer als 112.
   b. Der mittlere IQ aller Studenten liegt in der Nähe von 112.
   c. 112 ist eine erwartungstreue Punktschätzung für den mittleren IQ aller Studierenden.
   d. Wäre die Grundgesamtheit doppelt so groß, dann wäre die Streuung der Zufallsvariablen „mittlerer IQ der Stichprobe" größer.
   e. Wäre die Stichprobe doppelt so groß, dann wäre die Streuung der Zufallsvariablen „mittlerer IQ der Stichprobe" kleiner.

8.2 Punktschätzung der Varianz

Wir ändern die Aufgabestellung des vorigen Abschnitts. Der uns jetzt interessierende Parameter der Grundgesamtheit ist nicht mehr der Mittelwert eines Merkmals sondern dessen Varianz σ^2. Wir wollen wieder aus den Werten einer Stichprobe einen Einzelwert als Schätzwert für σ^2 ermitteln, also eine Punktschätzung. Abbildung 8.1 veranschaulicht weiterhin die Situation. Als Zufallsvariable (Schätzgröße) müssen wir aber natürlich eine andere Größe aus den Stichprobenwerten berechnen. Es zeigt sich, dass der naheliegende Gedanke, die Varianz der Stichprobe als Schätzgröße für die Varianz der Population zu berechnen, grundsätzlich nicht schlecht ist. Allerdings haben wir bereits in Kapitel 4 darauf hingewiesen, dass wir damit immer ein wenig zu niedrig liegen, wenn wir in genauer Analogie zur Berechnung in der Population für die Varianz der Stichprobe die Formel

$$\frac{1}{n} \sum (x_i - \bar{x})^2$$

verwenden.

Der Erwartungswert dieser Zufallsvariablen stimmt nicht exakt mit der Varianz der Grundgesamtheit überein.

Der Kompass, den wir zunächst verwenden wollten, ist also – wie reale Magnetnadeln – mit einer Missweisung behaftet. Wir sagen, die Schätzgröße sei *verzerrt* oder *nicht erwartungstreu*, mit einem englischen Fachbegriff sagt man auch gern, die Schätzgröße habe einen *Bias*. Aber wie beim Kompass des Seemanns stört eine Missweisung dann nicht, wenn man über sie Bescheid weiß und auch ihr Ausmaß kennt. In einem solchen Fall können wir die Abweichung berücksichtigen und dann trotz Missweisung in die richtige Richtung segeln oder gehen. Die Kompensation der Verzerrung ist im vorliegenden Fall einfach: statt bei der Berechnung der Varianz durch n zu dividieren, dividieren wir durch (n – 1) und erhalten dadurch einen leicht vergrößerten Wert, der nunmehr die Varianz der Population unverzerrt, erwartungstreu schätzt.

Zusammenfassung und Formalisierung:
Das interessierende Merkmal hat in der Grundgesamtheit die Varianz σ^2. Wir ziehen Stichproben des Umfangs n. Wenn die Beobachtungseinheiten der Stichprobe die Werte x_i aufweisen und $\bar{x}$ ihr Mittelwert ist, definieren wir

$$s^2 = \frac{1}{n-1}\sum (x_i - \bar{x})^2$$

als den Wert, den die Zufallsvariable S^2 für diese Stichprobe annehmen soll. S^2 ist dann eine erwartungstreue Schätzfunktion für die Varianz σ^2: $E(S^2) = \sigma^2$.

Für die oben vorgestellte Stichprobe des zwanzigmaligen Würfelns ergibt die Berechnung der Stichprobenvarianz einen Wert von $s^2 = 2{,}66$. Der theoretische Wert für die Grundgesamtheit bei idealem Würfel ist $\sigma^2 = 2{,}92$ (Rundung auf zwei Nachkommastellen).

Auch für S^2 gilt, dass die Varianz ihrer Verteilung (also die Varianz der Zufallsverteilung der Varianzen der Stichproben) mit wachsendem Stichprobenumfang gegen null konvergiert. Wir verzichten hier darauf, eine Formel dafür anzugeben.

Lernkontrolle zu 8.2

1. Was trifft zu?

    a. Die Varianz eines Merkmals in der Stichprobe ist bei geeigneter Definition eine verzerrungsfreie Schätzgröße für die Varianz dieses Merkmals in der Grundgesamtheit.
    b. Zur Berechnung der Varianz sollte man für die Stichprobe exakt dieselbe Formel verwenden wie für die Varianz der Grundgesamtheit.
    c. „Varianz der Zufallsvariablen Stichprobenvarianz" ist ein unsinniger Begriff.
    d. „Varianz der Zufallsvariablen Stichprobenvarianz" ist ein sinnvoller Begriff und der Wert dieser Zahl wird kleiner, je größer der Stichprobenumfang ist.

2. „Erwartungstreue" …

    a. … bedeutet, dass eine Schätzgröße genau mit der zu schätzenden Größe übereinstimmt.
    b. … ist nur gegeben, wenn die Grundgesamtheit normalverteilt ist.
    c. … bedeutet, dass der Erwartungswert einer Stichprobengröße mit der entsprechenden Größe in der Grundgesamtheit übereinstimmt.
    d. … kann bei bestimmten Stichprobengrößen durch geeignete Korrekturfaktoren erreicht werden.
    e. … geht als Begriff zurück auf eine statistische Erhebung aus den 1960er Jahren über die zu erwartende Treue (in Monaten) neuvermählter Paare.

3. Was trifft zu?

    a. Die Varianz der Stichprobe ist immer gleich der Varianz in der Grundgesamtheit.
    b. Die Varianz der Stichprobe ist nur dann gleich der Varianz in der Grundgesamtheit, wenn die Zufallsvariable normalverteilt ist.

c. Die Varianz ist ein sinnvoller Begriff sowohl für die Grundgesamtheit wie für eine einzelne Stichprobe.
d. Die Stichprobenvarianz ist immer dann groß, wenn der mittlere Wert der beobachteten Werte groß ist

8.3 Intervallschätzung für den Mittelwert

Wenn wir eine Stichprobe gezogen und ihren Mittelwert berechnet haben, wissen wir, dass wir damit „in der Nähe" des Populationsmittels liegen. Eine solche Punktschätzung hilft uns aber nicht eigentlich weiter, wenn wir nichts darüber wissen, was „in der Nähe" im aktuellen Fall bedeutet. Wir stellen uns also die Aufgabe, darüber Genaueres zu ermitteln. Dabei wissen wir natürlich, dass das beste erreichbare Ergebnis in der Welt der Zufallsvariablen Wahrscheinlichkeitsaussagen sein werden.

Zur Vorbereitung erweitern wir, wie schon angekündigt, die Liste unserer Aussagen über die Verteilung der Zufallsvariablen $\bar{X}$, also des Mittelwertes eines in einer Stichprobe beobachteten Merkmals. Die neuen Aussagen sind solche über den *Verteilungstyp*, während oben nur etwas zu einzelnen Kenngrößen (Mittelwert und Varianz) der Verteilung gesagt wurde.

Aussage 3 zum Stichprobenmittel $\bar{X}$
Ist das Merkmal in der Grundgesamtheit normalverteilt mit N(μ, σ^2), dann ist auch $\bar{X}$ normalverteilt und zwar mit N(μ, σ^2/n). Die neue Aussage ist die über die Eigenschaft „normalverteilt", die Verteilungsparameter waren bereits aus den Aussagen 1 und 2 bekannt.

Aussage 4 zum Stichprobenmittel $\bar{X}$
Hat das Merkmal in der Grundgesamtheit irgendeine unbekannte Wahrscheinlichkeitsverteilung mit Mittelwert μ und Varianz σ^2 und ist der Stichprobenumfang hinreichend groß, dann ist $\bar{X}$ in guter Näherung normalverteilt und zwar mit N(μ, σ^2/n). Diese Aussage ist sehr bemerkenswert und als *Zentraler Grenzwertsatz* bekannt.

Aussage 5 zum Stichprobenmittel $\bar{X}$
„Hinreichend groß" im Sinne von Aussage 4 ist:

- Wenn die Populationsverteilung weder außergewöhnlich schief noch durch markante Ausreißer geprägt ist: n > 30.

- Wenn die Populationsverteilung einigermaßen symmetrisch ist: n > 15.

- Wenn die Populationsverteilung zwar nicht genau normalverteilt aber doch näherungsweise normalverteilt ist, häufig auch schon ein n < 15.

In Kapitel 7 haben wir uns für Intervalle um den Mittelwert einer Normalverteilung interessiert, in denen ein vorgegebener Prozentsatz der Zufallswerte liegen sollte. Die dortigen Ergebnisse nutzen wir jetzt für unser Ziel, der Schätzung für den Mittelwert der Population eine verlässliche Aussage über ihre Genauigkeit zuzuordnen.

Beispiel:
Wir wissen von der Länge eines maschinell gefertigten Werkstücks, dass sie normalverteilt ist und die Standardabweichung 2 mm hat. Wir haben eine Stichprobe von 25 Stück der Produktion der letzten Tage entnommen und eine mittlere Länge von 204 mm ermittelt. Welche Aussage können wir über den Mittelwert in der Grundgesamtheit aller mit der gegenwärtigen Maschineneinstellung gefertigten Werkstücke machen?

Da die Grundgesamtheit normalverteilt ist, ist gemäß Aussage 3 auch bei relativ kleinem Stichprobenumfang die Zufallsverteilung der Stichprobenmittel eine Normalverteilung, und zwar mit dem Erwartungswert μ = Mittelwert der Grundgesamtheit. Wir wollen eine Sicherheit von 95 % dafür haben, dass unsere Information an die Produktionsleitung über die Werkstücklänge zutrifft. Wir wissen nun:

(1) Die Stichprobenverteilung hat die Standardabweichung $\sigma/\sqrt{n}$.

(2) Nach den Überlegungen von Kapitel 7 liegen 95 % der zu erwartenden Stichprobenmittelwerte $\bar{x}$ in dem Intervall

[μ − 1,96 · Standardabweichung, μ + 1,96 · Standardabweichung].

Das bedeutet für unser Beispiel, dass 95 % der zu erwartenden Stichprobenmittel in dem Intervall

$\mu - 1{,}96 \cdot 2/\sqrt{25} \le \bar{x} \le \mu + 1{,}96 \cdot 2/\sqrt{25}$, anders notiert: [μ − 1,96 · 2/√25; μ + 1,96 · 2/√25]

$\mu - 1{,}96 \cdot 0{,}4 \le \bar{x} \le \mu + 1{,}96 \cdot 0{,}4$ oder [μ − 1,96 · 0,4; μ + 1,96 · 0,4]

[μ − 0,784; μ + 0,784]

liegen. Mit 95 %-iger Wahrscheinlichkeit unterscheidet sich also 204 mm vom Mittelwert aller produzierten Werkstücke um höchstens 0,78 mm: |204 − μ| ≤ 0,78. Umgekehrt unterscheidet sich der Mittelwert aller produzierten Werkstücke mit dieser Wahrscheinlichkeit um höchstens 0,78 mm vom vorgefundenen Stichprobenmittel. Der Ausdruck |$\bar{x}$ − μ| ≤ 0,78 ist ja offenbar symmetrisch bezüglich $\bar{x}$ und μ.

Es sei wiederholt: Wir haben es mit Zufallsprozessen und mit Wahrscheinlichkeiten zu tun. Wir können also nicht ausschließen, dass der „wahre" Wert der Produktion eine Werkstücklänge ist, die nicht in dem ermittelten Intervall liegt. Aber das ist sehr selten, und wir können vorweg bestimmen, welche Sicherheit wir anstreben. Dabei muss uns klar sein: Je größer die angestrebte Sicherheit, umso schwächer wird die gewonnene Aussage sein, umso größer muss das Intervall um den beobachteten Schätzwert gewählt werden.

Formulieren wir allgemein: Die Wahrscheinlichkeit, mit der die Schätzung richtig sein soll (im Beispiel 95 %), nennen wir die *Konfidenzwahrscheinlichkeit*. Manchmal wird diese Wahrscheinlichkeit auch *Konfidenzniveau* genannt. Mit α bezeichnen wir die verbleibende *Irrtumswahrscheinlichkeit*, so dass gilt: Konfidenzwahrscheinlichkeit = 1 – α. Das Intervall um den Stichprobenmittelwert, in dem mit der Wahrscheinlichkeit 1 – α der Populationsmittelwert liegt, nennen wir das *Konfidenzintervall*. Das Konfidenzintervall ist also ein Zufallsresultat, abhängig vom Wert $\bar{x}$ der Zufallsvariable.

Um uns nun von der Vorgabe eines der drei uns aus Kapitel 7 bekannten Konfidenzniveaus 90 %, 95 %, 99 % zu lösen, lassen wir α einen beliebigen Wert annehmen. Wir wissen, dass uns tabellarische Werte nur für die *Standard*normalverteilung zur Verfügung stehen. Daher müssen wir $\bar{x}$ der in Kapitel 7 gelernten z-Transformation unterwerfen:

$$\bar{z} = \frac{\bar{x} - \mu}{\frac{\sigma}{\sqrt{n}}}$$

Jetzt suchen wir ein z-Intervall, in das die z-Werte mit der Wahrscheinlichkeit 1 – α fallen. Außerhalb unseres Intervalls soll insgesamt nur ein Anteil α der Werte angesiedelt sein, das heißt wegen der Symmetrie der Verteilung oberhalb und unterhalb des Intervalls nur ein Anteil $\alpha/2$. Wir haben also in der Tabelle zu $\alpha/2$ den zugehörigen z-Wert zu suchen, es leuchtet ein, dass wir ihn $z_{\alpha/2}$ nennen. Wir erhalten dann nach Umformung der obigen Gleichung für die Schätzung des Populationsmittels die Grenzen

$$\mu = \bar{x} \pm z_{\alpha/2} \cdot \frac{\sigma}{\sqrt{n}}$$

und haben damit eine *Intervallschätzung* für den Mittelwert der Grundgesamtheit für den Fall gewonnen, dass wir aus einem der in den obigen Aussagen 3 bis 5 genannten Gründe eine Normalverteilung des Stichprobenmittels annehmen dürfen und *die Varianz der Grundgesamtheit bekannt* ist.

Wir möchten auch hier Erkenntnisse aus dem bereits wohlbekannten Würfelexperiment aus 8.1 gewinnen. Da wir sicher sind, dass die Grundgesamtheit eine symmetrische Verteilung hat, können wir wegen der obigen Aussage 5 mit dem Stichprobenumfang von 20 auskommen. Nach reiflicher Überlegung haben die Autoren entschieden, dass sie eine genau 93%-ige Konfidenzwahrscheinlichkeit benötigen. Das heißt $\alpha/2 = 0{,}035$, entsprechend 3,5 %. In der Tabelle der Standardnormalverteilung im Anhang suchen wir den z-Wert, so dass oberhalb nur noch Werte mit zusammengenommen dieser Wahrscheinlichkeit liegen. Wegen der Struktur unserer Verteilungstabelle müssen wir das umdeuten in „so dass unterhalb Werte mit kumulierter Wahrscheinlichkeit mindestens 1 – 0,035 = 0,965 liegen".

Wir entnehmen der Tabelle 8.1, dass ein $z_{\alpha/2}$-Wert von 1,81 nicht ganz ausreichen würde, oberhalb würden 3,51 % der Verteilungswerte liegen, und das würde unserem Sicherheitsanspruch von höchstens 7 % Irrtumswahrscheinlichkeit ja nicht genügen. Also nehmen wir als $z_{\alpha/2}$-Wert 1,82. Das 93 %-Konfidenzintervall für den Mittelwert ist also (Erinnerung: Die Varianz der Grundgesamtheit ist als 2,92 bekannt):

$$3{,}15 - 1{,}82 \cdot \sqrt{\tfrac{2{,}92}{20}} \leq \mu \leq 3{,}15 + 1{,}82 \cdot \sqrt{\tfrac{2{,}92}{20}}, \text{ anders: } \left[3{,}15 - 1{,}82 \cdot \sqrt{\tfrac{2{,}92}{20}}; 3{,}15 + 1{,}82 \cdot \sqrt{\tfrac{2{,}92}{20}}\right]$$

$$3{,}15 - 0{,}7 \leq \mu \leq 3{,}15 + 0{,}7 \text{ oder } [3{,}15 - 0{,}7;\ 3{,}15 + 0{,}7]$$

µ-Konfidenzintervall: [2,45; 3,85].

Damit wissen wir mit der von uns für nötig gehaltenen Sicherheit, dass der Mittelwert zwischen 2,45 und 3,85 liegt.

Tabelle 8.1   Tabelle der Standardnormalverteilung (Ausschnitt)

z	0	1	2
...	....	....	....
1,7	0,9554	0,9564	0,9573
1,8	0,9641	0,9649	0,9656
1,9	0,9713	0,9719	0,9726
2,0	0,9772	0,9778	0,9783

Computerübung

Die Excel-Funktion KONFIDENZ.NORM liefert die halbe Länge des Konfidenzintervalls, also die Zahl, die vom Stichprobenmittel abgezogen bzw. zum Stichprobenmittel addiert werden muss, um die Grenzen des Konfidenzintervalls zu erhalten. Im vorliegenden Würfelbeispiel lautet Ihre Excel-Eingabe für die untere Intervallgrenze =3,15 – KONFIDENZ.NORM(0,07;WURZEL(2,92);20). Das Ergebnis ist etwas genauer als das im Text angegebene, unter anderem weil wir bei der Wahl des $z_{\alpha/2}$-Wertes auf Interpolation verzichtet haben.

Die Varianz der Grundgesamtheit war in diesem Beispiel bekannt, weil wir sie aus der Formel für die diskrete Gleichverteilung entnehmen konnten. Dass die Varianz der Grundgesamtheit bekannt ist, ist aber für die Praxis eine recht optimistische Annahme. Außer in Statistik-Klausuren, wo sie glücklicherweise häufig gemacht werden darf, trifft sie etwa dann zu, wenn aus früheren Untersuchungen Analogieschlüsse gezogen werden können, wenn die Präzision eines Fabrikationsprozesses an sich bekannt ist, oder auch einfach, wenn man sich aus irgendwelchen vernünftig erscheinenden Gründen zu einer Schätzung berechtigt fühlt. Allerdings: Was könnte mangels anderer Anhaltspunkte eine vernünftigere Schätzung sein als die Varianz der Stichprobe, die man gerade gezogen hat und von der man ja nach den Ausführungen des Abschnitts 2 dieses Kapitels weiß, dass sie nach Ausschaltung der systematischen Missweisung ein erwartungstreuer Schätzwert für die Populationsvarianz ist.

Zur Vorbereitung straffen wir erst einmal das Vorgehen zum Schätzen des Mittelwerts bei bekannter Populationsvarianz. Statt zunächst die Zufallsvariable $\bar{X}$ zu betrachten, dann die z-Transformation zu durchlaufen und schließlich anhand der Standardnormalverteilung die Fragestellung zu beantworten, können wir auch gleich die Zufallsvariable

$$\bar{Z} = \frac{\bar{X} - \mu}{\frac{\sigma}{\sqrt{n}}}$$

verwenden, die von vorneherein standardnormalverteilt ist.

Verfolgen wir denselben Gedanken für den Fall unbekannter Populationsvarianz unter Verwendung der Stichprobenvarianz (bzw. der Standardabweichung S der Stichprobe), dann arbeiten wir mit einer Zufallsvariablen

$$\bar{T} = \frac{\bar{X} - \mu}{\frac{S}{\sqrt{n}}}$$

In dieser Zufallsvariablen finden sich die Stichprobenwerte in deutlich komplexerer Weise wieder als in $\bar{Z}$, nämlich in $\bar{X}$ und in S. Daher ist jetzt auch nicht mehr die Aussage richtig, $\bar{T}$ sei (standard-)normalverteilt. Tatsächlich folgt $\bar{T}$ einer sogenannten t-Verteilung, mit der wir uns daher jetzt kurz befassen müssen.

Exkurs: Die t-Verteilung oder Student-t-Verteilung
Diese Verteilung verdankt ihren Namen dem Pseudonym, unter dem sie erstmalig in einer fachlichen Abhandlung vorgestellt wurde. Es handelt sich in Wirklichkeit wieder um eine Familie von Verteilungen, und zwar um eine von einem Parameter abhängige Familie stetiger Verteilungen. Der Parameter wird in diesem Fall als „Anzahl der Freiheitsgrade" bezeichnet, ohne dass wir dies hier begründen wollen. Alle Dichteverteilungen der t-Verteilungen sind symmetrisch zur y-Achse und sie ähneln derjenigen der Standardnormalverteilung, sie sind jedoch weiter gestreut. Mit wachsender Anzahl der Freiheitsgrade konzentrieren sie sich stärker zum Mittelwert hin und werden dabei der Standardnormalverteilung immer ähnlicher. Tabellen zur t-Verteilung enthalten daher nur eine beschränkte Anzahl von „Familienmitgliedern", für eine größere Anzahl von Freiheitsgraden greift man auf die Standardnormalverteilung zurück. Wir verzichten darauf, die mathematisch etwas anspruchsvolleren Formeln der t-Verteilung hier zu zitieren, und stellen stattdessen einige Familienmitglieder graphisch vor, zusammen mit dem Grenzfall der Standardnormalverteilung.

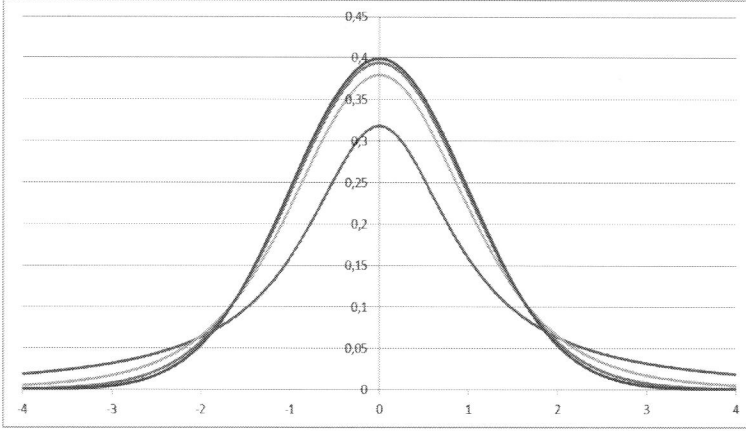

**Abbildung 8.2
t-Verteilungen**

**Freiheitsgrade:
untere Kurve: 1
mittlere Kurve. 5
obere Kurve: 20**

**ganz oben:
Standardnormal-
verteilung**

Aussage 6 zum Stichprobenmittel $\bar{X}$
Ist die Grundgesamtheit normalverteilt, dann ist die Zufallsvariable

$$\bar{T} = \frac{\bar{X} - \mu}{\frac{s}{\sqrt{n}}}$$

t-verteilt mit n – 1 Freiheitsgraden, wobei n die Größe der Stichprobe bezeichnet.

Mit derselben Argumentationskette wie im Fall bekannten σ^2 erhalten wir als Grenzen des Konfidenzintervalls für den Populationsmittelwert jetzt

$$\mu = \bar{x} \pm t_{\alpha/2} \cdot \frac{s}{\sqrt{n}}$$

wobei $t_{\alpha/2}$ der t-Wert ist, oberhalb dessen nur noch eine Wahrscheinlichkeit von $\alpha/2$ für die t-verteilte Zufallsvariable mit n – 1 Freiheitsgraden, wobei n der Stichprobenumfang ist (Wir verzichten darauf, dies auch noch am Buchstaben t zu vermerken). Für n > 100 kann man statt $t_{\alpha/2}$ in akzeptabler Näherung auf $z_{\alpha/2}$ zurückgreifen. Sogar wenn die Grundgesamtheit nicht normalverteilt ist, liefert die Formel häufig doch noch eine akzeptable Näherung.

Überblick
Wir erhalten die Grenzen des Konfidenzintervalls mit dem Konfidenzniveau $(1 - \alpha)$, indem wir je nach Bedarf $z_{\alpha/2}$ oder $t_{\alpha/2}$ mit n – 1 Freiheitsgraden in der passenden Tabelle aufsuchen (also den z- bzw. t-Wert, zu dem in der Verteilungsfunktion der Wahrscheinlichkeitswert $1 - \alpha/2$ gehört) und berechnen als Intervalle für µ

wenn σ^2 bekannt: $\bar{x} \pm z_{\alpha/2} \cdot \frac{\sigma}{\sqrt{n}}$,   wenn σ^2 unbekannt: $\bar{x} \pm t_{\alpha/2} \cdot \frac{s}{\sqrt{n}}$.

Wir kommen zurück auf die Werkstückfabrikation vom Anfang dieses Abschnitts. Im Nachhinein sind erhebliche Zweifel daran aufgekommen, ob die Annahme einer Standardabweichung von 2 mm in der Grundgesamtheit auf sicheren Füßen steht. Es sieht so aus, als ob der Verantwortliche ein solches Wissen nur vorgegeben hat, in Wirklichkeit aber die Standardabweichung genannt hat, die er aus der Stichprobe errechnet hatte. Wir dürfen also nicht mehr mit dem $z_{\alpha/2}$-Wert und der Standardnormalverteilung arbeiten. Da die Annahme einer normalverteilten Grundgesamtheit aber weiterhin vertretbar erscheint, bleibt der Weg über die t-Verteilung.

Wir arbeiten weiter mit einem 95 %-Konfidenzniveau, d. h. $\alpha/2 = 0{,}025$. Bei einem Stichprobenumfang von 25 ist die t-Verteilung mit 24 Freiheitsgraden zu wählen. In der Tabelle im Anhang ist sind jedoch nicht die Werte für $\alpha/2 = 0{,}025$ verzeichnet, sondern für $1 - \alpha/2 = 1 - 0{,}025 = 0{,}975$. Es ergibt sich $t_{\alpha/2} = 2{,}064$ anstelle des früher verwendeten Wertes $z_{\alpha/2} = 1{,}96$. Das Konfidenzintervall vergrößert sich dementsprechend auf $\mu - 2{,}064 \cdot 0{,}4 \leq \bar{x} \leq \mu + 2{,}064 \cdot 0{,}4$ bzw. $|204 - \mu| \leq 0{,}83$ bzw. $[203{,}17; 204{,}83]$.

> Computerübung
>
> Für den Fall unbekannter Varianz der Grundgesamtheit stellt Excel die Funktion KONFIDENZ.T zur Verfügung, die wieder die halbe Länge des Konfidenzintervalls liefert. Wenn man diese Funktion auf das Beispiel anwendet, ergibt sich KONFIDENZ.T(0,05;2;25) = 0,8256 als halbe Breite des Konfidenzintervalls.

Lernkontrolle zu 8.3

1. Eine Intervallschätzung für den Mittelwert einer Population …

    a. … erfordert das Ziehen einer Stichprobe.
    b. … erfordert für Obergrenze und Untergrenze des Intervalls das Ziehen je einer Stichprobe.
    c. … erfordert zwingend die Kenntnis der Varianz des interessierenden Merkmals in der Grundgesamtheit.

2. Der zentrale Grenzwertsatz …

    a. … ist eine Aussage über den Mittelwert normalverteilter Grundgesamtheiten.
    b. … ist eine Aussage über den Mittelwert beliebiger Grundgesamtheiten.
    c. … ist eine Aussage über die Zufallsvariable „Mittelwert einer Stichprobe"
    d. … setzt bei der zugrundeliegenden Grundgesamtheit Symmetrie voraus.

3. Die Konfidenzwahrscheinlichkeit …

    a. … ist gleich 1 – Irrtumswahrscheinlichkeit.
    b. … beeinflusst die Größe des Konfidenzintervalls.
    c. … beeinflusst die Lage des Konfidenzintervalls.
    d. … ist größer, je größer der Stichprobenumfang ist.
    e. … wächst mit steigender Varianz der Grundgesamtheit.
    f. … ist ein von der Aufgabenstellung beeinflusster Parameter.

4. Was ist richtig?

   a. Man kann Intervallschätzungen für den Mittelwert eines Merkmals in der Grundgesamtheit nur machen, wenn man dessen Varianz in der Grundgesamtheit kennt.
   b. Intervallschätzungen führen bei gegebener Irrtumswahrscheinlichkeit zu kleineren Intervallen, wenn man die Varianz des untersuchten Merkmals in der Grundgesamtheit kennt.
   c. Die Familie der t-Verteilungen hat wie die Familie der Normalverteilungen zwei Parameter.
   d. Die t-Verteilung hat eine kleinere Varianz, je größer die Zahl der Freiheitsgrade ist.
   e. Die t-Verteilung wird für eine große Stichprobe durch die Standardnormalverteilung approximiert.
   f. Zieht man aus irgendeiner Grundgesamtheit Stichproben von je einhundert Beobachtungen, bildet für jede Stichprobe den Mittelwert des interessierenden Merkmals und notiert alle so gewonnenen Werte, dann nähert sich deren Verteilung einer Normalverteilung.
   g. Die t-Verteilung wird benötigt, wenn man die Varianz in der Grundgesamtheit nicht kennt.
   h. Die Irrtumswahrscheinlichkeit ändert sich mit wachsendem Stichprobenumfang.
   i. Die z-Transformation überführt einen t-Wert in einen z-Wert.
   j. Die z-Transformation überführt eine Normalverteilung in die Standardnormalverteilung.

8.4 Bestimmung des Stichprobenumfangs

Das bisherige Vorgehen hat uns – nachdem wir uns einmal auf ein Konfidenzniveau festgelegt hatten – auf eine wohlbestimmte Größe des Konfidenzintervalls geführt. Nun kann es sein, dass wir oder unsere Auftraggeber die statistische Sicherheit der Aussage zwar nicht mindern wollen (also kein größeres α in Frage kommt), gleichwohl aber die Unbestimmtheit der Schätzung, also die Größe des Konfidenzintervalls, unakzeptabel ist.

Die erarbeiteten Formeln für das Konfidenzintervall zeigen, dass der Stichprobenumfang die Größe ist, die wir beeinflussen können, um den Abstand zwischen gemessenem Stichprobenmittel $\bar{x}$ und geschätztem μ bei konstantem α zu kontrollieren. Damit wir zu einem Intervall $|\bar{x} - \mu| \leq e$ (mit vorgegebenem e) kommen, muss

$$z_{\alpha/2} \cdot \frac{\sigma}{\sqrt{n}} \leq e$$

erreicht werden. Das ist mit

$$n \geq \left(\frac{z_{\alpha/2} \cdot \sigma}{e}\right)^2$$

zu gewährleisten.

Ist σ unbekannt, kann man jetzt nicht einfach $z_{\alpha/2}$ durch $t_{\alpha/2}$ ersetzen, da ja zur Ermittlung von $t_{\alpha/2}$ das n bereits bekannt sein muss, damit man die Zahl der Freiheitsgrade kennt. Praktisch geht man so vor, dass man zwar ein geschätztes s statt σ aber dennoch $z_{\alpha/2}$ verwendet. Wenn sich dann ein hinreichend großes n ergibt, ist die Verwendung von z statt t im Nachhinein gerechtfertigt.

Im Beispiel der Werkstücke von Abschnitt 8.3 hatten wir bei 25 Beobachtungen ein Intervall $|204 - \mu| \leq 0{,}78$ ermittelt, für das wir auf dem Konfidenzniveau 95 % garantieren konnten. Erweist sich dies nun für die Fragestellung als zu grob, und möchten wir die Genauigkeit der Schätzung so weit erhöhen, dass wir für $|\bar{x} - \mu| \leq 0{,}5$ wiederum 95 % Sicherheit erhalten, dann ist zu fordern:

$$n \geq \left(\frac{z_{\alpha/2} \cdot \sigma}{e}\right)^2 = \left(\frac{1{,}96 \cdot 2}{0{,}5}\right)^2 = 61{,}46 \approx 62.$$

Beachten Sie: Bei der Bestimmung von n wird immer aufgerundet, um auch sicher zu gehen, dass das Wahrscheinlichkeitsintervall die vorgegebene Größe nicht überschreitet. Wir erkennen, dass der Wunsch nach einer verbesserten Schätzung also einen deutlich erhöhten Untersuchungsaufwand durch Vergrößerung des Stichprobenumfangs bedeutet.

Lernkontrolle zu 8.4

1. Die Länge des Konfidenzintervalls für den Mittelwert …

    a. … kann man durch die Festlegung der Irrtumswahrscheinlichkeit beeinflussen.
    b. … kann man durch den Umfang der Stichprobe beeinflussen.
    c. … kann man nicht beeinflussen.
    d. … hängt davon ab, ob man die Varianz des Merkmals in der Grundgesamtheit kennt.
    e. … hängt von der absoluten Größe des Mittelwerts ab.

2. Was ist richtig?

    a. Bei gegebenem Konfidenzniveau halbiert man die Größe des Konfidenzintervalls, wenn man den Stichprobenumfang verdoppelt.
    b. Bei gegebenem Konfidenzniveau halbiert man die Größe des Konfidenzintervalls, wenn man den Stichprobenumfang vervierfacht.
    c. Bei gegebenem Konfidenzniveau verdoppelt man die Größe des Konfidenzintervalls, wenn man den Stichprobenumfang vervierfacht.
    d. Wer eine genauere Schätzung des Mittelwertes benötigt, sollte das Konfidenzintervall vergrößern.
    e. Wer bei der Intervallschätzung nur eine geringe Irrtumswahrscheinlichkeit in Kauf nehmen kann, der muss mit einem großen Konfidenzintervall rechnen.

3. Bei der Intervallschätzung für einen Mittelwert von Schrauben auf dem Konfidenzni-

veau 99 % darf der Produktionsleiter aus rechtlichen Gründen höchstens einen absoluten Schätzfehler von 0,2 mm zulassen. Die Standardabweichung der Grundgesamtheit ist bekannt: 0,35 mm. Welchen Umfang muss die Stichprobe mindestens haben, damit die gewünschte Genauigkeit erreicht wird?

a. 15
b. 20
c. 21
d. 24

Zusammenfassung

Eine Kenngröße, die aus Werten einer Stichprobe errechnet wurde, ist eine Zufallsvariable, die ihrerseits eine Verteilung besitzt. Kenngrößen dieser Verteilung lassen sich als Schätzgrößen der entsprechenden Kenngrößen der Grundgesamtheit verwenden. Unter recht allgemeinen Voraussetzungen ist die Stichprobenverteilung des Mittelwerts normalverteilt. Kennt man die Varianz der Grundgesamtheit, lässt sich daraus die Varianz der Verteilung des Stichprobenmittelwerts errechnen. Sie wird mit wachsendem Stichprobenumfang kleiner. Kennt man die Varianz der Grundgesamtheit nicht, lässt sich an ihrer Stelle die Varianz der Stichprobe verwenden; dann kann man allerdings über das Streuungsverhalten der Stichprobenverteilung nur noch schwächere Aussagen mit Hilfe der t-Verteilung machen. Ein Konfidenzintervall für den Mittelwert der Grundgesamtheit ist ein Intervall mit dem Stichprobenmittel als Mittelpunkt, in dem mit einer geforderten Sicherheit (der Konfidenzwahrscheinlichkeit) der tatsächliche Mittelwert der Grundgesamtheit zu finden ist. Bei gegebener Konfidenzwahrscheinlichkeit lässt sich die Größe des Konfidenzintervalls durch Wahl des Stichprobenumfangs beeinflussen.

9 Hypothesentests über Mittelwerte

Lernziele

Nach erfolgreicher Bearbeitung dieses Kapitels wissen Sie, wie man Werte aus einer Stichprobe dazu nutzen kann, Annahmen über die Grundgesamtheit „auf den Prüfstand zu stellen". Sie haben dann gelernt, welche Hypothesen man je nach Zielrichtung aufstellt, und können zwischen einseitigen und zweiseitigen Hypothesentests unterscheiden. Sie wissen, welche Fehler man bei einer Entscheidung im Hypothesentest machen kann, weil die Stichprobe ein Zufallsergebnis ist. Die Wahrscheinlichkeit dieser Fehler können Sie quantifizieren. Sie können Hypothesentests für den Mittelwert eines Merkmals in der Grundgesamtheit selbstständig durchführen und dabei die Fälle bekannter und unbekannter Varianz des Merkmals in der Grundgesamtheit unterscheiden.

Praxisbeispiel

Sie sind Stadtkämmerer einer Kleinstadt und wie immer in Finanznöten. Sie haben drei Radarfallen zur Verfügung, die Sie natürlich an für Sie besonders attraktiven Stellen aufstellen wollen. Also da, wo die Autofahrer deutlich über den erlaubten 50 km/h fahren. Aber wie finden Sie diese Stellen heraus? Ganz einfach, durch einen Hypothesentest. Sie messen an einer Stelle, an der Sie besonders viele schnelle Autos vermuten, die Geschwindigkeiten einer Stichprobe von vielleicht fünfzig Fahrzeugen. Dann stellen Sie die Hypothese auf, dass dort die durchschnittliche Geschwindigkeit höchstens 50 km/h ist. In diesem Kapitel lernen Sie, wie Sie diese Hypothese statistisch überprüfen und gegebenenfalls verwerfen können. Gelingt dies, so wissen Sie genau (das heißt: mit der von Ihnen für erforderlich gehaltenen und in das Testverfahren eingearbeiteten Genauigkeit), dass die Durchschnittsgeschwindigkeit aller Fahrzeuge höher als 50 km/h ist, und können sich auf fette Einnahmen freuen.

(Natürlich ist den Autoren dieses Lehrbuchs bekannt, dass Radarmessungen immer dort und nur dort vorgenommen werden, wo es für die Förderung der Verkehrssicherheit erforderlich ist, und dass fiskalische Gesichtspunkte dabei keine Rolle spielen.)

9.1 Nullhypothesen und Alternativhypothesen

Wir kommen zurück auf das Beispiel aus Kapitel 8, in dem es um die Länge von Werkstücken ging. Nehmen wir an, dass der Verantwortliche den Abnehmern gegenüber versichert hatte, die Werkstücke seien im Mittel 203 mm lang. Aus der gezogenen Stichprobe hatte sich als 95 %-Konfidenzintervall für den „wahren" Mittelwert ergeben: $203{,}22 \leq \mu \leq 204{,}78$. Wie früher schon angemerkt: Das schließt einen „wahren" Mittelwert von 203 mm nicht aus, macht ihn aber eher unwahrscheinlich. Wird einem Kunden das Ergebnis der Stichprobe bekannt, wird er zumindest Zweifel an der erhaltenen Zusage bekommen.

Das vorliegende Kapitel beschäftigt sich mit der Frage, welche Schlüsse bezüglich einer behaupteten oder angenommenen Eigenschaft der Grundgesamtheit (der *Hypothese*) aus den tatsächlich ermittelten Eigenschaften einer Stichprobe gezogen werden können. Wir sprechen in diesem Zusammenhang von einem *Test*, die mit der Stichprobe verbundene Zufallsvariable heißt jetzt auch *Testgröße* oder *Testvariable*. Gegenüber der Frage nach Konfidenzintervallen ist damit also die Blickrichtung verändert: Es wird (wir bleiben beim Fall des Mittelwerts) nicht mehr gefragt, wo „wahrscheinlich" der Mittelwert der Grundgesamtheit liegt, sondern, ob es bei einem als bekannt angenommenen Mittelwert der Grundgesamtheit wahrscheinlich ist, dass die vorliegende Stichprobe beobachtet wurde. Ist dies „zu unwahrscheinlich", wird man die gemachte Annahme nicht aufrechterhalten.

Während eine Entscheidung „Dies ist mir zu unwahrscheinlich, also lehne ich die Annahme ab, die zu Grunde lag." eine gute logische Grundlage hat, wäre der umgekehrte Schluss „Dies ist relativ wahrscheinlich, also muss die Annahme, auf der es beruht, richtig sein." durchaus leichtfertig. Wer eine bestimmte Feststellung mit der im Rahmen statistischer Arbeit möglichen Sicherheit treffen will, muss also danach streben, das Gegenteil dieser Feststellung als zu unwahrscheinlich nachzuweisen: Will ich „A" „beweisen", dann zeige ich, dass „nicht A" sehr unwahrscheinlich ist.

Beispiele:
- Der Kunde eines Schraubenherstellers will nachweisen, dass die gelieferten Schrauben nicht den vereinbarten Mittelwert von genau 3 mm Durchmesser haben. Dann strebt er den Nachweis an, dass der berechnete Mittelwert einer Stichprobe aus der Lieferung *unter der Voraussetzung $\mu = 3$ mm* unwahrscheinlich ist.
- Ein Pharma-Unternehmen will zeigen, dass die durchschnittliche Krankheitsdauer bei Einnahme des neuen Medikaments kürzer als zehn Tage ist. Dann versucht es nachzuweisen, dass *unter der Voraussetzung einer durchschnittlichen Krankheitsdauer von zehn Tagen oder mehr* die tatsächlich beobachteten Krankheitsdauern unwahrscheinlich sind.

In der Standardterminologie der Statistik formulieren wir wie folgt:

- Eine *Nullhypothese*, kurz bezeichnet mit H_0, ist eine Annahme über eine Eigenschaft (häufig: einen Parameter) der Grundgesamtheit.
- Bei gegebener Nullhypothese ist die *Alternativhypothese*, kurz bezeichnet mit H_1 oder H_a, das Gegenteil der Nullhypothese. Ausschließlich diese Definition verwenden wir in diesem Lehrbuch; manchmal wird auch allgemeiner jede Hypothese, die mit der Nullhypothese unvereinbar (aber nicht das genaue Gegenteil) ist, als Alternativhypothese bezeichnet.

Wir müssen nun noch präzisieren, was unter „zu unwahrscheinlich" verstanden werden soll. Es geht darum, dass eine Stichprobe gezogen wurde, die bei zutreffender Nullhypothese sehr selten ist. Trifft die Nullhypothese zu und kommt eine derartige seltene Stichprobe doch zufällig vor, würden wir dies zum Anlass nehmen, die Nullhypothese (fälschlicherweise) zurückzuweisen. Wir würden also einen Fehler machen. Je kleiner die Wahrscheinlichkeit einer Testgröße ist, die wir als nicht akzeptabel ansehen, umso seltener machen wir diesen Fehler und umso größeres Vertrauen werden wir in eine Entscheidung setzen, die Nullhypothese zurückzuweisen. Die Grenze für eine solche Ablehnung bei zutreffender Nullhypothese müssen wir festlegen. Diese Grenze trennt den *Annahmebereich* vom *Ablehnungsbereich*, die Menge der Testergebnisse, die wir noch als mit der Nullhypothese vereinbar ansehen, von der Menge der Testergebnisse, die wir als mit H_0 unvereinbar ansehen.

- Wir bezeichnen mit α die Wahrscheinlichkeit der Menge von Testergebnissen, für die wir bereit sind, H_0 – obwohl zutreffend – zurückzuweisen. Diese Wahrscheinlichkeit α heißt *Irrtumswahrscheinlichkeit* oder auch *Signifikanzniveau*.

Die oben angeführten Beispiele „Schraubenhersteller" und „Pharma-Unternehmen" unterscheiden sich dadurch, dass im einen Fall H_0 einen einzelnen Parameterwert der Grundgesamtheit betrifft (H_0: $\mu = 3$ mm), im anderen einen Parameterbereich (H_0: $\mu \geq 10$ Tage). Im ersten Fall nehmen wir jedes Testergebnis, das nach oben *oder* unten zu weit von 3 mm abweicht, zum Anlass für die Ablehnung von H_0, im zweiten Fall nur Testergebnisse, die zu stark *nach unten* von zehn Tagen abweichen. Entsprechend unterscheiden wir einen *zweiseitigen* von einem *einseitigen* Test.

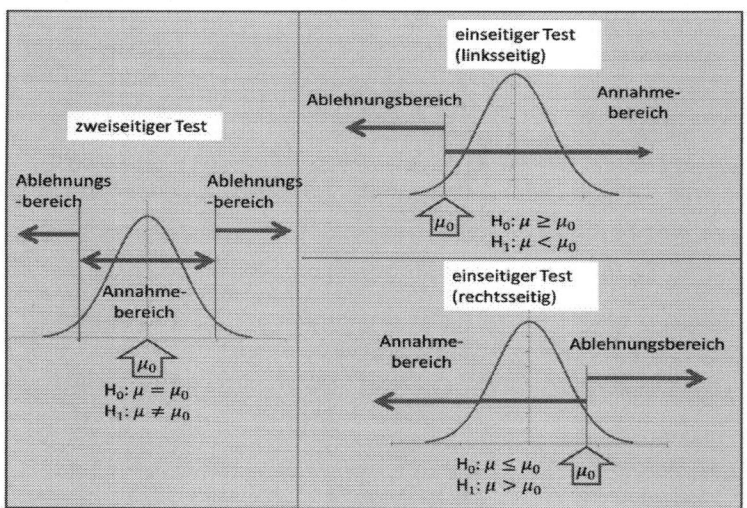

Abbildung 9.1   Hypothesentests für Mittelwerte

Bitte beachten Sie:

- Unsere Darstellung bezieht sich auf den Parameter Mittelwert. Die Begriffe an sich gelten allgemeiner. Die Nullhypothese kann beispielsweise auch eine Annahme über die Varianz sein oder die stochastische Unabhängigkeit zweier Merkmale betreffen.
- μ_0 ist der hypothetische Zahlenwert, für den in der Nullhypothese eine bestimmte Beziehung zum Parameter μ der Grundgesamtheit formuliert wird, also etwa, dass der Parameter der Grundgesamtheit höchstens diesen hypothetischen Wert erreicht.
- Bei den einseitigen Tests bezieht sich „links" bzw. „rechts" auf die Lage des Ablehnungsbereichs, also desjenigen Bereichs, in dem ein Stichprobenergebnis als Widerspruch zur Nullhypothese gewertet wird.
- Im Fall der zweiseitigen Tests ist die Gesamtwahrscheinlichkeit α auf die zwei Teile des Ablehnungsbereichs, also die unwahrscheinlich großen und die unwahrscheinlich kleinen Werte, gleichmäßig aufzuteilen.
- Im Fall einseitiger Tests enthält stets die Nullhypothese den Unterfall der Gleichheit $\mu = \mu_0$, in der Tat wird der Hypothesentest mit genau diesem Extremwert arbeiten; das wird im nächsten Abschnitt ausgeführt.

Lernkontrolle zu 9.1

1. Was trifft zu?

   a. Ziel eines Hypothesentests ist es immer, nachzuweisen, dass die Nullhypothese zutrifft.
   b. Ein zweiseitiger Hypothesentest liefert immer eine sichere Aussage, ob die Nullhypothese zutrifft.
   c. Bei einem linksseitigen Hypothesentest für den Mittelwert lautet die Nullhypothese: $\mu \geq \mu_0$.
   d. Bei einem linksseitigen Hypothesentest für den Mittelwert möchte man nachweisen, dass der Mittelwert in der Grundgesamtheit kleiner als ein Wert μ_0 ist.
   e. Der Ablehnungsbereich eines zweiseitigen Hypothesentests besteht aus zwei Teilbereichen.
   f. Der Annahmebereich eines einseitigen Hypothesentests besteht aus zwei Teilbereichen.
   g. Als Signifikanzniveau α wählt man regelmäßig einen Wert nahe bei 1.
   h. Das Signifikanzniveau ist die Wahrscheinlichkeit der Menge derjenigen Werte, für die wir die Nullhypothese zurückweisen, wenn sie zutrifft.
   i. In der Formulierung von H_0 ist immer ein Gleichheitszeichen enthalten.

2. Die Nullhypothese eines Mittelwerttests lautet H₀: $\mu \leq 5$. Was ist richtig?

   a. Der Test ist einseitig.
   b. Man will nachweisen, dass der Mittelwert kleiner als 5 ist.
   c. Man will nachweisen, dass der Mittelwert größer als 5 ist.
   d. Wenn eine Stichprobe einen Mittelwert von 4,99 ergibt, ist die Nullhypothese auf dem 5 % Signifikanzniveau zurückzuweisen.

3. Ein einseitiger Hypothesentest ...

   a. ... ist nicht fair.
   b. ... kann nur für einen Mittelwert gemacht werden.
   c. ... hat immer das Signifikanzniveau 1 %.
   d. ... hat keine Alternativhypothese.

9.2 Hypothesentests zum Mittelwert bei bekannter Varianz der Grundgesamtheit

Wir besprechen in diesem Abschnitt der Reihe nach die Schritte, die bei einem Hypothesentest zu durchlaufen sind.

1. Entscheidung, ob ein zweiseitiger oder einseitiger Test angemessen ist.

   Kommt es darauf an, dass ein bestimmter Mittelwert genau vorliegt, sind also größere Abweichungen in beide Richtungen von Interesse, dann ist ein zweiseitiger Test die richtige Wahl. Sind Abweichungen in eine Richtung „gut", in die andere Richtung „schlecht", wähle man einen einseitigen Test.

2. Formulierung der Nullhypothese und der Alternativhypothese

   Man mache sich noch einmal klar, dass wir eine statistisch hinreichend sichere Aussage nur erhalten, wenn wir die Nullhypothese zurückweisen können. Ein zweiseitiger Hypothesentest beispielsweise ist demnach nur sinnvoll, wenn nachgewiesen werden soll, dass der Mittelwert der beobachteten Größe in der Grundgesamtheit *nicht* einen behaupteten Wert besitzt.
   Die Aufstellung der Hypothesen beim einseitigen Test fällt Lernenden erfahrungsgemäß nicht immer ganz leicht. Das muss aber nicht schwierig sein, wenn man sich stets klar macht: *Zur Nullhypothese wird das, was wir als falsch nachweisen wollen. Oder umgekehrt muss in der Alternativhypothese das formuliert werden, was als akzeptierbar nachgewiesen werden soll.* Demzufolge wählen wir einen linksseitigen Test, wenn wir letztendlich zeigen wollen, dass der Mittelwert kleiner als eine behauptete Größe ist, und umgekehrt.

3. Festlegung des Signifikanzniveaus

   Es gehört zur sauberen Vorgehensweise des Statistikers, sich *vorab* darüber Klarheit zu verschaffen, ein wie großes Risiko er eingehen will oder darf, eine Fehlentscheidung zu treffen. Das Signifikanzniveau ist also frühzeitig festzulegen. Wenn die fälschliche Ablehnung der Nullhypothese mit erheblichem Schaden verbunden sein kann, muss die Wahrscheinlichkeit α hierfür sehr klein gehalten werden. Man will dann die Nullhypothese erst zurückweisen, wenn die Testergebnisse hoch signifikant gegen diese Hypothese sprechen. Üblich sind Signifikanzniveaus von α = 0,1, α = 0,05 bzw. α = 0,01.

4. Ermittlung der Testgröße

Die Stichprobe wird gezogen und der Mittelwert $\bar{x}$ berechnet. Für diesen wird die z-Transformation durchgeführt:

$$\bar{z} = \frac{\bar{x} - \mu}{\frac{\sigma}{\sqrt{n}}}.$$

Dieser z-Wert wird Testgröße genannt.

5. Entscheidung über Annahme oder Ablehnung der Nullhypothese

Wir nehmen also jetzt an, dass wir eine Stichprobe aus der zu untersuchenden Grundgesamtheit besitzen und den Mittelwert $\bar{x}$ des interessierenden Merkmals sowie dessen Bild $\bar{z}$ als Testgröße errechnet haben. Für die Bewertung haben wir die Wahl zwischen zwei Vorgehensweisen, die (natürlich) zu derselben Entscheidung führen. Bei beiden kommt es darauf an, die beobachtete Abweichung vom hypothetischen Mittel zu bewerten. Für den Fall des einseitigen Tests machen wir uns zuvor noch klar, warum es zulässig ist, die Überlegungen nur auf dem einzigen Wert μ_0 aufzubauen, obwohl doch die Nullhypothese $\mu \geq \mu_0$ bzw. $\mu \leq \mu_0$ lautet. Wir besprechen den linksseitigen Fall $\mu \geq \mu_0$: Die Nullhypothese umfasst jedes μ rechts von μ_0, im Sinn der Nullhypothese ist μ_0 also der „schlechtestmögliche Fall". Wenn unsere Testgröße selbst von diesem kleinstmöglichen Wert signifikant nach unten abweicht, wir also die Nullhypothese bereits hierfür zurückweisen müssen, dann erst recht für jeden anderen, größeren μ-Wert.

P-Wert-Methode

Grundgedanke dieser Vorgehensvariante ist es, zu bestimmen, wie groß die Wahrscheinlichkeit ist, dass die Zufallsgröße $\bar{X}$ den Wert $\bar{x}$ hat oder einen noch stärker vom hypothetischen Mittel μ_0 abweichenden Wert. Das ist gleichbedeutend mit der Frage nach der Wahrscheinlichkeit von $z = \bar{z}$ oder einem noch stärker von 0 abweichenden z. Also schlagen wir in einer Tabelle der Standardnormalverteilung nach, welche Wahrscheinlichkeit P zu $z \leq \bar{z}$ (beim linksseitigen oder zweiseitigen Testen und $z < 0$) bzw. $z \geq \bar{z}$ (beim rechtsseitigen oder zweiseitigen Testen und $z > 0$) gehört. Dieses P vergleichen wir mit α beim einseitigen Test bzw. mit α/2 beim zweiseitigen Test. Ist P kleiner als der Vergleichswert, schließen wir daraus auf eine unakzeptabel kleine Wahrscheinlichkeit der Testgröße unter der Nullhypothese und lehnen diese folglich ab. Im anderen Fall besteht kein Anlass zur Zurückweisung von H_0, wir akzeptieren die Nullhypothese.

Methode des kritischen Wertes

Bei dieser Methode geht man vom Wahrscheinlichkeitswert α (bei einseitigem Test) bzw $\alpha/2$ (bei zweiseitigem Test) aus, ermittelt dazu in der Standardnormalverteilung den zugehörigen z-Wert bzw. die zugehörigen z-Werte (den *kritischen Wert* bzw. die *kritischen Werte*) und vergleicht dann das aus der Stichprobe gewonnene $\bar{z}$ damit.

Wir beginnen also mit der Standardnormalverteilung und suchen zu α bzw $\alpha/2$ die z-Werte z_α bzw. $z_{\alpha/2}$, für die gilt: $P(Z \leq z_\alpha) = 1 - \alpha$ bzw. $P(Z \leq z_{\alpha/2}) = 1 - \alpha/2$. Dann setzen wir

$$z_{c,linksseitig} = -z_\alpha \quad z_{c,rechtsseitig} = +z_\alpha \quad z_{c,zweiseitig} = \pm z_{\alpha/2}$$

Wir vergleichen die Testgröße $\bar{z}$ mit dem relevanten dieser Werte und weisen H_0 zurück, wenn $\bar{z}$ kleiner als $z_{c,linksseitig}$ ist (linksseitiger Test), $\bar{z}$ größer als $z_{c,rechtsseitig}$ ist (rechtsseitiger Test) bzw. wenn $\bar{z}$ außerhalb des durch die beiden $z_{c,zweiseitig}$-Werte definierten Intervalls liegt (zweiseitiger Test).

Anmerkung: In der Literatur findet man zur Methode des kritischen Wertes auch die Variante, dass man den Vergleich „in der x-Welt" durchführt. Man nimmt dann nicht die Transformation von $\bar{x}$ nach $\bar{z}$ vor, sondern transformiert umgekehrt den kritischen Wert in die x-Welt:

$$x_{c,linksseitig,x} = \mu_0 - z_\alpha \cdot \frac{\sigma}{\sqrt{n}} \quad x_{c,rechtsseitig,x} = \mu_0 + z_\alpha \cdot \frac{\sigma}{\sqrt{n}} \quad x_{c,zweiseitig,x} = \mu_0 \pm z_{\alpha/2} \cdot \frac{\sigma}{\sqrt{n}}$$

Dann vergleicht man $\bar{x}$ mit dem relevanten dieser Werte und weist H_0 zurück, wenn $\bar{x}$ weiter als der kritische x-Wert vom hypothetischen Mittelwert μ_0 entfernt ist. Wir arbeiten in diesem Lehrbuch ausschließlich mit kritischen Werten „in der z-Welt".

Beispiel:

Es soll untersucht werden, ob die Feuerwehr im Großraum einer Metropole das angestrebte Ziel erreicht, im Durchschnitt spätestens zehn Minuten nach einer Brandmeldung vor Ort zu sein. Es bestehen begründete Zweifel hieran. Um Haushaltsmittel für Verbesserungen zu erhalten, müssen diese Zweifel aber belegt werden. Die Untersuchung soll anhand der Aufzeichnungen über die letzten vierzig Einsätze durchgeführt werden. Diese ergaben eine durchschnittliche Reaktionszeit von 11,5 Minuten. Für die Standardabweichung der Zeiten zwischen Notruf und Ankunft („Reaktionszeit") glaubt man nach langjähriger Erfahrung 3,8 min als abgesicherten Wert annehmen zu dürfen.

Wir gehen jetzt nacheinander die verschiedenen Schritte des Hypothesentests durch.

1. Entscheidung über den Typ des Tests

    Das Wort „spätestens" in der Aufgabenbeschreibung klärt eindeutig, dass ein einseitiger Test durchzuführen ist.

2. Formulierung der Nullhypothese und der Alternativhypothese

    Man will nachweisen, dass die Reaktionszeit im Mittel zu lang ist. Das Gegenteil wird

zur Nullhypothese:
H₀: Mittlere Reaktionszeit µ ≤ 10 min
H₁: Mittlere Reaktionszeit µ > 10 min

3. Festlegung des Signifikanzniveaus

   Die bedarfsgerechte Verteilung von Haushaltsmitteln ist wichtig, aber die Zuweisung zu nicht zwingend erforderlichen gleichwohl sinnvollen Zwecken wäre auch keine Katastrophe. Daher genügt ein mittleres Signifikanzniveau. Wir wählen α = 0,05.

4. Ermittlung der Testgröße

   Die Auswertung der vierzig Einsätze führte auf einen Mittelwert $\bar{x}$ = 11,5 min.

   Diese Testgröße ergibt einen z-Wert von 2,5:

   $$\bar{z} = \frac{11{,}5 - 10}{\frac{3{,}8}{\sqrt{40}}} = 2{,}5$$

5. Entscheidung über Annahme oder Ablehnung der Nullhypothese

   Zur Erläuterung der Vorgehensweisen führen wir die Entscheidung sowohl mit der P-Wert-Methode als auch mit der Methode des kritischen Wertes durch.

P-Wert-Methode
Der Wert der Testgröße beträgt 2,5.

Zum z-Wert 2,5 entnimmt man der Tabelle der Standardnormalverteilung einen Wahrscheinlichkeitswert p = 0,9938. Nur mit der Wahrscheinlichkeit 1 − p = 0,0062 ist bei Zutreffen von H₀ mit einem so großen oder größeren z zu rechnen. Da diese Wahrscheinlichkeit deutlich kleiner als α = 0,05 ist, weisen wir H₀ zurück. Das Ziel einer Reaktionszeit von durchschnittlich höchstens zehn Minuten wird mit hoher Wahrscheinlichkeit verfehlt.

Methode des kritischen Wertes
Zu α = 0,05 müssen wir bei einseitigem Testen z_α ermitteln. Wir suchen in der Tabelle der Standardnormalverteilung das z_α, bei dem $P(Z > z_\alpha) = 0{,}05$ bzw. $P(Z \leq z_\alpha) = 0{,}95$ ist. Zur Wahrscheinlichkeit 0,95 finden wir in der Tabelle die Nachbarwerte 0,9495 (zu z = 1,64) und 0,9505 (zu z = 1,65). Da 0,95 genau in der Mitte liegt, nehmen wir auch einen z-Wert genau in der Mitte und haben damit z_α = 1,645. Es gilt P(z > 1,645) = α = 0,05. Da wir rechtsseitig testen, ist

$$z_{c, rechtsseitig} = +z_\alpha = 1{,}645.$$

Der Wert der Teststatistik ist mit 2,5 größer und liegt damit im Ablehnungsbereich, also ist H₀ auch nach der zweiten Methode zurückzuweisen.

Lernkontrolle zu 9.2

1. Ein einseitiger Test zum Mittelwert ...

   a. ... wird durchgeführt, wenn starke Abweichungen des Mittelwerts nach beiden Seiten zur Ablehnung der Nullhypothese führen sollen.
   b. ... hat einen zusammenhängenden Annahmebereich.
   c. ... hat einen zusammenhängenden Ablehnungsbereich.
   d. ... sollte vermieden werden, weil Einseitigkeit unfair ist.

2. In einem Test zum Mittelwert ist eine Nullhypothese ...

   a. ... immer die Annahme, dass der Mittelwert gleich null ist.
   b. ... z. B. die Annahme, dass der Mittelwert größer oder gleich null ist.
   c. ... immer die Annahme, dass der Mittelwert einen bestimmten festen Wert annimmt.
   d. ... z. B. die Annahme, dass der Mittelwert einen bestimmten festen Wert annimmt.

3. Die mittlere Menge eines Schadstoffs je Kilogramm Nährstoff darf höchstens 35,5 Milligramm betragen. Es ist bekannt, dass der Schadstoffanteil normalverteilt mit Standardabweichung 2,8 mg ist. Eine Messreihe hat folgende Ergebnisse geliefert (in mg/kg).

37	35	36	39	35	37	37	39	40	34

   Was ist richtig?

   a. Sie führen einen linksseitigen Hypothesentest durch.
   b. Sie führen einen rechtsseitigen Hypothesentest durch.
   c. Als Testgröße ermitteln Sie 1,58.
   d. Als Testgröße ermitteln Sie 2,25.
   e. Auf dem Signifikanzniveau 5 % weisen Sie die relevante Nullhypothese zurück.
   f. Auf dem Signifikanzniveau 10 % weisen Sie die relevante Nullhypothese zurück.

9.3 Hypothesentests zum Mittelwert bei unbekannter Varianz der Grundgesamtheit

Die Vorgehensweise ist vollkommen analog zu dem soeben behandelten Fall bekannter Varianz der Grundgesamtheit. Der Unterschied liegt in der anzuwendenden Wahrscheinlichkeitsverteilung. Wir kennen aber auch das schon aus dem Kapitel über Konfidenzintervalle. Ist die Varianz der Grundgesamtheit unbekannt, dann muss man sich mit der Varianz der Stichprobe behelfen. Dann ist aber die Testgröße

$$\bar{T} = \frac{\bar{X} - \mu}{\frac{S}{\sqrt{n}}}$$

nicht normalverteilt, sondern folgt einer t-Verteilung mit n − 1 Freiheitsgraden. Damit wissen Sie bereits alles Erforderliche für diese Situation und wir können uns sogleich einem Beispiel zuwenden.

Beispiel

Wir kennen bereits die Fragestellung, wo eine Stadt am besten die Radarfallen aufstellen sollte, um die meisten Verkehrssünder zu ertappen und damit viele Verwarnungsgelder einzustreichen (das argwöhnen natürlich die Autofahrer immer noch). Die Stadt will also die Radarfallen dort aufstellen, wo die Autos im Durchschnitt schneller als 50 km/h fahren. Eine Geschwindigkeitsmessung bei 41 Autos an einer bestimmten Straßenecke ergab eine Durchschnittsgeschwindigkeit von 51,2 km/h und eine Standardabweichung der Stichprobe von 3,2 km/h. Soll nun die Stadt an dieser Stelle eine Radarfalle aufstellen?

1. Entscheidung über den Typ des Tests

   Der Komparativ „schneller als" in der Aufgabenbeschreibung klärt eindeutig, dass ein einseitiger Test durchzuführen ist.

2. Formulierung der Nullhypothese und der Alternativhypothese

   Man will nachweisen, dass die Geschwindigkeit über 50 km/h liegt. Das Gegenteil wird zur Nullhypothese:
   H_0: Durchschnittsgeschwindigkeit $\mu \leq 50$ km/h
   H_1: Durchschnittsgeschwindigkeit $\mu > 50$ km/h

3. Festlegung des Signifikanzniveaus

   Wir wählen $\alpha = 0{,}05$.

4. Ermittlung der Testgröße

   Die Auswertung der 41 Messungen ergab einen Mittelwert $\bar{x} = 51{,}2$ km/h.

   Die Testgröße ergibt einen t-Wert von 2,401:

   $$t = \frac{51{,}2 - 50}{\frac{3{,}2}{\sqrt{41}}} = 2{,}401$$

   Die Anzahl der Freiheitsgrade ist n − 1 = 41 − 1 = 40.

5. Entscheidung über Annahme oder Ablehnung der Nullhypothese

   P-Wert-Methode

   Der Wert der Testgröße beträgt 2,401. Wir finden in der Tabelle der t-Verteilung keine konkrete Wahrscheinlichkeit für einen bestimmten t-Wert. Wir müssen hingegen die Wahrscheinlichkeiten abschätzen. Dazu wählen wir zuerst die Zeile mit 40 Freiheitsgraden und wählen die dort zu findenden t-Werte aus, die der Testgröße am nächsten sind. Das sind t = 2,123 und t = 2,423 mit P(t ≤ 2,123) = 0,980 bzw. P(t > 2,123) = 0,02 und P(t ≤ 2,423) = 0,990 bzw. P(t > 2,423) = 0,01. Da die Teststatistik 2,401 zwischen 2,123 und

2,423 liegt, muss ihr P-Wert zwischen 0,02 und 0,01 liegen.

Damit ist der P-Wert auf alle Fälle kleiner als das Signifikanzniveau 0,05. Die Nullhypothese ist deswegen zu verwerfen, die Autos fahren an der fraglichen Stelle im Durchschnitt schneller als 50 km/h. Der Stadtkämmerer kann sich freuen. Die Verkehrspolizei eher weniger.

Methode des kritischen Wertes

Zu $\alpha = 0{,}05$ müssen wir bei einseitigem Testen t_α ermitteln. Wir schauen in der Tabelle der t-Verteilung in der Zeile für 40 Freiheitsgrade und der Spalte $1 - 0{,}05 = 0{,}95$ nach und ermitteln einen kritischen t-Wert von 1,684. Wir testen rechtsseitig. Der Wert der Teststatistik ist mit 2,401 größer als der kritische Wert 1,864 und liegt damit im Ablehnungsbereich. Also ist H_0 auch mit der zweiten Methode zurückzuweisen.

Lernkontrolle zu 9.3

1. Bei der Methode des kritischen Wertes (unbekannte Varianz des Merkmals in der Grundgesamtheit vorausgesetzt) ...

    a. ... verwendet man das Signifikanzniveau zur Ermittlung des kritischen Wertes.
    b. ... unterwirft man das Stichprobenmittel $\bar{x}$ einer Transformation in die t-Verteilung.
    c. ... liegt der kritische t-Wert bzw. liegen die kritischen t-Werte bei größerem Stichprobenumfang näher bei null als bei einer kleineren Stichprobe (gleiches α, gleiches s unterstellt).
    d. ... ist das Signifikanzniveau nicht so ausschlaggebend wie beim P-Wert-Verfahren.

2. Was trifft zu?

    a. Die Kenntnis der Varianz des beobachteten Merkmals in der Grundgesamtheit erschwert das einseitige Testen.
    b. Kennt man die Varianz in der Grundgesamtheit nicht, so nimmt man beim Test stattdessen die Varianz in der Stichprobe und führt im Übrigen das Testverfahren unverändert durch.
    c. Die Studentsche t-Verteilung tritt im Fall der unbekannten Varianz der Grundgesamtheit an die Stelle der Standardnormalverteilung.
    d. Ist die Varianz der Grundgesamtheit nicht bekannt, kann kein Hypothesentest durchgeführt werden.

3. Die Studentsche t-Verteilung ...

    a. ... ist symmetrisch.
    b. ... hat einen Parameter, den man „Anzahl der Freiheitsgrade" nennt.
    c. ... hat den Erwartungswert null.
    d. ... hat eine kleinere Standardabweichung als die Standardnormalverteilung.

9.4 Fehler erster und zweiter Art

Das Zurückweisen der Nullhypothese, obwohl sie zutrifft, nennen wir den *Fehler 1. Art*. Diesen Fehler begehen wir also mit der Wahrscheinlichkeit α. Umgekehrt kann es vorkommen, dass H0 falsch ist, wir aber doch eine Stichprobe ziehen, die keine auffällige Abweichung aufweist von dem, was wir bei zutreffender Nullhypothese erwarten. Dann akzeptieren wir die Nullhypothese fälschlicherweise. Dies nennen wir einen *Fehler 2. Art*. Seine Wahrscheinlichkeit bezeichnen wir mit β.

Die Beziehung zwischen der Wahrscheinlichkeit für Fehler der ersten Art und der Grenze zwischen Annahme- und Ablehnungsbereich ist eindeutig. Wenn die Nullhypothese aufgestellt ist, hat man ein μ_0 festgelegt und kennt nun die Verteilung des Stichprobenmittels unter dieser Annahme. Zur Alternativhypothese gehört aber nach unserer Definition kein bestimmter Mittelwert in der Grundgesamtheit, daher ist der Fehler zweiter Art nicht ohne Zusatzinformation zu bestimmen. Erst wenn man erfährt, dass der wahre Wert tatsächlich μ_1 ist, kann man berechnen, welche Wahrscheinlichkeit β für Fehler zweiter Art mit der getroffenen Abgrenzung von Annahme- und Ablehnungsbereich verbunden war.

Für festen Stichprobenumfang n ist eine Verkleinerung von α stets mit einer Vergrößerung von β verbunden und umgekehrt. Das sieht man gut in Abbildung 9.2. Falls α bzw. die linke schattierte Fläche kleiner wird, also der senkrechte Strich nach links wandert, wird automatisch β, also die rechte schattierte Fläche, größer

Gleichzeitig α und β verkleinern kann man nur durch Vergrößerung von n.

Beispiel:
Nehmen wir an, in einer Abfüllanlage für Zucker, in der zwei Maschinen eingesetzt sind, ist eine davon dejustiert. Während M1 ordnungsgemäß Packungen mit dem geforderten Mittelwert 1.000 g und einer Standardabweichung von 3 g füllt, liegt das mittlere Füllgewicht von M2 bei 996,5 g mit derselben Standardabweichung. Die Füllmenge ist normalverteilt. Es werden immer Gebinde ausgeliefert, deren Packungen alle von derselben Abfüllmaschine stammen. Großhändler Süß argwöhnt, dass die Sendung, die er erhalten hat, zu leichte Packungen enthält und will dies mit einer Stichprobe von zehn Packungen in einem Hypothesentest (Signifikanzniveau 5 %) nachweisen. Die Standardabweichung der Füllungen ist ihm bekannt. Seine Nullhypothese für den linksseitigen Test ist

b. H0: mittlere Füllmenge $\mu \geq 1000$

und demzufolge – ohne nähere Kenntnis über die Situation im Abfüllbetrieb – ist seine Alternativhypothese

H1: mittlere Füllmenge $\mu < 1000$.

Aus dem Signifikanzniveau ergibt sich als kritischer z-Wert z = -1,645, entsprechend einem kritischen x-Wert von $1000 - 1{,}645 \cdot (3/\sqrt{10}) = 998{,}44$. Ergibt nun die Stichprobe ein mittleres Gewicht von 997,1 g, dann liegt sie im Ablehnungsbereich. Der Großhändler weiß, dass er bei Ablehnung von H_0 im Fall eines Mittelwertes der Stichprobe unterhalb von 998,44 einen Fehler 1. Art machen kann, weil auch bei ordnungsgemäßem Füllen solche Stichproben in 5 % der Fälle vorkommen. Er weiß auch, dass er bei Akzeptieren der Nullhypothese im Fall eines Mittelwertes der Stichprobe oberhalb von 998,44 g einen Fehler 2. Art machen kann. Während er jedoch über die Wahrscheinlichkeit des Fehlers 1. Art Bescheid weiß, weil er sie ja selbst als Signifikanzniveau festgelegt hat, kann er über die Wahrscheinlichkeit des Fehlers zweiter Art keine Aussage machen. Nun erfährt der Großhändler durch eine Indiskretion, dass eine Maschine auf eine Füllmenge von maximal 996,5 g justiert ist. Damit wird er seine Alternativhypothese jetzt anders formulieren. Durch die genauere Information kann er von der Bereichshypothese H_1: mittlere Füllmenge $\mu < 1000$ auf eine genauere Hypothese übergehen:

H_1: mittlere Füllmenge $\mu \leq 996,5$

Es stellt sich jetzt also nur noch die Frage, ob das Gebinde von M_1 oder von M_2 stammt. Den Fehler 2. Art macht er, wenn er aufgrund der Stichprobe das Gebinde akzeptiert, obwohl es auf M_2 gefüllt wurde. Die Wahrscheinlichkeit dafür ist die Wahrscheinlichkeit von Stichprobenmitteln oberhalb von 998,44 für den Fall $\mu = 996,5$.

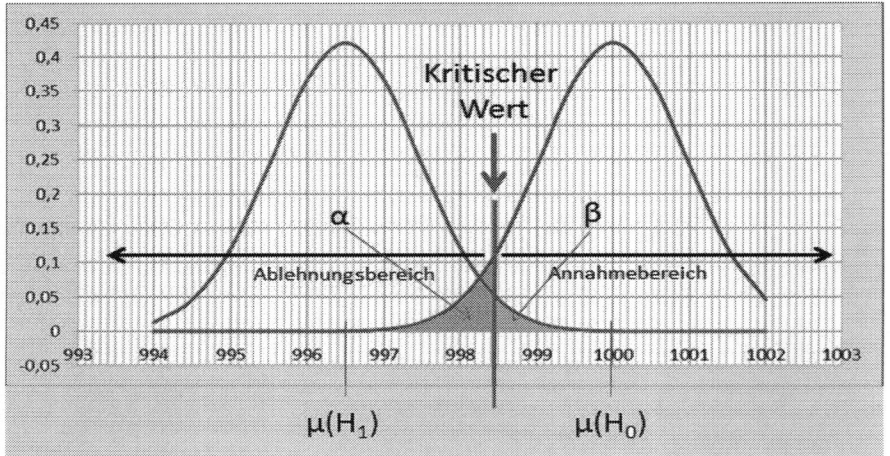

Abbildung 9.2   Fehler 1. und 2. Art

Um nun β zu ermitteln, führen wir die z-Transformation für den kritischen Wert 998,44 in Bezug auf die Verteilung der nunmehr konkretisierten Alternativhypothese durch. Wir „übersetzen" ihn in einen Wert der Standardnormalverteilung: $z = (998,44 - 996,5)/(3/\sqrt{10}) = 2,045$. Zu diesem z entnehmen wir der Tabelle die Wahrscheinlichkeit 0,9788, dann ist $\beta = 1 - 0,9788 = 0,0212$. Der Fehler 2. Art hat eine rund 2 %-ige Wahrscheinlichkeit.

Lernkontrolle zu 9.4

1. Das Signifikanzniveau …

    a. … heißt α und ist eine kleine Zahl nahe bei null.
    b. … legt man am besten erst fest, wenn die übrigen Teile des Tests bereits durchgeführt wurden; sonst kann man zu leicht unerwünschte Ergebnisse erhalten.
    c. … wird besonders klein gewählt, wenn die fälschliche Ablehnung der Nullhypothese besonders schwerwiegende Folgen hätte.
    d. … wird auch als Fehler 2. Art bezeichnet.

2. Was trifft zu?

    a. Die Wahrscheinlichkeit eines Fehlers erster Art wird mit α bezeichnet.
    b. „Signifikanzniveau" ist eine andere Bezeichnung für die Wahrscheinlichkeit eines Fehlers erster Art.
    c. Wenn man die Nullhypothese formuliert hat, kann man den Fehler zweiter Art berechnen.
    d. Die übliche Bezeichnung für den Fehler zweiter Art ist $1 - \alpha$.
    e. Die Wahrscheinlichkeit für den Fehler erster Art legt man zu Beginn eines Hypothesentests fest.

3. Ein betrügerischer Spieler besitzt zwei Würfel, von denen er weiß, dass (statt des bei einem fairen Würfel zu erwartenden Mittelwertes 3,5) der eine einen Erwartungswert von 3,3 und der andere einen Erwartungswert von 3,7 für die gewürfelten Zahlen hat. Dummerweise hat er die Würfel nicht getrennt aufbewahrt und weiß nun nicht, welches welcher ist. Welche Aussagen treffen in dieser Situation zu?

    a. Es ist sinnvoll, mit einem der beiden Würfel einen zweiseitigen Test zu machen.
    b. Wenn der Test nicht zur Ablehnung der Nullhypothese führt, kann es hilfreich sein, die Anzahl der Würfe in der Stichprobe zu erhöhen.
    c. In diesem Fall kann nach Festlegung des Signifikanzniveaus auch der Fehler zweiter Art bestimmt werden.
    d. Es ist auf keinen Fall sinnvoll, einen einseitigen Test zu machen.
    e. Der Fehler zweiter Art ist in diesem Fall identisch mit dem Fehler erster Art.

Zusammenfassung

Will man eine Vermutung über die Grundgesamtheit bestätigen oder verwerfen, dann kann man das mit Hilfe einer Stichprobe tun. Man untersucht, wie wahrscheinlich oder unwahrscheinlich gerade diese Stichprobe ist, wenn die Vermutung zutrifft. Wir stellen zu diesem Zweck die sich gegenseitig ausschließenden Hypothesen H_0 und H_1 auf. Ziel ist es regelmäßig, H_0 zurückzuweisen. Wenn wir H_0 auf Grund einer selten zu erwartenden Stichprobe fälschlicherweise zurückweisen, nennen wir dies einen Fehler 1. Art. Die Wahrscheinlichkeit α, einen solchen Fehler zu machen, heißt Signifikanzniveau. Dieses Kapitel behandelte Tests zum Mittelwert. Man führt zweiseitige Tests durch, wenn H_0 behauptet, der Mittelwert sei gleich einer bestimmten Zahl. Bei einseitigen Tests behauptet die Nullhypothese, der Mittelwert sei ≤ oder ≥ einer bestimmten Zahl. Bei der P-Wert-Methode ermittelt man die Wahrscheinlichkeit, dass bei zutreffender Nullhypothese die aus der Stichprobe tatsächlich errechnete Testgröße oder eine noch schlechter passende vorkommt. Ist diese Wahrscheinlichkeit kleiner als α (einseitiger Test) bzw. als $\alpha/2$ (zweiseitiger Test), dann verwirft man H_0. Bei der Methode des kritischen Wertes legt man vorab die Grenze(n) des Annahmebereichs fest und verwirft H_0, wenn die Testgröße außerhalb liegt. Zur Gewinnung der Wahrscheinlichkeitswerte bzw. der kritischen Werte verwendet man die Standardnormalverteilung oder eine t-Verteilung, je nachdem, ob die Varianz der betrachteten Variablen in der Grundgesamtheit bekannt oder unbekannt ist.

10 Statistische Analyse der Differenz von zwei Mittelwerten

Lernziele

In diesem Kapitel erfahren Sie, welche Aussagen Ihnen die Statistik ermöglicht, wenn Sie zwei voneinander unabhängige Stichproben vergleichen wollen. Die Vorgehensweise wird weitgehend der in den Kapiteln 8 und 9 entsprechen und damit auch eine nützliche Wiederholung des prinzipiellen Gedankengangs sein.

Praxisbeispiel

In der medizinischen Praxis ist es üblich und erforderlich, die Wirksamkeit eines Medikaments oder einer Behandlungsmethode mit derjenigen eines Placebos (wirkstofffreies Mittel) bzw. einfachen Abwartens zu vergleichen. Man hat also zwei Patientengruppen, bei denen man einen Indikator für die Wirksamkeit misst, z. B. die Krankheitsdauer, die Körpertemperatur oder den Blutdruck. Die statistische Aufgabe besteht in der Beurteilung der Differenz der Mittelwerte dieser Indikatoren in den Vergleichsgruppen: Ist die Differenz statistisch signifikant oder kann sie auch einfach auf Zufallseinflüssen beruhen?

10.1 Wahrscheinlichkeitsverteilung einer Mittelwertdifferenz

In den beiden vorangegangenen Kapiteln wurde jeweils *eine* Grundgesamtheit und eine ihr entnommene Stichprobe betrachtet. Die Fragestellungen waren:

- Welche Wahrscheinlichkeitsverteilung hat die Zufallsvariable „Stichprobenmittelwert"?
- Was kann man aus einem beobachteten Stichprobenmittelwert $\bar{x}$ für den Mittelwert μ der Grundgesamtheit folgern:
  (a) Punktschätzung: Ist das Stichprobenmittel ein geeigneter Schätzwert für μ?
  (b) Intervallschätzung: Wie gewinnt man ein Konfidenzintervall?
- Wie ist eine Hypothese über den Wert von μ zu beurteilen, nachdem man den Mittelwert einer Stichprobe ermittelt hat (Hypothesentest)?

In diesem Kapitel behandeln wir analoge Fragestellungen für *zwei* Grundgesamtheiten und *zwei* Stichproben – je eine aus jeder Grundgesamtheit. An die Stelle des je einen Mittelwerts aus Grundgesamtheit und Stichprobe treten jetzt die je zwei Mittelwerte aus den beiden Grundgesamtheiten und Stichproben. Die Größe, für die wir uns letztlich interessieren, ist die Differenz der Mittelwerte der Grundgesamtheiten. Daraus folgt, dass die betrachtete Zufallsvariable die Differenz der Stichprobenmittel ist.

Wir benutzen folgende Bezeichnungen. Dabei erlauben wir uns der Kürze wegen die sprachliche Unkorrektheit, statt z. B. „Mittelwert der interessierenden Variable in der Grundgesamtheit" einfach „Mittelwert in der Grundgesamtheit" oder sogar nur „Mittelwert der Grundgesamtheit" zu sagen.

μ_1: Mittelwert in der Grundgesamtheit 1

μ_2: Mittelwert in der Grundgesamtheit 2

$\delta = \mu_1 - \mu_2$: Differenz der Mittelwerte der Grundgesamtheiten

σ_1, σ_2: Standardabweichungen in den Grundgesamtheiten

$\bar{X}_1$: Zufallsvariable „Stichprobenmittelwert" zu Grundgesamtheit 1

$\bar{X}_2$: Zufallsvariable „Stichprobenmittelwert" zu Grundgesamtheit 2

n_1: Stichprobenumfang zu $\bar{X}_1$

n_2: Stichprobenumfang zu $\bar{X}_2$

$D = \bar{X}_1 - \bar{X}_2$: Zufallsvariable Differenz der Stichprobenmittel

S_1, S_2: Zufallsvariable „Standardabweichung der Stichprobe"

$\bar{x}_1, \bar{x}_2, d, s_1, s_2$: Für konkrete Stichproben ermittelte Werte

Man benötigt nun für die weitere Arbeit Aussagen über die Wahrscheinlichkeitsverteilung von D. Wie bisher muss man wieder unterscheiden, ob die Standardabweichungen der Grundgesamtheiten bekannt sind oder nicht. Im Fall bekannter σ_1, σ_2 ergibt sich eine relativ einfache Situation, im Fall unbekannter Standardabweichungen kann man in der Regel immer noch mit Annäherungen arbeiten, die für die Praxis ausreichen. Hier sind die entscheidenden Aussagen dazu:

- Sind die Stichproben voneinander unabhängig und sind die Grundgesamtheiten normalverteilt (alternativ: sind die Stichproben hinreichend groß), dann ist D normalverteilt mit Erwartungswertwert δ. Die Standardabweichung von D lässt sich mit Hilfe von σ_1, σ_2 berechnen.
- Sind σ_1, σ_2 unbekannt, dann folgt eine aus D und S_1, S_2 zusammengesetzte Zufallsvariable unter ausreichend allgemeinen Voraussetzungen mit guter Näherung einer t-Verteilung.

Die Einzelheiten ergeben sich aus den folgenden Abschnitten.

10.2 Intervallschätzung einer Mittelwertdifferenz

Wir nehmen die Voraussetzungen als gegeben an, die am Ende des vorigen Abschnitts genannt wurden. Dabei machen wir zunächst die Annahme, dass die Varianzen der Grundgesamtheiten bekannt sind.

Bekannte Varianzen der Grundgesamtheiten

Dann ist D normalverteilt, und zwar mit dem Erwartungswert

$$E(D) = E(\bar{X}_1 - \bar{X}_2) = \mu_1 - \mu_2$$

und der Varianz

$$V(D) = V(\bar{X}_1 - \bar{X}_2) = \frac{\sigma_1^2}{n_1} + \frac{\sigma_2^2}{n_2}.$$

Die transformierte Zufallsvariable

$$Z = \frac{D - \delta}{\sqrt{\frac{\sigma_1^2}{n_1} + \frac{\sigma_2^2}{n_2}}}$$

ist standardnormalverteilt.

Für eine Intervallschätzung von δ mit Irrtumswahrscheinlichkeit α ergibt sich daraus ganz analog zum Fall *einer* Grundgesamtheit das Konfidenzintervall

$$d \pm z_{\alpha/2} \cdot \sqrt{\frac{\sigma_1^2}{n_1} + \frac{\sigma_2^2}{n_2}}.$$

Beispiel:
Nach einer Änderung für die Abrechnung von Krankenhausleistungen haben sich die Aufenthaltszeiten der Patienten verändert. Die Daten von zwei Stichproben aus den Krankenhausakten vor und nach der Änderung sind:

Tabelle 10.1 Verweilzeiten in einem Krankenhaus

	Vorher (Index = 1)	Nachher (Index = 2)
Mittlere Aufenthaltsdauer	4,9 Tage	4,2 Tage
Stichprobenumfang	58	45
Bekanntes σ	0,6	0,5

Das Klinikmanagement benötigt Angaben darüber, wie sich der Mittelwert der Liegezeiten verändert hat, Vorgabe ist eine Irrtumswahrscheinlichkeit von 10 %.

Aus $\alpha = 0{,}10$ folgt $z_{\alpha/2} = z_{0{,}05} = -1{,}645$ und damit als Konfidenzintervall für die Differenz δ der Verweilzeiten

$$(4{,}9 - 4{,}2) \pm 1{,}645 \cdot \sqrt{\frac{0{,}6^2}{58} + \frac{0{,}5^2}{45}} = 0{,}7 \pm 0{,}18.$$

Die mittleren Aufenthaltszeiten vor und nach der Änderung unterscheiden sich mit 90 % Sicherheit mindestens um 0,52 Tage und höchstens um 0,88 Tage.

Unbekannte Varianzen der Grundgesamtheiten

Wir verzichten nun auf die Voraussetzung bekannter Varianzen und müssen daher die Varianzen der Grundgesamtheiten schätzen. Als Schätzwerte benutzen wir – wie im Fall einer Grundgesamtheit – die Varianzen der Stichproben. Wir haben es dann mit einer Zufallsvariablen

$$T = \frac{D - \delta}{\sqrt{\frac{S_1^{\,2}}{n_1} + \frac{S_2^{\,2}}{n_2}}}$$

zu tun, die unter hinreichend allgemeinen Voraussetzungen annähernd t-verteilt ist. Für die Anzahl der Freiheitsgrade verwenden wir die Formel

$$fg = \frac{\left(\frac{s_1^{\,2}}{n_1} + \frac{s_2^{\,2}}{n_2}\right)^2}{\frac{1}{n_1 - 1} \cdot \left(\frac{s_1^{\,2}}{n_1}\right)^2 + \frac{1}{n_2 - 1} \cdot \left(\frac{s_2^{\,2}}{n_2}\right)^2}.$$

Den in der Regel nicht ganzzahligen Wert für fg runden wir auf die nächstniedrige ganze Zahl ab, um keine „zu gute" t-Verteilung zu erhalten.

Für eine Intervallschätzung von δ mit Irrtumswahrscheinlichkeit α entnehmen wir $t_{\alpha/2}$ für diese Anzahl von Freiheitsgraden der Tabelle der Student-t-Verteilung und erhalten damit das Intervall

$$d \pm t_{\alpha/2} \cdot \sqrt{\frac{s_1^{\,2}}{n_1} + \frac{s_2^{\,2}}{n_2}}$$

für die Differenz der Mittelwerte der Grundgesamtheiten.
Nehmen wir an, im Krankenhausbeispiel müssten wir ohne Kenntnis der σ auskommen

und hätten aus den Stichproben die Standardabweichungen s1 = 0,62 und s2 = 0,49 ermittelt. Als Anzahl der Freiheitsgrade errechnen wir

$$fg = \frac{\left(\frac{0,62^2}{58} + \frac{0,49^2}{45}\right)^2}{\frac{1}{57}\cdot\left(\frac{0,62^2}{58}\right)^2 + \frac{1}{44}\cdot\left(\frac{0,49^2}{45}\right)^2} = 100{,}96, \text{ abgerundet } 100.$$

Der Tabelle der t-Verteilung entnehmen wir zu den Werten fg = 100 und α/2 = 0,05 den Eintrag $t_{0,05}$ = 1,660 und erhalten damit das Konfidenzintervall

$$(4{,}9 - 4{,}2) \pm 1{,}660 \cdot \sqrt{\frac{0{,}62^2}{58} + \frac{0{,}49^2}{45}} = 0{,}7 \pm 0{,}18 \text{ oder } [0{,}52; 0{,}88].$$

Bei diesen relativ großen Stichproben und relativ kleinen Unterschieden ihrer Standardabweichungen zu den früher angenommenen Standardabweichungen der Grundgesamtheiten ergibt sich also dasselbe Konfidenzintervall.

Lernkontrolle zu 10.2

1. Zur Intervallschätzung einer Mittelwertdifferenz …

    a. … verwendet man die Differenz der Mittelwerte von zwei Stichproben.
    b. … müssen die Stichproben aus beiden Grundgesamtheiten den gleichen Umfang haben.
    c. … benötigt man die Vorgabe eines Konfidenzniveaus.
    d. … benötigt man zwingend die Varianzen der Grundgesamtheiten.

2. Die t-Verteilung …

    a. … ist immer der Normalverteilung vorzuziehen.
    b. … wird benötigt, wenn man die Varianzen der Grundgesamtheiten nicht kennt.
    c. … hängt von einem Parameter ab, der „Anzahl der Freiheitsgrade" genannt wird.
    d. … liefert bei gleichem Konfidenzniveau größere Konfidenzintervalle als die Normalverteilung.

3. Wird die beobachtete Mittelwertdifferenz in die normierte Variable transformiert (z-Transformation bzw. t-Transformation), dann …

    a. … benötigt man den Umfang beider Stichproben.
    b. … erhält man einen Wert, zu dem man eine Wahrscheinlichkeit ermitteln kann.
    c. … ist das Ergebnis die Wahrscheinlichkeit dafür, eine so große Mittelwertdifferenz vorzufinden.
    d. … ist das Ergebnis das Konfidenzintervall für die Mittelwertdifferenz.

10.3 Hypothesentest über eine Mittelwertdifferenz

Wieder ist das Vorgehen vollkommen analog zu dem bei einer einzigen Grundgesamtheit. Unsere Hypothesen betreffen jetzt die Differenz δ der Populationsmittelwerte. Die Begriffe

> Nullhypothese, Alternativhypothese, zweiseitig, linksseitig, rechtsseitig, Signifikanz, Annahmebereich, Abnahmebereich, P-Wert-Methode, Methode des kritischen Wertes

können wir eins-zu-eins übernehmen. Der zweiseitige Test ist jetzt tendenziell häufiger, denn man ist oft daran interessiert, mit statistischer Sicherheit einen Unterschied der Populationen festzustellen. Das führt auf die Nullhypothese: „Die Mittelwerte der beiden betrachteten Grundgesamtheiten unterscheiden sich nicht."

Bekannte Varianzen der Grundgesamtheiten

Es sei δ_0 der hypothetische Wert der Differenz zwischen den Mittelwerten der Populationen (zweiseitiger Test) bzw. der begrenzende Wert der Nullhypothese für diese Werte (beim einseitigen Test).

Um den Test durchzuführen, muss zuerst die Teststatistik berechnet werden:

$$z = \frac{d - \delta_0}{\sqrt{\frac{\sigma_1^2}{n_1} + \frac{\sigma_2^2}{n_2}}}.$$

Für die P-Wert-Methode schlagen wir in der Tabelle der Standardnormalverteilung den P-Wert dieses z nach und vergleichen es mit dem $\alpha/2$ (zweiseitiger Test) bzw. α (einseitiger Test) des vorgegebenen Signifikanzniveaus. Ist der P-Wert geringer als $\alpha/2$ (zweiseitiger Test) bzw. α (einseitiger Test), dann ist die Stichprobe bei gegebener Nullhypothese H_0 so unwahrscheinlich, dass sie verworfen wird.

Wollen wir die Methode des kritischen Wertes anwenden, schlagen wir zu $\alpha/2$ bzw. α den kritischen z-Wert nach: $z_{\alpha/2}$ bzw. z_α. Ist nun die Teststatistik bei einem zweiseitigem Test kleiner als $-z_{\alpha/2}$ oder größer als $z_{\alpha/2}$, dann wird die Nullhypothese verworfen. Entsprechend wird bei einem einseitigen Test verfahren. Ist beim rechtsseitigen (linksseitigem) Test z größer als z_α (z kleiner als $-z_\alpha$), so wird die Nullhypothese verworfen.

Beispiel:
Im Fall der Aufenthaltsdauer in der oben vorgestellten Klinik möchte der Krankenhausdirektor jetzt nachweisen, dass sich nach der Abrechnungsänderung die Aufenthaltsdauern statistisch gesichert verändert haben. Er möchte zeigen, dass sie kürzer geworden sind und wird natürlich auch durch die Stichprobenwerte zu dieser Vermutung gedrängt.

Der Hypothesentest über eine Mittelwertdifferenz hat dieselbe Struktur wie der Test über einen Mittelwert. Auch hier werden fünf Schritte behandelt.

1. Entscheidung, ob ein zweiseitiger oder einseitiger Test angemessen ist.

Der Krankenhausdirektor führt einen einseitigen Test durch, und zwar einen rechtsseitigen, da er zutreffenderweise der Regel folgt: „Nullhypothese wird das, was ich als falsch nachweisen will."

2. Formulierung der Nullhypothese und der Alternativhypothese

   $H_0: \delta = \mu_1 - \mu_2 \leq \delta_0 = 0$

   $H_1: \delta = \mu_1 - \mu_2 > \delta_0 = 0$

3. Festlegung des Signifikanzniveaus

   Die fälschliche Ablehnung der Nullhypothese hat sicher keine besonders schlimmen Auswirkungen auf die Patienten, andererseits möchte sich der Krankenhauschef auch nicht vorwerfen lassen, er habe vorschnell eine Verkürzung der Aufenthaltsdauern verkündet. Man wird also ein mittleres Signifikanzniveau von $\alpha = 5\%$ wählen.

4. Berechnung der Testgröße

$$z = \frac{0{,}7}{\sqrt{\frac{0{,}6^2}{58} + \frac{0{,}5^2}{45}}} = 6{,}45$$

   Wir wählen die Testmethode des kritischen Wertes. Zu $\alpha = 0{,}05$ gehört in der Standardnormalverteilung der z-Wert $z_\alpha = 1{,}645$.

5. Entscheidung über Annahme oder Ablehnung der Nullhypothese

   Der beobachtete Wert für die Teststatistik 6,45 ist größer als 1,645 und liegt damit deutlich im Ablehnungsbereich. Man darf also die Hypothese, es habe sich nichts geändert, mit ausreichender Sicherheit verwerfen.

Unbekannte Varianzen der Grundgesamtheiten

Dem Leser sind die Mechanismen inzwischen bestens vertraut. Nur der Vollständigkeit halber nennen wir die Formeln, die wir jetzt benötigen:

Die Testgröße lautet $\quad t = \dfrac{d - \delta_0}{\sqrt{\dfrac{s_1^2}{n_1} + \dfrac{s_2^2}{n_2}}}.$

Sie ist t-verteilt mit folgenden Freiheitsgraden:

$$fg = \frac{\left(\dfrac{s_1^2}{n_1} + \dfrac{s_2^2}{n_2}\right)^2}{\dfrac{1}{n_1-1} \cdot \left(\dfrac{s_1^2}{n_1}\right)^2 + \dfrac{1}{n_2-1} \cdot \left(\dfrac{s_2^2}{n_2}\right)^2}.$$

Die Vorgehensweise bei der Entscheidung über Annahme oder Ablehnung der Nullhypothese ist dieselbe wie bei dem Fall der gegebenen Varianz.

Nehmen wir wieder an, im Krankenhausbeispiel müssten wir ohne Kenntnis der σ auskommen und hätten aus den Stichproben die Standardabweichungen $s_1 = 0{,}62$ und $s_2 = 0{,}49$ ermittelt. Die Zahl der Freiheitsgrade ist aus dem Beispiel mit dem Konfidenzintervall bekannt: fg = 100,96, abgerundet 100. Die Testgröße können wir aus dem Hypothesentest mit bekannter Varianz übernehmen: t = 6,45. Es handelt sich um einen rechtsseitigen Test. Der kritische t-Wert bei einem Signifikanzniveau von $\alpha = 0{,}05$ und fg = 100 beträgt $t_c = 1{,}660$. Da die Testgröße mit 6,45 größer als der kritische Wert ist, können wir die Nullhypothese, dass die Verweildauer gleichgeblieben oder sogar gestiegen ist, ablehnen.

Computerübung

Erzeugen Sie für diese Übung zwei unterschiedlich lange Reihen von Zahlen vergleichbarer Größenordnung (fiktive Stichproben aus zwei Grundgesamtheiten), z. B. die Zahlen von 1 bis 20 (Mittelwert 10,5, Standardabweichung 5,92) und jeweils das 1,5-fache der ersten 19 dieser Zahlen (Mittelwert 15, Standardabweichung 8,44). Wenden Sie nun die Funktion T.TEST an, die Ihnen die Wahrscheinlichkeit dafür angibt, bei der Nullhypothese $H_0: \delta = 0$ die aus diesen Stichproben errechnete Mittelwertdifferenz oder eine größere zu erhalten. Sind Ihre Reihen z. B. in den Feldern A1 bis A20 und B1 bis B19 enthalten, lautet der Funktionsaufruf
=T.TEST(A1:A20;B1:B19;2;3). Der dritte Parameter, hier „2", enthält die Anweisung, einen zweiseitigen Test durchzuführen. Beim Wert „1" würde Excel einen einseitigen Test berechnen. Der vierte Parameter, hier „3", sagt, dass es sich um zwei unabhängig voneinander gezogene Stichproben aus Grundgesamtheiten mit unterschiedlichen Varianzen handelt. Das ist der Normalfall. Haben Sie mit den oben erwähnten Zahlen gerechnet, ergibt sich 0,0639. Das bedeutet für die P-Wert-Methode: Bei einem Signifikanzniveau von α = 10 % weisen Sie die Nullhypothese zurück, da der P-Wert niedriger als das Signifikanzniveau ist, bei α = 5 % kann die Nullhypothese nicht verworfen werden.

Lernkontrolle zu 10.3

1. Was ist richtig?

    a. Beim Hypothesentest zu einer Mittelwertdifferenz muss die hypothetische Differenz δ_0 immer positiv sein.
    b. Vertauscht man die Reihenfolge der Indizes (Grundgesamtheit 1 wird Grundgesamtheit 2 und umgekehrt, ebenso für die Stichproben usw.), dann kehrt sich bei einem einseitigen Test die Testrichtung um.
    c. Beim Testen zu Mittelwertdifferenzen ist ein zweiseitiger Test nie sinnvoll.
    d. Beim Testen zu Mittelwertdifferenzen gelten grundsätzlich dieselben Regeln wie beim Testen eines einzelnen Mittelwertes.

2. Bei dem Hypothesentest zu einer Mittelwertdifferenz …

    a. … muss man immer die Varianzen beider beteiligten Grundgesamtheiten kennen.
    b. … kann man wahlweise die P-Wert-Methode oder die Methode des kritischen Wertes verwenden.
    c. … ist die Differenz der Mittelwerte der beiden gezogenen Stichproben eine Zufallsvariable.

d. ... muss man bei unbekannten Varianzen der beteiligten Grundgesamtheiten mit Hilfe einer t-Verteilung testen.

3. Sie haben zwei würfelähnliche Gegenstände gefunden, deren Oberflächen zwar aus jeweils sechs viereckigen mit 1 bis 6 beschrifteten Flächen bestehen, die aber geometrisch und der Gewichtsverteilung nach eher unsymmetrisch sind.
   Sie wollen feststellen, ob die beiden Pseudowürfel identische Eigenschaften beim Würfeln haben. Was tun Sie?

   a. Sie würfeln mit jedem Pseudowürfel etliche Dutzend Male und notieren die Ergebnisse.
   b. Sie würfeln mit den Pseudowürfeln mehrere Dutzend Male und notieren jeweils die Punktsumme.
   c. Sie erkennen, dass ein Test zur Mittelwertdifferenz nur die Unterschiedlichkeit mit statistischer Sicherheit feststellen kann, nicht aber das Gegenteil.
   d. Sie verwenden die Normalverteilung, weil Sie die Varianz von Würfelexperimenten kennen.
   e. Sie verwenden die Varianzen der Stichproben, weil Ihnen die Varianzen der Grundgesamtheit unbekannt sind.

Zusammenfassung

Die Untersuchung der Differenz der Mittelwerte zweier Grundgesamtheiten mit Hilfe von Stichproben erfordert grundsätzlich dieselben Vorgehensweisen wie sie von der statistischen Arbeit mit einem Mittelwert bekannt ist. Das Instrumentarium umfasst Punkt- und Intervallschätzungen und Hypothesentests. Etwas Aufmerksamkeit ist bezüglich der Reihenfolge der Grundgesamtheiten und der zugehörigen Stichproben (Zuordnung der Indizes 1 und 2) und der daraus folgenden Testrichtungen bei einseitigen Hypothesentests erforderlich. Die Formeln sind naturgemäß komplizierter als bei einer einzelnen Stichprobe aus einer einzelnen Grundgesamtheit, enthalten aber keine schwierigere Mathematik.

Zum Stoff der Kapitel 8 bis 10 haben Studierende diese Leitfragen als nützlich empfunden:

- Soll ein Konfidenzintervall geschätzt oder eine Hypothese getestet werden?
- Im Fall des Testens: Ist zweiseitig oder einseitig zu testen?
- Haben wir es mit einer oder zwei Grundgesamtheit(en) zu tun?
- Ist die bzw. sind die Varianzen der Grundgesamtheit(en) bekannt oder unbekannt?

Sind diese Fragen beantwortet, ist es leicht, in den genannten Kapiteln zur richtigen Stelle zu finden.

11 Auswertung von zweidimensionalen Daten

Lernziele

Sie erweitern Ihre Kenntnisse über den Umgang mit Daten, die durch zwei Variable beschrieben werden. Sie können Kreuztabellen näher analysieren. Sie lernen zwei Maße (die Kovarianz und den Korrelationskoeffizienten) kennen und verwenden, mit denen Sie feststellen können, ob zwischen zwei Merkmalen von Beobachtungen eine lineare Abhängigkeitsbeziehung besteht. Sie erfahren, dass eines dieser Korrelationsmaße auch die Beurteilung gestattet, wie stark eine solche Abhängigkeit gegebenenfalls ist. Für diese Maße setzen wir für beide Merkmale entweder Intervall- oder Verhältnisskalen voraus.

Praxisbeispiele

Beispiel 1
In der Publikation „European Social Statistics, 2013 Edition" finden wir neben vielem anderen eine Tabelle zum Ausländeranteil in den Ländern der EU.

Tabelle 11.1   Im Ausland geborene Einwohner der Europäischen Union nach Ländern (absolute Zahlen und Anteil an der Gesamtbevölkerung)

	Total		Born in other EU Member States		Born in a non-EU-27 country	
	1000	%	1000	%	1000	%
Sum of EU-27 (¹)	50189.2	9.9	17222.2	3.4	32967.0	6.5
BE	1699.2	15.3	797.1	7.2	902.1	8.1
BG	88.1	1.2	32.9	0.4	55.1	0.8
CZ	390.8	3.7	138.2	1.3	252.7	2.4
DK	531.5	9.5	169.2	3.0	362.3	6.5
DE	9931.9	12.1	3453.4	4.2	6478.5	7.9
EE	210.8	16.0	19.8	1.5	191.0	14.5

Quelle: Eurostat (2013)

Der Statistiker bezeichnet eine solche Tabelle als Kreuztabelle. Je Land ist jeweils die Zahl der zwar nicht im Wohnsitzstaat, aber in der EU geborenen Einwohner und die der außerhalb der EU geborenen Einwohner angegeben. Die Zeilensumme steht hier unmittelbar neben dem Länderkürzel, für Kreuztabellen üblicher ist die Position am rechten Rand. Ebenso findet sich die Zeile der Spaltensummen gewöhnlich in der Statistik ganz unten, hier steht sie ganz oben. Wenn man in Kreuztabellen Prozentangaben findet, sind das oft Prozente von der Gesamtsumme der in der Tabelle aufgeführten Werte, die Prozentwerte in Tabelle 11.1 haben, wie Sie der Überschrift entnehmen, eine andere Bedeutung – sie beziehen sich auf die Gesamtbevölkerung im jeweiligen Land.

Beispiel 2

Tabelle 11.2   Aktienkurse der adidas AG und des DAX-Index

Datum	adidas AG Börsenschluss	DAX-Index Börsenschluss
3/31/2011	44,46	7041,31
3/30/2011	44,90	7057,15
3/29/2011	44,47	6934,44
3/28/2011	44,90	6938,63
3/25/2011	44,60	6946,36
3/24/2011	44,94	6933,58
3/23/2011	44,01	6804,45
3/22/2011	44,10	6780,97
3/21/2011	44,22	6816,12
3/18/2011	43,22	6664,40
3/17/2011	43,83	6656,88
3/16/2011	43,40	6513,84
3/15/2011	44,15	6647,66
3/14/2011	45,55	6866,63
3/11/2011	46,12	6981,49
3/10/2011	47,15	7063,09
3/9/2011	47,01	7131,80
3/8/2011	47,26	7164,75
3/7/2011	46,89	7161,93
3/4/2011	46,89	7178,90
3/3/2011	47,65	7225,96
3/2/2011	47,03	7181,12
3/1/2011	46,51	7223,30
Kovarianz	257,499441502	
Korrelation	0,8825075152	

Haben Sie schon einmal überlegt, wie eng der Zusammenhang zwischen der Veränderung des deutschen Aktienindex DAX und einzelnen Aktien, die Teil des DAX sind, ist? Steigen die Kurse der Einzelaktien immer, wenn der DAX steigt? Oder gibt es auch Aktien, die sich gerade umgekehrt verhalten? Also wenn der DAX steigt, dann fällt der Aktienkurs dieser Aktie tendenziell und umgekehrt? In diesem Kapitel lernen Sie, wie man diese Zusammenhänge überprüft. Hier vorab ein Beispiel. In Tabelle 11.2 sind die Schlusskurse der Aktie der adidas AG und die Schlussstände des DAX-Index für alle Börsentage des März 2011 abgebildet. Wir werden den linearen Zusammenhang zwischen beiden Zeitreihen rechnerisch in der sogenannten Kovarianz erfassen, der Zahlenwert ist in diesem Fall 257,5. Da dies ein positiver Wert ist, besteht ein positiver Zusammenhang zwischen beiden Zeitreihen: Immer, wenn der Indexstand steigt, steigt tendenziell auch der Kurs der adidas-Aktie. Der Korrelationskoeffizient beträgt 0,88. Dieses Maß sagt uns zusätzlich etwas über die Stärke des Zusammenhangs aus. Da der Wert nahe 1 liegt, besteht ein sehr enger Zusammenhang zwischen Dax-Index und dem Kurs der adidas-Aktie

Einführung

Mehrdimensionalität, insbesondere Zweidimensionalität haben Sie schon früher in diesem Buch kennen gelernt. In Kapitel 1 wurde eine Beobachtung als ein Aggregat von möglicherweise mehreren (z. B. zwei) zusammengehörigen Merkmalsausprägungen erklärt. In Kapitel 2 haben wir tabellarische und graphische Darstellungsmöglichkeiten nicht nur für ein Merkmal sondern auch für zwei Merkmale je Beobachtung behandelt. Die Lage- und Streuungsmaße der Kapitel 3 und 4 bezogen sich dann allerdings ausschließlich auf den eindimensionalen Fall, das vorliegende Kapitel bringt Ergänzungen für den zweidimensionalen Fall. Als schließlich in Kapitel 6 der Wahrscheinlichkeitsbegriff eingeführt wurde, hat es sich als zweckmäßig erwiesen, bei der Erläuterung von bedingter Wahrscheinlichkeit und stochastischer Unabhängigkeit u. a. auch die zweidimensionale Sichtweise (tabellarische Darstellung) zu verwenden.

Insgesamt ist dieses Kapitel eine Abrundung des über zwei gleichzeitig beobachtete Merkmale bisher Gelernten und bezieht dabei die inzwischen eingeführten Begriffe Zufallsvariable, Wahrscheinlichkeit und Wahrscheinlichkeitsfunktion ein.

Die Leserin wird damit auf das nächste Kapitel, die einfache lineare Regressionsanalyse, vorbereitet (der Leser natürlich auch).

11.1 Kreuztabellen

Wir betrachten eine Grundgesamtheit, deren Elemente zwei Merkmale aufweisen. Wenn ein Merkmal stetig ist oder diskret mit einer großen Zahl von Ausprägungen, dann fassen wir wie früher beschrieben zu Klassen zusammen, bei diskreten Merkmalen mit hinreichend kleiner Anzahl von Ausprägungen bildet jede Ausprägung eine eigene Klasse. Beobachtungen fallen – so wollen wir die Bezeichnungen wählen – bezüglich des Merkmals A in eine der Klassen $A_1, A_2, ..., A_n$ und bezüglich des Merkmals B in eine der Klassen $B_1, B_2, ..., B_m$. Bezüglich beider Merkmale ist eine Beobachtung charakterisiert durch das Paar (A_i, B_j).

Wir betrachten außerdem wieder Stichproben aus der Population, in der wir ebenfalls diese Merkmale bzw. Klassen beobachten.

In eine Tabelle mit n Zeilen und m Spalten, die jeweils zu den Klassen gehören, kann man eintragen:

- Die absoluten, relativen oder prozentualen Häufigkeiten, die in einer Stichprobe beobachtet wurden,
- die entsprechenden Zahlen für die Grundgesamtheit, wenn man sie denn kennt,
- Wahrscheinlichkeiten einer zweidimensionalen Zufallsvariablen, deren Wertemenge wir erforderlichenfalls entsprechend in Klassen eingeteilt haben.

Wir nehmen als Beispiel eine Kreuztabelle mit den Häufigkeiten einer Stichprobe. Wir tragen zunächst die absoluten Häufigkeiten ein.

Beispiel:
Erinnern Sie sich an die Freizeitaktivitäten von Alina und ihrer Begleitung, über die wir zuletzt in Kapitel 6 berichtet haben? Wir sind ihr – so wollen wir annehmen – seitdem 55-mal begegnet und haben diese Beobachtungen gemacht:

Tabelle 11.3   Alinas Aktivitäten, absolute Häufigkeiten

Aktivität↓ Begleiter→	Bea	Carola	
Tennis	8	13	
Rad	9	20	
Sonstiges	0	5	

Die Zahl 8 ist z. B. so zu verstehen, dass in 8 der 55 Begegnungen Alina in Begleitung von Bea Tennis gespielt hat.

Aus der Kreuztabelle der absoluten Häufigkeiten kann man einfach eine Tabelle mit den relativen Häufigkeiten bzw. den prozentualen Häufigkeiten erzeugen. Im ersten Fall werden die Zellen durch die Zahl der Beobachtungen – hier also n = 55 – geteilt. Im zweiten Fall werden die relativen Häufigkeiten noch mit 100 multipliziert. Damit ergeben sich die Tabellen 11.4 und 11.5 (Zahlen gerundet):

Tabelle 11.4   Alinas Aktivitäten, relative Häufigkeiten

Aktivität↓ Begleiter→	Bea	Carola	
Tennis	0,15	0,24	
Rad	0,16	0,36	
Sonstiges	0	0,09	

Tabelle 11.5   Alinas Aktivitäten, prozentuale Häufigkeiten

Aktivität↓ Begleiter→	Bea	Carola	
Tennis	15	24	
Rad	16	36	
Sonstiges	0	9	

In der Kreuztabelle der prozentualen Häufigkeiten kann dann beispielsweise interpretiert werden, dass in 15 % der Begegnungen Alina mit Bea Tennis spielt.

Betrifft eine Kreuztabelle eine zweidimensionale Wahrscheinlichkeitsverteilung oder anders gesagt die gemeinsame Wahrscheinlichkeitsverteilung von zwei Zufallsvariablen, dann sind die Eintragungen natürlich Werte zwischen 0 und 1, die Tabelle entspricht formal einer mit relativen Häufigkeiten. Setzen wir eine zweidimensionale Zufallsvariable voraus, bei der beide Merkmale nur bestimmte diskrete Werte annehmen können, dann ist der Eintrag in einem Tabellenfeld der Wert der Wahrscheinlichkeitsfunktion für das zu dem Tabellenfeld gehörende Paar von Werten der Zufallsvariablen.

Beispiel:
Wir greifen ein Beispiel aus Kapitel 6 wieder auf und wenden die inzwischen gelernten Begriffe Zufallsvariable und Wahrscheinlichkeitsfunktion an.

In Kapitel 6 hieß es:
„Wir werfen eine Münze. Falls dabei ‚Kopf' oben liegt, ziehen wir als Nächstes zufällig eine Kugel aus einer Urne, in der eine rote, eine gelbe und zwei blaue Kugeln liegen, beim Ergebnis ‚Zahl' werfen wir die Münze noch einmal."

Zur Veranschaulichung diente dieses Baumdiagramm:

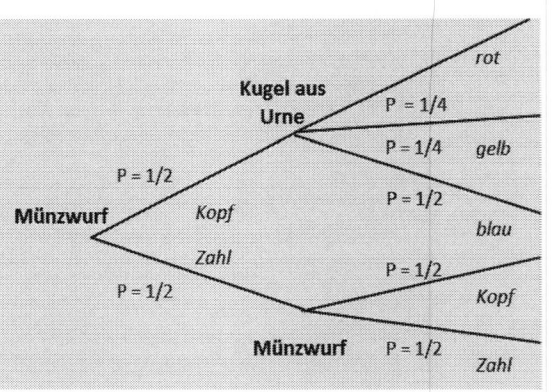

Abbildung 11.1   Wahrscheinlichkeitsbaum mit voneinander abhängigen Teilexperimenten

Die zwei Dimensionen werden durch den ersten und zweiten Wurf repräsentiert. Wie wir wissen, ordnen Zufallsvariable den Ereignissen reelle Zahlen zu. Das könnte für dieses Beispiel etwa so geschehen, dass jedem Pfad des Baumdiagramms, also jedem Endergebnis des Spiels, ein Gewinn zugeordnet wird. Dann hätte man es mit einer eindimensionalen Zufallsvariablen zu tun, Abbildung 11.2 (ein Spezialfall der Abbildung 7.1) veranschaulicht die Situation, die Zweistufigkeit des Spiels ist nur in der Ereignisraumebene von Bedeutung.

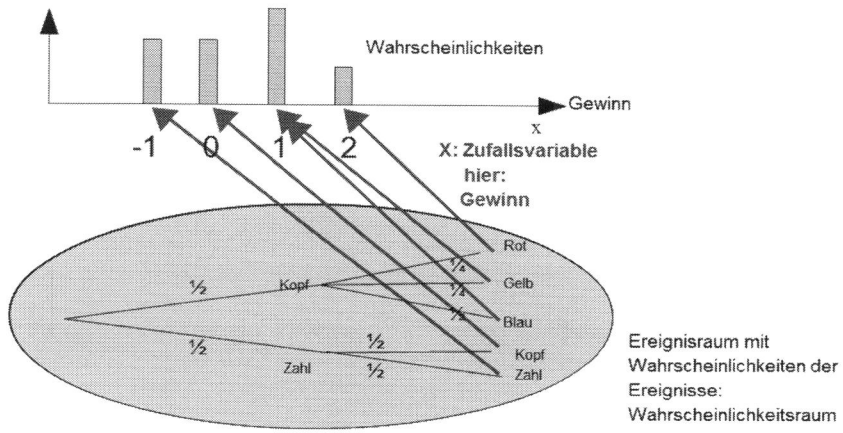

Abbildung 11.2 Gewinnfunktion des Spiels mit voneinander abhängigen Teilexperimenten

Wird die Auszahlung in dem Spiel aber jetzt so abgeändert, dass getrennte Auszahlungen für die erste und zweite Stufe erfolgen und dies in unterschiedlichen, nicht ineinander umtauschbaren Währungen, dann haben wir es mit einer zweidimensionalen Zufallsvariablen zu tun. Die Auszahlungsregeln sollen so sein:

Gewinn oder Verlust in A-Dollar auf Stufe 1:

Kopf	Zahl
-1	1

Gewinn oder Verlust in B-Dollar auf Stufe 2:

Kopf	Zahl	rot	gelb	blau
-1	1	2	1	1

In der Kreuztabelle 11.6 enthalten die Tabellenfelder die Wahrscheinlichkeiten, die durch den Wahrscheinlichkeitsbaum dargestellt werden.

Tabelle 11.6 Pfadwahrscheinlichkeiten des Spiels mit voneinander abhängigen Teilexperimenten

Erster Wurf	Zweiter Wurf bzw. Griff in die Urne					
	Kopf	Zahl	rot	gelb	blau	
Kopf	0,000	0,000	0,125	0,125	0,250	
Zahl	0,250	0,250	0,000	0,000	0,000	

Abbildung 11.3 stellt die nunmehr zweidimensionale Situation für die Zufallsvariable „Gewinn" dar, jedem Pfad sind die A-Dollar und B-Dollar zugeordnet, die auf dem Pfad gewonnen wurden.

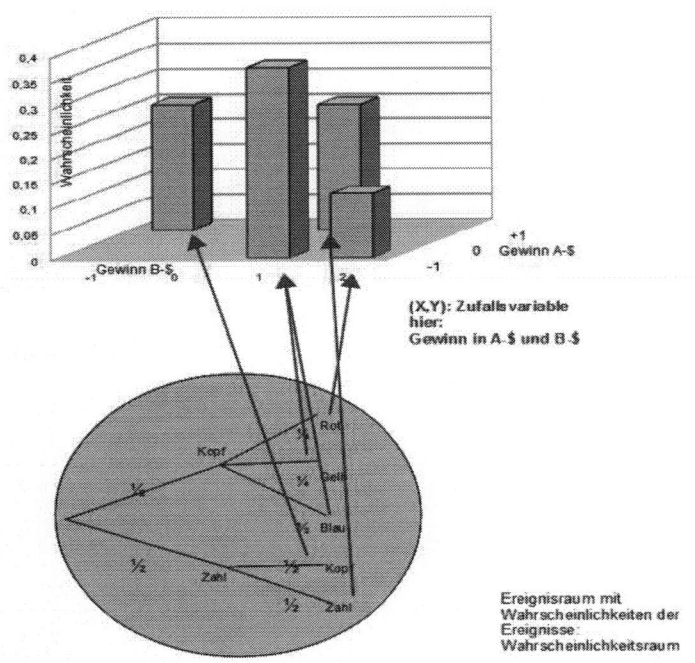

Abbildung 11.3 Auszahlung in zwei Währungen des Spiels mit voneinander abhängigen Teilexperimenten

Als Beispiel einer zweidimensionalen *stetigen* Zufallsvariablen, das dann auch eher einer realen Situation entspricht, sei genannt (Gewicht, Durchmesser) für Früchte einer bestimmten Apfelsorte.

Randverteilungen

Bis jetzt haben wir die letzte Zeile und die rechte Spalte der Kreuztabellen leer gelassen. Wenn der Leser sich darüber gewundert hat, ist das didaktische Ziel erreicht, seine Aufmerksamkeit auf diese Felder zu lenken. Am rechten und unteren Rand der Tabelle sehen wir Felder vor, in denen jeweils die Summen aller Felder der Zeilen bzw. Spalten eingetragen werden. Diese Zahlen beziehen sich also auf alle Beobachtungen der Merkmalsausprägung A_i bzw. B_j, ohne Berücksichtigung von Unterschieden im jeweils anderen Merkmal. Wir sprechen hierbei von den *Randverteilungen*. Dies können also ebenfalls – je nach Typ der Kreuztabelle – absolute, relative oder prozentuale Häufigkeitsverteilungen oder auch Wahrscheinlichkeitsverteilungen sein.

Für die Freizeitaktivitäten von Alina ergibt sich folgende vollständige Kreuztabelle der absoluten Häufigkeiten:

Tabelle 11.7   Alinas Freizeit, absolute Häufigkeiten (vollständige Tabelle)

Aktivität↓ Begleiter→	Bea	Carola	Summe
Tennis	8	13	21
Rad	9	20	29
Sonstiges	0	5	5
Summe	17	38	55

Nun können auch die vollständigen Kreuztabellen für die relativen und die prozentualen Häufigkeiten gebildet werden.

Tabelle 11.8   Alinas Freizeit, relative Häufigkeiten (vollständige Tabelle)

Aktivität↓ Begleiter→	Bea	Carola	Summe
Tennis	0,15	0,24	0,39
Rad	0,16	0,36	0,52
Sonstiges	0	0,09	0,09
Summe	0,31	0,69	1

Tabelle 11.9   Alinas Freizeit, prozentuale Häufigkeiten (vollständige Tabelle)

Aktivität↓ Begleiter→	Bea	Carola	Summe
Tennis	15	24	39
Rad	16	36	52
Sonstiges	0	9	9
Summe	31	69	100

Für das Beispiel der Zufallsvariablen „Münze-Urne" ergibt sich:

Tabelle 11.10   Pfadwahrscheinlichkeiten des Spiels mit voneinander abhängigen Teilexperimenten, mit Randverteilungen

Erster Wurf	Zweiter Wurf bzw. Griff in die Urne					Summe
	Kopf	Zahl	rot	gelb	blau	
Kopf	0,000	0,000	0,125	0,125	0,250	0,5
Zahl	0,250	0,250	0,000	0,000	0,000	0,5
Summe	0,250	0,250	0,125	0,125	0,250	1

Wie Sie sehen, müssen sich die Randverteilungen im Fall der absoluten Häufigkeiten zur Anzahl der Beobachtungen sowie im Fall der relativen Häufigkeiten und Wahrscheinlichkeiten immer zu 1 addieren, im Fall der prozentualen Häufigkeiten ergibt sich eine Summe von 100 %.

Lernkontrolle zu 11.1

1. Welche Aussagen treffen zu?
    a. In einer Kreuztabelle werden nie absolute Häufigkeiten zu finden sein.
    b. Es kann nicht vorkommen, dass in einem Feld einer Kreuztabelle eine Häufigkeit eingetragen ist, die die Grundgesamtheit betrifft, in einem anderen Feld ein Stichprobenwert.
    c. Eine Kreuztabelle muss in jeder Dimension mindestens zwei Werte bzw. Klassen umfassen.
    d. Wenn eine Kreuztabelle Daten zu einer zweidimensionalen Zufallsvariablen enthält, sind die Eintragungen in den Feldern zufällig.

2. Eine Kreuztabelle verwendet man, wenn man …

   a. … die Merkmalshäufigkeiten von zwei Variablen gemeinsam in einer Tabelle darstellen will.
   b. … die Merkmalshäufigkeiten von drei Variablen gemeinsam in einer Tabelle darstellen will.
   c. … darstellen will, wie die Bildungsabschlüsse der deutschen Bevölkerung prozentual verteilt sind.
   d. … darstellen will, wie groß der Anteil der Frauen und Männer ist, die in Deutschland Sport treiben.

3. Welche Aussagen treffen zu?

   a. Bei Einteilung der Merkmale in Klassen sind die Klassen der Randverteilungen einer Kreuztabelle durch die Klasseneinteilung der inneren Tabellenfelder vorgegeben.
   b. Bei zweidimensionalen Zufallsvariablen sind Randverteilungen immer Verteilungsfunktionen.
   c. Bei einer zweidimensionalen Häufigkeitsverteilung können die beiden Randverteilungen unterschiedliche Klasseneinteilungen aufweisen.
   d. Die Werte in einer Randverteilung addieren sich immer zu 0,5, beide Randverteilungen zusammen also zu 1.
   e. Ein Rechteck hat vier Randseiten, also sind die Werte der Randverteilungen an den vier Seiten einer Kreuztabelle zu finden.

11.2 Kovarianz

Wir betrachten drei Streudiagramme, von denen wir annehmen wollen, dass sie sich bei der Auswertung von umfangreichen Stichproben ergeben haben, in denen bei jeder Beobachtung zwei numerische Merkmale erhoben wurden: Abbildungen 11.4, 11.5, 11.6. Tatsächlich – um ehrlich zu sein – verbergen sich hinter den Punktwolken der Diagramme synthetische Zahlen, die ein Zufallsgenerator erzeugt hat. Offenbar bestehen in den drei Fällen ganz unterschiedliche Beziehungen zwischen den Merkmalen, die man trotz allem Wirken von Zufallseinflüssen erkennen kann.

Vorab bemerkt: Es wird für alles Folgende vorausgesetzt, dass alle betrachteten Merkmale auf Verhältnisskalen dargestellt sind und demnach alle Rechenoperationen zulässig sind.

Konzentrieren wir uns zunächst auf die Stichprobe, die in Streudiagramm A dargestellt ist. Die y-Werte steigen offenbar tendenziell mit steigendem x. Ist der x-Wert eines Punktes größer als der x-Mittelwert, dann ist in den meisten Fällen auch der y-Wert größer als der y-Mittelwert. Entsprechendes gilt für unterdurchschnittliche Werte. Die Produkte

$$(x_i - \overline{x}) \cdot (y_i - \overline{y})$$

sind also überwiegend positiv – entweder als Produkt zweier positiver Zahlen oder als Produkt zweier negativer Zahlen.

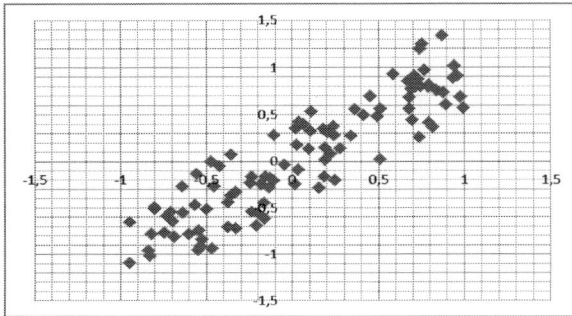

Abbildung 11.4
Streudiagramm A

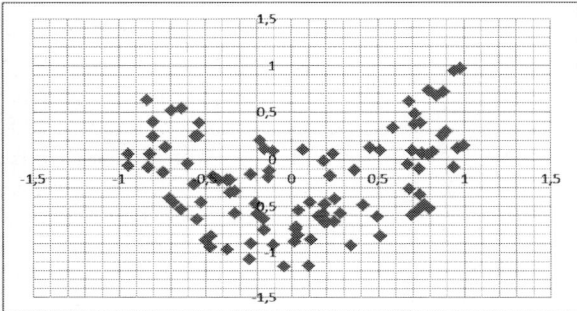

Abbildung 11.5
Streudiagramm B

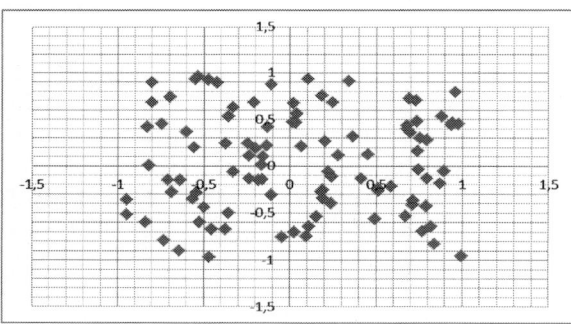

Abbildung 11.6
Streudiagramm C

Wäre die Punktwolke aus Streudiagramm A umgekehrt von links oben nach rechts unten orientiert, würden wir für diese Produkte überwiegend negative Werte antreffen. Kämen jedoch zu allen x-Werten etwa gleich häufig y-Werte ober- und unterhalb des y-Mittels vor, würden sich die positiven und negativen Produkte eher ausgleichen. Als Maß für eine *näherungsweise lineare Abhängigkeit* der Merkmale voneinander drängt sich demnach die Summe der obigen Produkte auf. Eine vergleichbare Summe haben wir früher bereits gebildet, als wir uns mit Streuungsmaßen beschäftigten: Bei der Berechnung der Varianz haben wir die quadrierten Abweichungen der Merkmalswerte vom Mittelwert $(x_i - \bar{x})^2$ berechnet und aufsummiert. Dabei haben wir für die Population und die Stichprobe leicht unterschiedliche Formeln verwendet, damit die Varianz einer Stichprobe ein unverzerrtes Schätzen der Populationsvarianz ermögliche. Genauso gehen wir auch jetzt vor und nennen die berechnete Größe aus naheliegendem Grund *Kovarianz*. Wir definieren

Kovarianz der Population	Kovarianz einer Stichprobe
$\sigma_{xy} = \dfrac{\sum(x_i - \mu_x) \cdot (y_i - \mu_y)}{N}$	$s_{xy} = \dfrac{\sum(x_i - \bar{x}) \cdot (y_i - \bar{y})}{n - 1}$

Aus dem Wert für die Kovarianz kann man folgenden Zusammenhang ablesen:

$\sigma_{xy} > 0$ bzw. $s_{xy} > 0$: Es besteht ein positiver linearer Zusammenhang zwischen x und y.
$\sigma_{xy} \approx 0$ bzw. $s_{xy} \approx 0$: Es besteht kein linearer Zusammenhang zwischen x und y.
$\sigma_{xy} < 0$ bzw. $s_{xy} < 0$: Es besteht ein negativer linearer Zusammenhang zwischen x und y.

Berechnet man die Kovarianz aus den Daten, die dem Streudiagramm der Stichprobe A zugrunde liegen, dann erhält man $s_{xy}(A) = 0{,}315$. Das ist nun zwar ein positiver Wert und entspricht insofern unserer Erwartung aufgrund der ansteigenden Tendenz der Punktwolke, sagt uns aber sonst nicht viel. Wir haben keinen Anhaltspunkt, ob dies als großer oder kleiner Wert anzusehen ist, ob es sich um einen eher schwachen oder starken Zusammenhang zwischen den Variablen handelt. Der Leser, dem allein diese Zahl mitgeteilt wird, weiß ja nicht einmal, welche Größenordnung die Urdaten haben. Erfährt man die Kovarianzen der Stichproben aus den Abbildungen 11.5 und 11.6, bei denen die numerischen Werte der Datenreihen etwa dieselbe Größenordnung wie bei Abbildung 11.4 hatten,

$$s_{xy}(B) = 0{,}056, \quad s_{xy}(C) = 0{,}0004,$$

erkennt man immerhin, dass diese Kovarianzen deutlich kleiner sind. Wir werden aber doch nach einer aussagefähigeren Maßzahl Ausschau halten.

Um es dem Leser zu erleichtern, den Rechnungen zu folgen, hier noch drei Beispiele mit deutlich weniger Datenpunkten:

Beispiel 1		Beispiel 2		Beispiel 3	
x	y	x	y	x	y
1	20	1	4	1	4
2	20	2	3	2	3
3	40	3	2	3	3
4	30	4	2	4	4

Die Berechnungen auf der Grundlage der Formel für die Grundgesamtheit sehen so aus:

x_i	y_i	$x_i - \mu_x$	$y_i - \mu_y$	$(x_i-\mu_x)\cdot(y_i-\mu_y)$		x_i	y_i	$x_i - \mu_x$	$y_i - \mu_y$	$(x_i-\mu_x)\cdot(y_i-\mu_y)$		x_i	y_i	$x_i - \mu_x$	$y_i - \mu_y$	$(x_i-\mu_x)\cdot(y_i-\mu_y)$
1	20	-1,5	-7,5	11,25		1	4	-1,5	1,25	-1,875		1	4	-1,5	0,5	-0,75
2	20	-0,5	-7,5	3,75		2	3	-0,5	0,25	-0,125		2	3	-0,5	-0,5	0,25
3	40	0,5	12,5	6,25		3	2	0,5	-0,75	-0,375		3	3	0,5	-0,5	-0,25
4	30	1,5	2,5	3,75		4	2	1,5	-0,75	-1,125		4	4	1,5	0,5	0,75
Σ 10	110	σ_{xy}		6,25	Σ	10	11	σ_{xy}		-0,875	Σ	10	14	σ_{xy}		0
μ_x 2,5	μ_y 27,5					μ_x 2,5	μ_y 2,75					μ_x 2,5	μ_y 3,5			

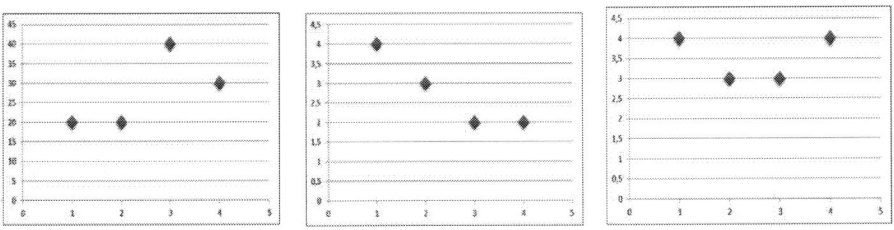

Abbildung 11.7   Streudiagramme kleine Stichproben

Im ersten Fall ist die Kovarianz positiv, was auf eine positiven Zusammenhang der beiden Variablen schließen lässt. Dies wird auch in dem Schaubild deutlich. Der zweite Datensatz weist einen negativen Zusammenhang auf: Die Kovarianz ist negativ, eine imaginäre Gerade durch die Punktwolke hätte eine negative Steigung. Schließlich besteht im dritten Beispiel kein linearer Zusammenhang, da die Kovarianz gleich null ist. Offensichtlich wird der nichtlineare Zusammenhang (es handelt sich um eine Parabel) durch das lineare Zusammenhangsmaß Kovarianz nicht entdeckt.

> Computerübung
>
> Bitte erarbeiten Sie diese Tabellen auf Ihrem Rechner. Berechnen Sie dann die Kovarianzen einfach mit der dafür vorgesehenen Excel-Funktion =KOVARIANZ.P(Feld1;Feld2), wo das P die Formelvariante für die Grundgesamtheit ansteuert und Feld1, Feld2 die Daten enthalten. Wenn Sie den Befehl KOVARIANZ.S verwenden, erhalten Sie die Formel für die Stichprobe.

Lernkontrolle zu 11.2

1. Was trifft zu?

    a. Die Kovarianz kann positive und negative Werte annehmen.
    b. Die Kovarianz kann nur Werte zwischen -1 und +1 annehmen.
    c. Die Kovarianz wird als Maß bei Beobachtungen mit zwei Merkmalen verwendet.
    d. Die Kovarianz wird verwendet, wenn man in zwei Stichproben dasselbe Merkmal beobachtet.
    e. Die Kovarianz ist ein Maß für die lineare Beziehung von zwei Merkmalen.

2. Wir betrachten folgende Werte einer Stichprobe mit n = 5:

i	1	2	3	4	5
x_i	0	0	1	0	-1
y_i	0	-1	0	1	0

    2.1 Die Kovarianz beträgt …

    a.   … -0,25.

b. ... 0.
c. ...0,5.
d. ... 1.

2.2 Das Streudiagramm dieser Werte ...

a. ... ist symmetrisch zur x- und y-Achse.
b. ... legt ein mit wachsendem x linear ansteigendes y nahe.
c. ... legt ein mit wachsendem x linear fallendes y nahe.
d. ... lässt keinen Schluss auf vorhandene oder nicht vorhandene Abhängigkeit zu.

3. Wir betrachten folgende Werte einer Stichprobe mit n = 5:

i	1	2	3	4	5
x_i	0	-1	-1	1	1
y_i	0	-1	0	0	1

3.1 Die Kovarianz beträgt ...

a. ... 0.
b. ... 0,25.
c. ... 0,5.
d. ... 1.

3.2 Das Streudiagramm dieser Werte ...

a. ... ist symmetrisch zur x- und zur y-Achse.
b. ... legt ein mit wachsendem x linear ansteigendes y nahe.
c. ... legt ein mit wachsendem x linear fallendes y nahe.
d. ... lässt keinen Schluss auf vorhandene oder nicht vorhandene Abhängigkeit zu.

4. Wir betrachten folgende Werte einer Stichprobe mit n = 5:

i	1	2	3	4	5
x_i	0	-1	-0,1	0,1	1
y_i	0	-1	0	0	1

a. Die Kovarianz ändert sich nicht gegenüber Aufgabe 3.
b. Die Anpassung der Punktwolke an eine Gerade erscheint optisch gegenüber Aufgabe 3 unverändert.
c. Die Kovarianz wird im Vergleich zu Aufgabe 3 größer.
d. Die Kovarianz wird im Vergleich zu Aufgabe 3 kleiner.

11.3 Pearsons Korrelationskoeffizient

Der Makel der Kovarianz, dass sie für sich gesehen zwar grundsätzlich einen Hinweis gibt, ob es eine positive, negative oder eher keine lineare Relation zwischen den Merkmalen gibt, aber darüber hinaus keine weiteren Schlüsse über diese Relation zulässt, kann dadurch behoben werden, dass man die Maßzahl ins Verhältnis setzt zu anderen Maßzahlen der Verteilung. Zur Erinnerung: etwas Vergleichbares haben wir in Kapitel 4 für die Standardabweichung getan. Um ihre Größenordnung besser einschätzen zu können, haben wir sie ins Verhältnis zum Mittelwert gesetzt und den dimensionslosen Variationskoeffizienten erhalten.

Zur Größennormierung im Fall der Kovarianz benutzen wir das Produkt aus den Standardabweichungen der x- und der y-Verteilung und nennen das Ergebnis den Korrelationskoeffizienten, zu Ehren des bekannten Statistikers Karl Pearson auch den *Korrelationskoeffizienten nach Pearson*. Wir definieren

Korrelationskoeffizient der Population	Korrelationskoeffizient einer Stichprobe
$\rho_{xy} = \dfrac{\sigma_{xy}}{\sigma_x \cdot \sigma_y}$	$r_{xy} = \dfrac{s_{xy}}{s_x \cdot s_y}$

Der griechische Buchstabe der Grundgesamtheit wird „Rho" ausgesprochen. Die Werte des Korrelationskoeffizienten liegen zwischen -1 und +1. Ein Korrelationskoeffizient in der Nähe von -1 gehört zu einer Verteilung, deren Werte eng bei einer Geraden mit negativer Steigung liegen. Damit kann man schließen, dass die zwei beobachteten Variablen einen sehr starken negativen Zusammenhang aufweisen. Bei einem Korrelationskoeffizienten in der Nähe von +1 hat die Gerade eine positive Steigung, der Zusammenhang der Variablen ist dann stark positiv. Ein Korrelationskoeffizient in der Nähe von 0 bedeutet, dass die Werte kein deutlicher linearer Zusammenhang haben. Bitte beachten Sie, dass der Korrelationskoeffizient eine Aussage über die Nähe der Punktwolke zu einer Approximationsgeraden macht, nicht aber zum nummerischen Wert der Steigung einer solchen Geraden.

Die Korrelationskoeffizienten zu den Streuungsdiagrammen der Abbildungen 11.4 bis 11.6 sind:

$$r_{xy}(A) = 0{,}90, \quad r_{xy}(B) = 0{,}20, \quad r_{xy}(C) = -0{,}02$$

Hier hebt sich jetzt die Verteilung A deutlich von den anderen ab. Beachten Sie im Übrigen, dass auch die Daten zur Stichprobe B nur zu einem kleinen Korrelationskoeffizienten führen, obwohl die Punktwolke durchaus eine deutliche funktionale Abhängigkeit der y-Werte von den x-Werten erkennen lässt. Diese Abhängigkeit ist aber *nicht linear*, und der Korrelationskoeffizient ist ein Maß für die *lineare* Abhängigkeit.

Ein an dieser Stelle nicht nur üblicher sondern auch erforderlicher Warnhinweis: Eine hohe (positive oder negative) Korrelation sagt etwas über die objektiv vorgefundene Beziehung zwischen den Merkmalswerten unserer Beobachtungen. Damit *kann* man einen kausalen

Zusammenhang aufgedeckt haben, es ist aber keinesfalls eine logisch zwingende Folgerung, dass ein kausaler Zusammenhang, also ein Ursache-Folge-Verhältnis, bestehen muss. Beispielsweise kann man in Europa eine positive Korrelation zwischen der Anzahl der Störche und der Anzahl der Geburten in einem Land feststellen. Dass diese Korrelation nicht kausal ist, weiß in Deutschland zwar nicht jedes Kind, aber zumindest jeder Erwachsene.

Wir kommen zur Erläuterung der Ausführungen auf die Beispiele von 11.1 zurück und ergänzen diese um die zusätzlichen Rechenschritte für den Korrelationskoeffizienten. Dabei brauchen wir uns offenbar mit Beispiel 3 nicht weiter zu befassen. Wenn die Kovarianz 0 ist, muss auch der Korrelationskoeffizient 0 sein.

x_i	y_i	$x_i - \mu_x$	$y_i - \mu_y$	$(x_i - \mu_x) \cdot (y_i - \mu_y)$	$(x_i - \mu_x)^2$	$(y_i - \mu_y)^2$	x_i	y_i	$x_i - \mu_x$	$y_i - \mu_y$	$(x_i - \mu_x) \cdot (y_i - \mu_y)$	$(x_i - \mu_x)^2$	$(y_i - \mu_y)^2$
1	20	-1,5	-7,5	11,25	2,25	56,25	1	4	-1,5	1,25	-1,875	2,25	1,5625
2	20	-0,5	-7,5	3,75	0,25	56,25	2	3	-0,5	0,25	-0,125	0,25	0,0625
3	40	0,5	12,5	6,25	0,25	156,25	3	2	0,5	-0,75	-0,375	0,25	0,5625
4	30	1,5	2,5	3,75	2,25	6,25	4	2	1,5	-0,75	-1,125	2,25	0,5625
Σ 10	110	σ_{xy}		6,25 Σ	5	275	Σ 10	11	σ_{xy}		-0,875 Σ	5	2,75
					σ_x 1,118034							σ_x 1,11803399	
μ_x	μ_y				σ_y	8,291562		μ_x	μ_y			σ_y	0,8291562
2,5	27,5				ρ_{xy}	0,6741999		2,5	2,75			ρ_{xy}	-0,9438798

Sie erkennen, dass die Größenordnung der Ausgangswerte jetzt – anders als noch bei der Kovarianz – keine Rolle spielt. Sie erkennen weiter, dass neben der auch bei der Kovarianz möglichen Unterscheidung zwischen positiver und negativer Abhängigkeit die Qualität der Linearität erkennbar wird: In Beispiel 2 ist die lineare Abhängigkeit noch deutlich ausgeprägter als in Beispiel 1. Im Beispiel 1 ist der Korrelationskoeffizient von 0,67 als eine mittelstarke positive Abhängigkeit zu interpretieren, bei Beispiel 2 weist der Wert -0,94 auf einen sehr starken negativen Zusammenhang hin.

> Computerübung
>
> Vielleicht möchten Sie die Berechnung so wie dargestellt in der Tabellenkalkulation nachvollziehen? Sie können sich die Arbeit aber auch leichter machen. Der Funktionsaufruf =KORR(Feld1; Feld2) ergibt die gewünschten Werte.

Lernkontrolle zu 11.3

1. Was trifft zu?

    a. Der Korrelationskoeffizient kann positive und negative Werte annehmen.
    b. Der Korrelationskoeffizient kann nur Werte zwischen -1 und +1 annehmen.
    c. Der Korrelationskoeffizient wird als Maß bei Beobachtungen mit zwei Merkmalen verwendet.

d. Der Korrelationskoeffizient wird verwendet, wenn man in zwei Stichproben dasselbe Merkmal beobachtet.
e. Der Korrelationskoeffizient ist ein Maß für die lineare Beziehung von zwei Merkmalen.

2. Wir betrachten folgende Werte einer Stichprobe mit n = 5:

i	1	2	3	4	5
x_i	0	0	1	0	-1
y_i	0	-1	0	1	0

Der Korrelationskoeffizient ist ...

a. ... -0,25.
b. ... 0.
c. ... 0,5.
d. ... 1.

3. Wir betrachten folgende Werte einer Stichprobe mit n = 5:

i	1	2	3	4	5
x_i	0	-1	-1	1	1
y_i	0	-1	0	0	1

Der Korrelationskoeffizient ist (auf zwei Nachkommastellen gerundet) ...

a. ... 0,31.
b. ... 0,53.
c. ... 0,71.
d. ... 1,00.

4. Wir betrachten folgende gegenüber Aufgabe 3 veränderten Werte einer Stichprobe mit n = 5:

i	1	2	3	4	5
x_i	0	-1	-0,1	0,1	1
y_i	0	-1	0	0	1

a. Der Korrelationskoeffizient ändert sich nicht gegenüber Aufgabe 3.
b. Der Korrelationskoeffizient ist jetzt -0,031.
c. Der Korrelationskoeffizient ist jetzt 0,005.
d. Der Korrelationskoeffizient ist jetzt 0,995.

11.4 χ^2-Test auf Unabhängigkeit

Wir betrachten eine Grundgesamtheit, deren Elemente zwei Merkmale aufweisen. Wenn ein Merkmal stetig ist oder diskret mit einer großen Zahl von Ausprägungen, dann fassen wir Merkmalintervalle bzw. Merkmalgruppen wie früher beschrieben zu Klassen zusammen, bei diskreten Merkmalen mit hinreichend kleiner Anzahl von Ausprägungen bildet jede Ausprägung eine eigene Klasse. Beobachtungen fallen dann bezüglich des Merkmals A in eine der Klassen $A_1, A_2, ..., A_n$ und bezüglich des Merkmals B in eine der Klassen $B_1, B_2, ..., B_m$. Bezüglich beider Merkmale ist eine Beobachtung charakterisiert durch das Paar (A_i, B_j).

Sind die Merkmale voneinander unabhängig, dann gilt in der Grundgesamtheit für alle Paare (i, j):

$$P(A_i \cap B_j) = P(A_i) \cdot P(B_j) \qquad (11.1)$$

Wie in Abschnitt 11.1 beschrieben könnten wir die Wahrscheinlichkeiten $P(A_i \cap B_j)$ in die zentralen Felder einer Kreuztabelle, die $P(A_i)$ und $P(B_j)$ in die Randfelder eintragen, ... würden wir sie denn kennen. In der Regel kennen wir die Verhältnisse in der Grundgesamtheit aber nicht und sind auf Werte von Stichproben angewiesen. Entnehmen wir der Grundgesamtheit also eine Stichprobe und tragen die Häufigkeiten f_{ij} in die jeweiligen Tabellenfelder ein. Die Häufigkeiten in den Randfeldern bezeichnen wir mit $f_{i.}$ bzw. $f_{.j}$. Es gilt also

$$f_{i.} = \sum_{j=1}^{m} f_{ij} \text{ für i = 1, ..., n und } f_{.j} = \sum_{i=1}^{n} f_{ij} \text{ für j = 1, ..., m.}$$

Bei Unabhängigkeit der beiden Merkmale in der Grundgesamtheit dürfen wir natürlich nicht erwarten, dass auch für die zufälligen Werte der Stichprobe ein Zusammenhang gilt, der der Beziehung (11.1) in der Grundgesamtheit exakt entspricht. Immerhin aber sollten keine sehr großen Abweichungen auftreten. Diese Überlegung nutzen wir zu einem Test auf Unabhängigkeit von zwei Merkmalen. Wie immer bei unseren Tests geht es also auch hier darum, aus den Eigenschaften einer Stichprobe auf Eigenschaften der Grundgesamtheit zu schließen. Aus den beobachteten Testwerten werden wir eine Größe berechnen, in der die Abweichungen von dem bei Unabhängigkeit im Idealfall zu erwartenden Ergebnis zusammengefasst sind. Diese Größe ist natürlich wieder eine Zufallsvariable. Sie besitzt im Fall der Unabhängigkeit der Merkmale eine bestimmte Wahrscheinlichkeitsverteilung und die Wahrscheinlichkeit großer Werte ist gering. Mit der Wahrscheinlichkeitsverteilung, die hier eine Rolle spielt, wollen wir uns jetzt kurz befassen.

Exkurs: Die χ^2-Verteilung
Wir benötigen in diesem Buch die χ^2-Verteilung (Chi^2-Verteilung, Chi-Quadrat-Verteilung) nur für den angestrebten Test auf Unabhängigkeit von zwei Merkmalen. Ihre Herleitung und mathematische Beschreibung soll daher für uns keine Rolle spielen. Wir nutzen jedoch die Gelegenheit, sie mit einigen ihrer Eigenschaften vorzustellen und damit den Fundus der uns bekannten Wahrscheinlichkeitsverteilungen zu erweitern und die früher eingeführ-

ten Begriffe zu wiederholen.

- χ^2 ist eine von einem Parameter abhängige Familie stetiger Verteilungen.
- Der Parameter, der die Familienmitglieder unterscheidet, heißt „Anzahl der Freiheitsgrade" und wird von uns mit ν, sprich nü, bezeichnet.
- Positive Wahrscheinlichkeiten hat χ^2 nur bei positiven Werten.
- Eine χ^2-Verteilung ist rechtsschief, also linkssteil.
- Der Erwartungswert einer χ^2-verteilten Zufallsgröße mit ν Freiheitsgraden ist ν und ihre Varianz 2ν.

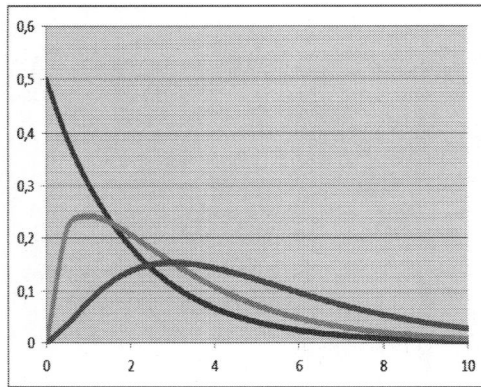
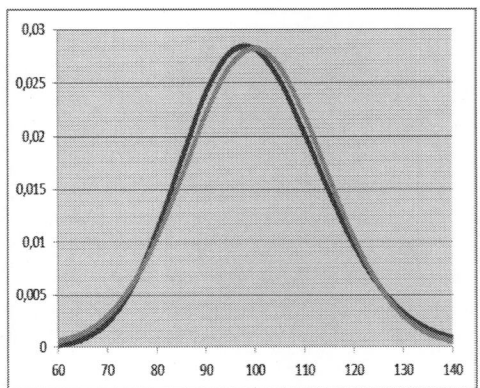

Abbildung 11.8 links: Dichtefunktionen der χ^2-Verteilungen für die Freiheitsgrade $\nu = 2$ (dunkel), 3 (hell), 5 (mittel)
rechts: Vergleich der Dichtefunktionen von χ^2-Verteilung (dunkel) und Normalverteilung (hell), beides für Mittelwert 100 und Varianz 200

Für große ν nähert sich die χ^2-Verteilung der Normalverteilung mit den entsprechenden Parametern für Erwartungswert und Varianz (siehe Abbildung 11.8 rechts).

Haben wir nun also für eine Stichprobe die Häufigkeiten f_{ij} für die Merkmalskombination (A_i, B_j) ermittelt, sind $f_{i.}$ und $f_{.j}$ die Häufigkeiten an den Rändern und ist $f_{..}$ der Umfang der Stichprobe, dann sind die relativen Häufigkeiten $f_{ij}/f_{..}$, $f_{i.}/f_{..}$ und $f_{.j}/f_{..}$ Schätzwerte für die entsprechenden Wahrscheinlichkeiten in der Grundgesamtheit. Es muss dann *im Fall der Unabhängigkeit* näherungsweise gelten

$$f_{ij}/f_{..} \approx f_{i.}/f_{..} \cdot f_{.j}/f_{..}$$

$$f_{ij} \approx (f_{i.} \cdot f_{.j})/f_{..}$$

Es sei e_{ij} die Häufigkeit, die wir für den Fall der Unabhängigkeit erwarten:

$$e_{ij} = (f_{i\cdot} \cdot f_{\cdot j})/f_{\cdot\cdot}$$

Alle Abweichungen der beobachteten Häufigkeiten von den bei Unabhängigkeit erwarteten fassen wir in dieser Testgröße zusammen:

$$\chi^2 = \sum_{i=1}^{n} \sum_{j=1}^{m} \frac{(f_{ij} - e_{ij})^2}{e_{ij}}$$

Das Quadrieren sorgt dafür, dass Abweichungen nach beiden Seiten positiv zu Buche schlagen. Die Division durch e_{ij} normiert die Größenverhältnisse.

Dies ist nun die Testgröße, von der wir oben gesprochen haben. Da χ^2 eine vom Parameter ν (Anzahl der Freiheitsgrade) abhängige Verteilung ist, müssen wir noch eine Aussage zu diesem Parameter machen. Man erhält ν aus der Anzahl n der Zeilen und m der Spalten:

$$\nu = (n-1) \cdot (m-1)$$

Damit sind wir in der Lage, das Vorgehen beim χ^2-Unabhängigkeitstest abschließend zu formulieren:

1. Formulieren der Nullhypothese und der Alternativhypothese:

    H_0: Die Merkmale A und B sind unabhängig.
    H_1: A und B sind abhängig

2. Festlegen des Signifikanzniveaus α

3. Berechnen der Testgröße χ^2

4. Entscheidung über Annahme oder Ablehnung der Nullhypothese

    Hier muss unterschieden werden, ob die Entscheidung anhand der P-Wert-Methode oder mithilfe der Methode des kritischen Wertes getroffen wird.

    P-Wert-Methode:
    In einer Tabelle der χ^2-Verteilung mit ν Freiheitsgraden wird die Wahrscheinlichkeit P, dass ein Wert mindestens dieser Größe vorkommt, nachgeschlagen. Wenn $P < \alpha$ wird die Nullhypothese abgelehnt – die Merkmale hängen voneinander ab. Bei $P \geq \alpha$ kann die Nullhypothese nicht zurückgewiesen werden, die Merkmale können unabhängig sein.

    Methode des kritischen Wertes:
    In einer Tabelle der χ^2-Verteilung mit ν Freiheitsgraden wird zum Signifikanzniveau α der χ^2-Wert ermittelt. Ist der errechnete Wert der Testgröße größer, wird die Nullhypothese zurückweisen, sonst wird sie akzeptiert.

Wir führen das Beispiel „Alina" (Tabelle 11.7) fort und testen die Unabhängigkeit der Merkmale „Freizeitaktivität" und „Begleitperson".

1. Formulieren der Nullhypothese und der Alternativhypothese:

    H_0: „Begleitperson" ist unabhängig von „Freizeitaktivität".
    H_1: „Begleitperson" ist abhängig von „Freizeitaktivität".

2. Signifikanzniveau: 5 %

3. Berechnen der Testgröße χ^2

    Die bei Unabhängigkeit erwarteten Werte e_{ij} tragen wir in Tabellenfelder ein. Das sind natürlich keine ganzen Zahlen, was uns nicht stören darf:

Tabelle 11.11   Alinas Freizeit, erwartete Häufigkeiten bei Unabhängigkeit von Aktivität und Begleitung

Aktivität↓ Begleiter→	Bea	Carola	Summe
Tennis	6,49	14,51	21
Rad	8,96	20,04	29
Sonstiges	1,55	3,45	5
Summe	17	38	55

Als nächstes berechnen wir $(e_{ij} - f_{ij})^2/e_{ij}$:

Tabelle 11.12   Alinas Freizeit, Berechnung der Testgröße

Aktivität↓ Begleiter→	Bea	Carola
Tennis	0,351	0,017
Rad	0,000	0,017
Sonstiges	1,550	0,691

Die Summe dieser Zahlen ergibt für die Testgröße χ^2 einen Wert von $\chi^2 = 2{,}81$ bei $\nu = (3-1) \cdot (2-1) = 2$ Freiheitsgraden.

4. Entscheidung über Annahme oder Ablehnung der Nullhypothese

    Wir wählen die Methode des kritischen Wertes. Dem Signifikanzniveau 5 % entspricht die 95 %-Perzentile der χ^2-Verteilung. Für $\nu = 2$ gilt laut χ^2-Tabelle im Anhang $P(\chi^2 \leq 5{,}991) = 0{,}95$, das heißt der kritische Wert ist $\chi^2_c = 5{,}991$. Da die Testgröße unserer Stichprobe kleiner ist, lehnen wir die Nullhypothese nicht ab. Es ist eine durch die Beobachtungen nicht zu widerlegende Annahme, dass Bea und Carola keine besonderen Vorlieben für eine der Freizeitaktivitäten haben.

In diesem Beispiel wurde eine *Regel für χ^2-Unabhängigkeitstests* nicht beachtet. Man soll diesen Test nicht bei zu kleinen erwarteten Häufigkeiten e_{ij} anwenden. Dabei gilt als Faustregel $e_{ij} \geq 5$. Ist die Regel nicht erfüllt, wie hier in der Zeile „Sonstiges", sind Zeilen oder Spalten der Kreuztabelle geeignet zusammenzufassen. Die Studierende wird in einer der Übungsaufgaben auf der Internetseite zu diesem Buch gebeten, diese Korrektur vorzunehmen.

Vielleicht ist Ihnen ein Unterschied zwischen dem hier besprochenen Test und denen der Kapitel 9 und 10 aufgefallen. In den Hypothesentests zu Mittelwert oder Mittelwertdifferenz wurde immer ein hypothetischer Wert („Parameter") gesetzt und dagegen getestet. Der χ^2-Test ist „nichtparametrisch", er testet eine Eigenschaft, nicht einen einzelnen Parameter der zweidimensionalen Verteilung.

Computerübung

Excel unterstützt den χ^2-Unabhängigkeitstest mit der Funktion CHIQU.TEST. Diese setzt allerdings nicht unmittelbar auf der Kreuztabelle der beobachteten Häufigkeiten auf, sondern erfordert zunächst als Vorarbeit, die Tabelle der erwarteten Häufigkeiten außerhalb des Funktionsaufrufs zu errechnen. Gehen Sie also von den Daten der Tabelle 11.7 aus und berechnen Sie die Tabelle 11.11. Ihr Funktionsaufruf lautet dann =CHIQU.TEST(Feld1;Feld2), wobei Feld1 und Feld2 die beiden genannten Kreuztabellen sind, jeweils ohne die Randfelder. Das Ergebnis ist die Wahrscheinlichkeit dafür, bei Zutreffen der Nullhypothese „Unabhängigkeit" die bei den Stichprobendaten vorgefundene Abweichung vom Erwarteten zu erhalten. Ihre Rechnung sollte 0,2522 ergeben. Dieser P-Wert ist größer als das Signifikanzniveau. Also besteht kein Grund, die Nullhypothese zurückzuweisen.

Lernkontrolle zu 11.4

1. Wenn zwei Merkmale in einer Grundgesamtheit voneinander unabhängig sind …

    a. … können sie nicht diskret sein.
    b. … sagt das nichts über die Verteilung der Merkmale in einer Stichprobe aus.
    c. … hat das Auswirkungen auf die Verteilung der Merkmale in einer Stichprobe.
    d. … können bestimmte Ausprägungen des Merkmals A nicht gleichzeitig mit bestimmten Ausprägungen von B auftreten.

2. Die χ^2-Verteilung …

    a. … ist von einem Parameter abhängig.
    b. … ist von zwei Parametern abhängig.
    c. … ist symmetrisch.
    d. … hat die Standardabweichung 2v, wenn v die Anzahl der Freiheitsgrade ist.
    e. … konvergiert für große v gegen die Standardnormalverteilung.
    f. … hat für negative x Dichtefunktionswerte von null.

3. Der χ^2-Test …
   a. … ist geeignet, die Unabhängigkeit von zwei Merkmalen in der Grundgesamtheit zu testen.
   b. … kann mit vorgegebener Fehlerwahrscheinlichkeit die Unabhängigkeit ausschließen.
   c. … kann mit vorgegebener Fehlerwahrscheinlichkeit die Abhängigkeit ausschließen.
   d. … ist nichtparametrisch.

Zusammenfassung

Kreuztabellen eignen sich zur Darstellung zweidimensionaler Häufigkeitsverteilungen und Wahrscheinlichkeitsverteilungen bei diskreten Merkmalen bzw. Zufallsvariablen, nach Klassenbildung auch bei stetigen Merkmalen bzw. Zufallsvariablen.

Die Kovarianz ist ein Maß für die lineare Abhängigkeit zweier Merkmale. Ihre Aussagefähigkeit ist beschränkt, weil sich die Größenordnung der errechneten Maßzahl nicht ohne weiteres beurteilen lässt. Der Pearsonsche Korrelationskoeffizient normiert das Maß auf Werte zwischen -1 und +1 und erlaubt es, die „Güte" der Korrelation zu beurteilen. Er misst die Konzentration der Datenpunktwolke um eine Gerade.

Der parameterfreie χ^2-Test dient dazu, die Unabhängigkeit von zwei Merkmalen zu testen. Ist der P-Wert der errechneten Testgröße größer als das Signifikanzniveau bzw. ist die Testgröße kleiner als der kritische Wert, so kann die Nullhypothese, dass zwei Merkmale voneinander unabhängig sind, nicht verworfen werden. Ist hingegen der P-Wert kleiner als das Signifikanzniveau oder die Testgröße größer als der kritische Wert, dann lehnen wir die Nullhypothese ab und gehen davon aus, dass Abhängigkeit besteht. Wir machen dabei nur mit der durch das Signifikanzniveau bestimmten Wahrscheinlichkeit einen Fehler.

12 Lineare Regression

Lernziele

Sie lernen in diesem Kapitel, aus den Daten einer Stichprobe eine lineare funktionale Beziehung zwischen zwei Merkmalen aufzustellen. Sie haben die Überlegungen verstanden, die zu diesem Modell führen und können Steigung und Achsenabschnitt der linearen Funktion schätzen. Mit Hilfe einer geeigneten Kenngröße können Sie beurteilen, wie gut die gefundene „bestmögliche" lineare Beziehung die Stichprobendaten repräsentiert. Sie können die gefundene Beziehung zu Prognosezwecken verwenden.

Praxisbeispiel

Erinnern Sie sich noch an das Praxisbeispiel von Kapitel 10, in dem ein Zusammenhang zwischen dem DAX-Index und den Aktienkursen der adidas AG festgestellt wurde? In diesem Kapitel lernen Sie mit Hilfe der Regressionsanalyse, wie man diesen Zusammenhang durch eine Gerade näher beschreiben kann. Mit den Daten der Schlussstände der adidas-Aktie und des DAX-Index vom März 2011 lässt sich folgender Zusammenhang schätzen

$$y = 3{,}396 + 0{,}006 \cdot x,$$

wobei y der Kurs der adidas-Aktien und x der Indexstand des DAX ist. Steigt also der DAX-Index um zehn Punkte an, so steigt der Aktienkurs der adidas-Aktie tendenziell um 0,06 €, also um sechs Cent an.

12.1 Das einfache lineare Regressionsmodell

Mit der Kovarianz und dem Korrelationskoeffizienten haben wir Maße kennen gelernt, die es uns gestatten, quantitative Aussagen über lineare Abhängigkeiten zwischen zwei Merkmalen zu machen. Auf Folgendes wurde hingewiesen:

- Der Korrelationskoeffizient sagt etwas darüber, ob und wie ausgeprägt sich die Beobachtungen in der Nähe einer Geraden häufen, aber fast nichts über die Lage dieser Geraden. (Er sagt nur „fast" nichts, weil sein Vorzeichen gestattet, positive und negative Geradensteigung zu unterscheiden. Das Ausmaß der Steigung wird jedoch nicht gemessen.)

- Ein von null verschiedener Korrelationskoeffizient sagt nicht automatisch, dass ein Merkmal das andere ursächlich beeinflusst.

Wir wollen nun auch die Lage der Geraden berechnen, die die Punktwolke der Beobachtungen „am besten" annähert. Der Begriff „am besten" wird dabei zu präzisieren sein. Außerdem gehen wir jetzt davon aus, dass es zwischen den Variablen (Merkmalen) einen ursächlichen Zusammenhang gibt.

Merkmale, die uns interessieren, hängen regelmäßig auf vielfältige Weise voneinander ab. Wir gehen in diesem Kapitel davon aus, dass eine besonders ausgeprägte Abhängigkeit eines Merkmals von einem bestimmten anderen vorliegt, während die Einflüsse aller anderen Faktoren je für sich wenig markant sind oder sich schlecht messen lassen. Diese Einflüsse betrachten wir als Störgrößen. Außerdem unterstellen wir, dass wir aufgrund theoretischer Überlegungen annehmen dürfen:

- Der Wert einer der Variablen ist ursächlich für den Wert der anderen.
- Die Abhängigkeit ist linear.

Bezeichnet dann für die Grundgesamtheit x die unabhängige oder auch *erklärende Variable* und y die abhängige oder auch *erklärte Variable*, dann besteht dort in der Grundgesamtheit eine Beziehung

$$y = \beta_0 + \beta_1 \cdot x + \varepsilon.$$

Die lineare Abhängigkeit $y = \beta_0 + \beta_1 \cdot x$ wird überlagert vom Einfluss der Störgröße ε. Wir sehen ε als zufällig an und unterstellen, dass sich dieser Einfluss im Mittel aufhebt, also der Erwartungswert der Störgröße, $E(\varepsilon)$, gleich null ist. So ergibt sich zu jedem x

$$E(y) = \beta_0 + \beta_1 \cdot x$$

als erwarteter Wert der abhängigen Variablen y bei gegebenem x.

Wird nun eine Stichprobe aus der Grundgesamtheit gezogen, dann ist unser Ziel, aus den beobachteten Paaren (x_i, y_i) der Stichprobe einen Schluss auf die „wahre" Abhängigkeit von x und y in der Grundgesamtheit zu ziehen. Wir versuchen also, eine Geradengleichung

$$\hat{y} = b_0 + b_1 \cdot x$$

zu bestimmen, in der b_1 und b_0 Schätzungen für die „wahren" Parameter β_1 und β_0 sind. Diese Gerade nennen wir *Regressionsgerade*. Es hat sich eingebürgert, den Bezeichner für die abhängige Variable hier mit einem Zirkumflex zu schreiben, der auch einem Dach ähnelt. $\hat{y}$ wird daher „Ypsilon Dach" ausgesprochen. Es handelt sich dabei ja weder um Werte der Grundgesamtheit noch um solche der Stichprobe. Setzt man für x einen real vorkommenden Wert ein, kann man nicht einmal sicher sein, dass ein daraus berechnetes $\hat{y}$ überhaupt als realer Wert vorkommt. Ausgehend von der Stichprobe ist der Wert $\hat{y}$ auf der Regressionsgeraden jedoch in bestimmtem Sinn der beste Wert, der sich einem gegebenen x zuordnen lässt. Er ist die beste Prognose für y bei einem gegebenem x.

Wir bezeichnen dieses Modell als „einfache" Regression, weil nur *eine* erklärende Variable x betrachtet wird, und natürlich als „linear", weil der Zusammenhang zwischen x und y als linear angenommen wird.

Lernkontrolle zu 12.1

1. Ziel der einfachen linearen Regression ist es, ...

    a. ... die Erwartungswerte von x und y zu berechnen und miteinander zu vergleichen.
    b. ... festzustellen, ob es einen ursächlichen Zusammenhang zwischen x und y gibt.
    c. ... einen unterstellten ursächlichen Zusammenhang zwischen x und y zu quantifizieren.
    d. ... eine nicht zu komplizierte sondern eher einfache Methode bereitzustellen, mit der man die lineare Abhängigkeit zwischen x und y beschreiben kann.

2. Mit $\hat{y}$ bezeichnet man ...

    a. ... die prognostizierte abhängige Variable in der Regressionsgleichung.
    b. ... die unabhängige Variable in der Regressionsgleichung.
    c. ... den Mittelwert der y-Werte der Stichprobe.
    d. ... den Erwartungswert der Störgrößen.

3. Einen bestimmten Wert für $\hat{y}$ kann man – nach Ermittlung der Regressionsgeraden – errechnen ...

    a. ... ausschließlich für einen der x_i-Werte aus der Stichprobe.
    b. ... wenn man ein bestimmtes x vorgibt.
    c. ... ausschließlich für solche x, die in der Stichprobe nicht als x_i vorkamen.
    d. ... nur dann, wenn man die Parameter β_1 und β_0 der Grundgesamtheit kennt.

12.2 Die Methode der kleinsten Quadrate

Wir führen den Gedankengang, eine „beste" Gerade durch die Punktwolke zu legen, nun aus. Ausgangspunkt ist also eine Stichprobe, bei der zwei metrische Merkmale beobachtet wurden. Die zugehörige Punktwolke im Streudiagramm deutet einen linearen Zusammenhang an. Ein sehr einfaches Beispiel ist in Abbildung 12.1 dargestellt. Wir wollen annehmen, dass wir auch aus theoretischen Gründen Anlass haben, einen solchen Zusammenhang zu vermuten. Die Parameter hierfür kennen wir allerdings nicht, wollen sie vielmehr aus der Stichprobe schätzen.

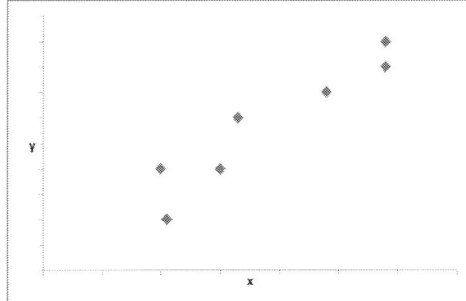

Abbildung 12.1
Punktwolke mit vermutetem linearen Zusammenhang

Als „beste" Gerade durch das Streudiagramm eignet sich aus theoretischen und praktischen Gründen diejenige, bei der die Summe aller Zahlen

$$[\hat{y}(x_i) - y_i]^2$$

minimal wird. x_i, y_i sind dabei die zu einer Beobachtung gehörenden Werte aus der Stichprobe, $\hat{y}(x_i)$ ist der zu x_i gehörende Punkt auf der Regressionsgeraden: $\hat{y}(x_i) = b_1 \cdot x_i + b_0$. Grafisch gesehen wird die Summe der vertikalen Differenzen (jeweils quadriert) zwischen dem tatsächlichen y-Wert und der Regressionsgeraden minimiert.

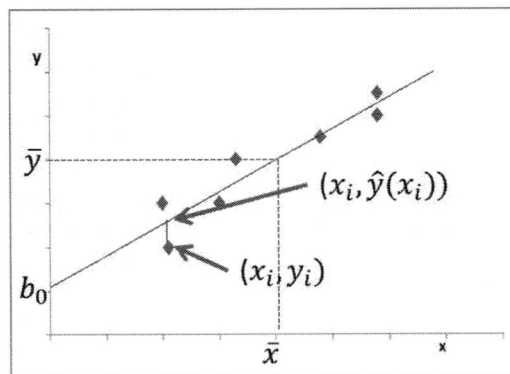

Abbildung 12.2
Die Methode der kleinsten Quadrate

Das Ziel, diese Quadratsumme zu minimieren, nennt man das *Prinzip der kleinsten Quadrate*. Eine nicht schwierige, aber für uns nicht wichtige Minimierungsrechnung ergibt, dass man die Koeffizienten b_1 und b_0 der Regressionsgeraden, die *Regressionskoeffizienten*, so zu wählen hat:

$$b_1 = \frac{\sum (x_i - \bar{x}) \cdot (y_i - \bar{y})}{\sum (x_i - \bar{x})^2},$$

$$b_0 = \bar{y} - b_1 \cdot \bar{x}.$$

Dabei sind $\bar{x}$ und $\bar{y}$ wie üblich die Mittelwerte der x_i bzw. y_i. Wie man sieht, stehen im Zähler und Nenner von b_1 wohlbekannte Ausdrücke. Bis jeweils auf den Faktor (n − 1) ist der Zähler die Kovarianz und der Nenner die x-Varianz der Stichprobe.

Die Wahl von b_0 sorgt dafür, dass die Regressionsgerade durch den „Schwerpunkt" der Beobachtungswerte verläuft, also durch den Punkt ($\bar{x}$ | $\bar{y}$).

Der Regressionskoeffizient b_1 beschreibt die Steigung der Regressionsgeraden, der Koeffizient b_0 stellt den y-Achsenabschnitt der Geraden dar.

Beispiel
In der folgenden Tabelle sollen Ihnen die erforderlichen Rechenschritte verdeutlicht wer-

den. Die Tabelle können Sie mit Rechnerunterstützung, aber ebenso gut – wenn auch etwas mühsamer – mit Papier, Bleistift und Taschenrechner erarbeiten. Es geht um die Beziehung zwischen dem Alter von Gebrauchtwagen eines bestimmten Typs und dem erzielten Preis. Offenbar gibt es Anlass zu der Vermutung, dass der Preis y (abhängige Variable) vom Alter x (unabhängige Variable) abhängt.

	x Alter des Kfz (in Jahren)	y Kaufpreis (in 1.000 €)	$x - \bar{x}$	$y - \bar{y}$	$(x - \bar{x}) \cdot (y - \bar{y})$	$(x - \bar{x})^2$
	5	8	0	0,5	0	0
	7	5,7	2	-1,8	-3,6	4
	6	5,8	1	-1,7	-1,7	1
	5	6,3	0	-1,2	0	0
	2	11,7	-3	4,2	-12,6	9
Summe	25	37,5			-17,9	14
Mittelwert $\bar{x}$ bzw. $\bar{y}$	5	7,5				
$b_1 = -17,9/14$	-1,28					
$b_0 = \bar{y} - b_1 \cdot \bar{x}$	13,89					

Aus den in den Spalten für x und y gegebenen Ausgangsdaten berechnen Sie zunächst die Mittelwerte. Auf dieser Grundlage können dann die folgenden Spalten ermittelt werden. Es folgt die Berechnung von b_1 und b_0.

Die Regressionsgerade ist also y = 13,89 – 1,28 · x.

Die Interpretation ist: Ein „Gebrauchtfahrzeug" dieses Typs mit einem Alter von 0 Jahren wäre theoretisch 13.890 Euro wert. Mit jedem Jahr fällt der Wert um 1.280 Euro.

> Computerübung
>
> 1. Erarbeiten Sie die Kalkulationstabelle des Beispiels „Gebrauchtwagenpreise".
> 2. Ermitteln Sie die Schätzwerte b_0 und b_1 deutlich leichter mit den Excel-Funktionen ACHSENABSCHNITT(y-Werte;x-Werte) und STEIGUNG(y-Werte;x-Werte). Beachten Sie dabei, dass in der Funktion die y-Werte vor den x-Werten eingetragen werden.
> 3. Veranlassen Sie die gleichzeitige Berechnung von b_0 und b_1 durch die Array-Funktion RGP: Markieren Sie zwei nebeneinanderliegende Felder des Tabellenblattes. Geben Sie ein =RGP(y-Werte;x-Werte;WAHR;FALSCH) und schließen Sie mit STRG + UMSCH + EINGABE ab. Das WAHR führt dazu, dass der Achsenabschnitt b_0 mitgeschätzt wird. Das FALSCH bedeutet, dass zusätzliche, für uns nicht wichtige Statistiken nicht berechnet werden.
> 4. Markieren Sie die Spalten für „Alter" und „Kaufpreis". Wählen Sie dann Einfügen – Punktdiagramm – Punkte nur mit Datenpunkten – Layout 9. Sie erhalten das Streudiagramm der Datenpunkte einschließlich der eingezeichneten Regressionsgeraden und der Regressionsgleichung. Den ebenfalls im Diagramm enthaltenen Wert R2 erklären wir im nächsten Abschnitt.

Lernkontrolle zu 12.2

1. Bei der Methode der kleinsten Quadrate minimiert man die Quadratsumme von Abständen zwischen den Punkten der Stichprobe und der Regressionsgeraden.
   a. Diese Abstände werden in senkrechter Richtung gemessen, also parallel zur y-Achse.
   b. Diese Abstände werden in waagerechter Richtung gemessen, also parallel zur x-Achse.
   c. Diese Abstände werden senkrecht zur Regressionsgeraden gemessen, also so, wie man standardmäßig den Abstand Punkt-Gerade misst.
   d. Diese Abstände werden in senkrechter Richtung gemessen, jedoch zuvor mit dem x-Wert gewichtet.

2. Welche der Aussagen sind richtig?
   a. Mit b_0 wird der Achsenabschnitt der Regressionsgeraden bezeichnet.
   b. Mit b_0 wird die Steigung der Regressionsgeraden bezeichnet.
   c. Falls der x-Wert um eine Einheit steigt, dann verändert sich der y-Wert immer in Höhe von b_1.
   d. Falls der x-Wert um eine Einheit steigt, dann prognostiziert die Regressionsgerade eine Veränderung von y in Höhe von b_1.

3. Wir betrachten folgende Werte einer Stichprobe:

i	1	2	3	4	5
x_i	1	1	2	3	5
y_i	5	2	5	10	11

   a. Der Mittelwert der x_i ist _____.
   b. Der Regressionskoeffizient b_1 ist (auf zwei Nachkommastellen gerundet) _____.
   c. Der Regressionskoeffizient b_0 ist (auf zwei Nachkommastellen gerundet) _____.
   d. Die Gleichung der Regressionsgeraden lautet _____.

12.3 Das Bestimmtheitsmaß

Die Regressionsgerade ist eine aus der Stichprobe gewonnene Schätzung der funktionalen – hier: linearen – Abhängigkeit der abhängigen Werte (y) von den als unabhängig angenommenen Werten (x). Ein x-Wert „erklärt" den Wert $\hat{y}(x)$. Die senkrechte Abweichung der Punkte auf der Regressionsgeraden vom y-Mittel $\bar{y}$ ist in diesem Sinn durch die waagerechte Abweichung vom x-Mittel $\bar{x}$ erklärt. Im Allgemeinen liegen die Stichprobenpunkte nicht auf der Regressionsgeraden, die Abweichung ihrer y-Werte von $\bar{y}$ ist nicht ausschließlich durch ihren x-Wert erklärt sondern enthält dazu eine zufällige, unerklärte Komponente.

$$y_i - \bar{y} = [\hat{y}(x_i) - \bar{y}] + [y_i - \hat{y}(x_i)] \quad (12.1)$$

Gesamtabweichung = erklärte Abweichung + nicht erklärte Abweichung.

In Abbildung 12.3 ist dieser Zusammenhang veranschaulicht.

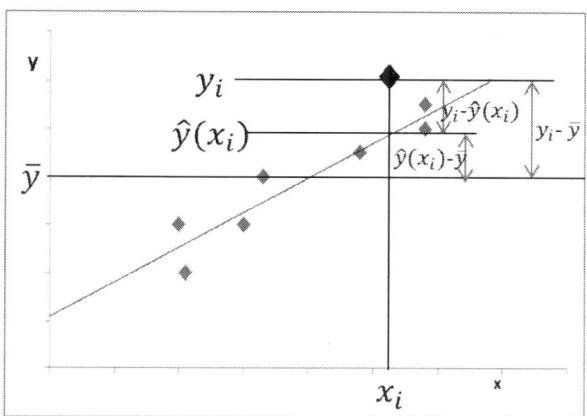

Abbildung 12.3 Erklärte und nicht erklärte Abweichungen bei einer Regressionsgeraden

Bereits mehrmals wurde nun allerdings nicht die Differenz von Abweichungen sondern deren Quadrat als geeignetes, weil immer positives, Abweichungsmaß verwendet. Dies wollen wir auch jetzt tun. Die besonderen Eigenschaften der Regressionsgeraden führen auf das zunächst überraschende Ergebnis, dass für die Quadratsummen ebenfalls gilt:

$$\sum (y_i - \bar{y})^2 = \sum (\hat{y}(x_i) - \bar{y})^2 + \sum (y_i - \hat{y}(x_i))^2 \quad (12.2)$$

Hier ist also nicht etwa der Anfängerfehler gemacht worden, einfach die Summanden der rechten Seite der Gleichung (12.1) einzeln zu quadrieren. Vielmehr ist der beim Quadrieren von (12.1) nach der binomischen Formel in (12.2) bei der Summation zunächst entstandene Ausdruck $2\sum [y_i - \hat{y}(x_i)] \cdot [\hat{y}(x_i) - \bar{y}]$ gleich null.

Die Quadratsummen erhalten zur Abkürzung folgende Bezeichnungen:

$\sum (y_i - \bar{y})^2$ SQT: **S**umme der **Q**uadrate der **t**otalen Abweichungen)

$\sum (\hat{y}(x_i) - \bar{y})^2$ SQE: **S**umme der **Q**uadrate der (durch x) **e**rklärten Abweichungen

$\sum (y_i - \hat{y}(x_i))^2$ SQR: **S**umme der **Q**uadrate der **R**estabweichungen (oder: „**R**esiduen")

Damit wird die Gleichung (12.2) zu

$$SQT = SQE + SQR.$$

Die Methode der kleinsten Quadrate hat bei Verwendung dieser Bezeichnungsweise also zum Ziel, die Größe SQR, die Quadratsumme der nicht durch x erklärten Abweichungen, zu minimieren.

Je größer der Anteil von SQE an SQT ist, je kleiner also der Anteil der Restabweichungen, umso besser ist die Punktwolke durch die Regressionsgerade angenähert, umso besser sind die y-Werte durch die x-Werte bestimmt. Das Verhältnis von SQE zu SQT, also eine Zahl zwischen 0 und 1, heißt *Bestimmtheitsmaß* r^2:

$$r^2 = \frac{SQE}{SQT}.$$

Eine alternative Berechnung von r^2 ist:

$$r^2 = 1 - \frac{SQR}{SQT}.$$

Das Bestimmtheitsmaß kann folgende Werte annehmen:

$$0 \leq r^2 \leq 1.$$

Bei $r^2 = 1$ beschreibt die Regressionsgerade perfekt den Zusammenhang zwischen den x- und den y-Werten. Alle Datenpunkte liegen auf der Regressionsgeraden. Nimmt das Bestimmtheitsmaß einen Wert nahe 1 an, so erklärt die unabhängige Variable x sehr gut die Variable y. Ist umgekehrt das Bestimmtheitsmaß nahe null, so ist der Erklärungswert der x-Werte sehr schwach.

Ein interessantes Ergebnis ist, dass zwischen dem in Kapitel 10 behandelten Korrelationskoeffizient nach Pearson s_{xy} und dem jetzt eingeführten Bestimmtheitsmaß der linearen Regression r^2 die Beziehung besteht:

$$s_{xy}^2 = r^2.$$

Hat man eine der beiden Größen, auf die uns unterschiedliche Überlegungen geführt haben, berechnet, ergibt sich die andere unmittelbar: Vom Korrelationskoeffizient kommt man durch Quadrieren zum Bestimmtheitsmaß, versieht man die Quadratwurzel des Bestimmtheitsmaßes mit dem Vorzeichen des Regressionskoeffizienten b_1, dann erhält man den Korrelationskoeffizienten. Man versteht hiernach wohl auch besser, warum für das Bestimmtheitsmaß die Bezeichnung r^2 (also nicht einfach r) üblich ist.

Beispiel:

Ein sehr beliebtes Spezialitätenrestaurant veranstaltet regelmäßig sogenannte Aktionswochen, die es immer mit einer Anzeigenkampagne am vorausgehenden Wochenende bewirbt. Die folgende Tabelle enthält die Anzahl der am Wochenende geschalteten Anzeigen und die in der folgenden Aktionswoche gezählten Gäste. Mit Hilfe einer linearen Regression soll die Abhängigkeit der Größen untersucht und möglicherweise ein Vorhersageverfahren entwickelt werden.

Anzahl Anzeigen	Anzahl Gäste
1	135
3	245
2	180
1	175
3	260

Die Zahlen geben Anlass zu der Vermutung, dass in der Tat der Restaurantbesuch von der Anzeigenzahl abhängig ist. Die Anzeigenzahl ist demnach unsere Variable x, die erklärende Größe, die Gästezahl ist die erklärte Größe y.

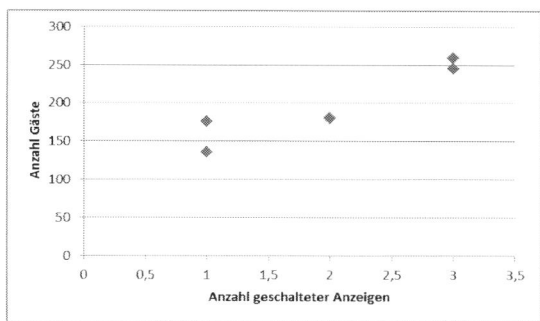

Abbildung 12.4 Gästezahl

Wir berechnen die Regressionskoeffizienten

$$b_1 = \frac{\sum(x_i - \bar{x}) \cdot (y_i - \bar{y})}{\sum(x_i - \bar{x})^2} = 48{,}75 \qquad b_0 = \bar{y} - b_1 \cdot \bar{x} = 101{,}5.$$

Als Schätzung für die Abhängigkeit der Verkäufe y von der Anzahl x der Anzeigen ergibt sich die Regressionsgerade

$$\hat{y} = 48{,}75 \cdot x + 101{,}5$$

Als Bestimmtheitsmaß ergibt sich

$$r^2 = \frac{SQE}{SQT} = \frac{\sum(\hat{y}(x_i) - \bar{y})^2}{\sum(y_i - \bar{y})^2} = 0{,}87.$$

Die Regressionsgerade beschreibt also recht gut den beobachteten Zusammenhang zwischen Anzeigen und Gästezahl. Ein Anteil von 87 % der Schwankungen des Restaurantbesuchs kann durch die unterschiedliche Intensität der Werbemaßnahmen erklärt werden.

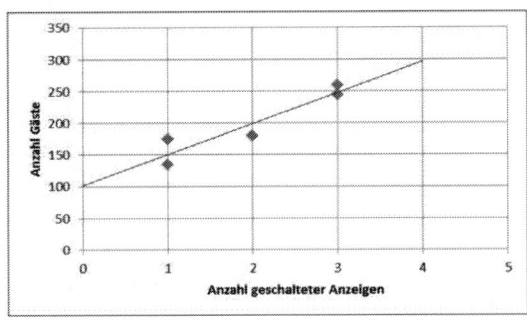

Abbildung 12.5 Gästezahl und Regressionsgerade

Lernkontrolle zu 12.3

1. Mit SQR bezeichnet man …
   a. … die Summe der Abweichungen zwischen den y-Werten der Beobachtungen und den x-Werten.
   b. … die Summe der Abweichungen zwischen den y-Werten der Beobachtungen und dem zum jeweiligen x-Wert gehörenden y-Wert auf der Regressionsgeraden.
   c. … die Summe der quadrierten Abweichungen zwischen den y-Werten der Beobachtungen und dem zum jeweiligen x-Wert gehörenden y-Wert auf der Regressionsgeraden.
   d. … die Summe der quadrierten Abweichungen zwischen den x-Werten der Beobachtungen und dem zum jeweiligen y-Wert gehörenden x-Wert auf der Regressionsgeraden.

2. Eine „erklärte" Abweichung …
   a. … ist die Differenz zwischen einem y-Wert der Stichprobe und dem y-Mittelwert.
   b. … ist die Differenz zwischen einem x-Wert der Stichprobe und dem x-Mittelwert.
   c. … ist die Differenz zwischen einem y-Wert der Stichprobe und dem y-Wert auf der Regressionsgeraden, der zu dem entsprechenden x-Wert gehört.
   d. … ist die Differenz zwischen dem y-Wert eines Punktes auf der Regressionsgeraden, der zu dem x-Wert eines Stichprobenpunktes gehört, und dem y-Mittelwert.

3. Wir betrachten wieder die Stichprobe aus der Lernkontrollfrage 3 zu 12.2.
   a. Der Wert von SQT ist (mit einer Nachkommastelle Genauigkeit) _____.
   b. Der Wert von SQR ist (mit einer Nachkommastelle Genauigkeit) _____.
   c. Der Wert von SQE ist (mit einer Nachkommastelle Genauigkeit) _____.
   d. Der Wert des Bestimmtheitsmaßes r^2 ist (zwei Nachkommastellen Genauigkeit) ___.

12.4 Prognose der abhängigen Variablen

Mit der Aufstellung der Regressionsgleichung und der Berechnung des Bestimmtheitsmaßes haben wir zunächst das Ziel erreicht, eine vermutete lineare Abhängigkeit zwischen x und y zu quantifizieren und die Genauigkeit zu messen, mit der die gegebenen Daten durch diese lineare Beziehung angenähert werden können.

Wir wollen uns noch einmal an das Modell erinnern, das in Abschnitt 12.1 am Anfang unserer Beschäftigung mit der Regressionsrechnung stand. Wir haben vorausgesetzt, dass in der Grundgesamtheit eine Beziehung

$$y = \beta_0 + \beta_1 \cdot x + \varepsilon$$

zwischen x und y besteht und die Störgröße ε den Erwartungswert null hat. Als Schätzungen für die Parameter β_0 und β_1 haben wir *mit Hilfe einer Stichprobe* die Zahlen b_0 und b_1 gewonnen. Diese Zahlen und damit die Lage der Regressionsgeraden sind also zufallsabhängig.

Betrachten wir nun auf der x-Achse eine feste Zahl x_0. Der Erwartungswert von y bei diesem x_0 ist $\beta_0 + \beta_1 \cdot x_0$. Wenn wir β_0 und β_1 durch die Zufallsgrößen b_0 und b_1 schätzen, dann ist $b_0 + b_1 \cdot x_0$ eine Zufallsgröße, von der man zeigen kann, dass ihr Erwartungswert ebenfalls $\beta_0 + \beta_1 \cdot x_0$ ist. Daher ist es gerechtfertigt, die Regressionsgerade auch als Prognoseinstrument einzusetzen. Wir wollen annehmen, dass wir für die Zukunft erwarten, dass der Wert x_0 eintritt, oder dass wir sogar diesen Wert selbst wählen können. Dann dürfen wir davon ausgehen, dass $b_0 + b_1 \cdot x_0$ ein erwartungstreuer Schätzwert für das zu erwartende y ist.

Wenn sich das Restaurantmanagement aus Abschnitt 12.3 dafür interessiert, wie viele Gäste zu erwarten sind, wenn es fünf Anzeigen schaltet, gilt für die Prognose der dann zu erwartenden Zahlen

$$\hat{y} = 48{,}75 \cdot 5 + 101{,}5 = 345{,}25, \text{ gerundet } 345.$$

Die Regressionsgerade ist eine gesunde theoretische Grundlage: Sie kann dazu verwendet werden, für beliebige x die jeweils erwarteten y-Werte zu prognostizieren.

Wir wissen nun aber, dass auch ein erwartungstreuer Schätzwert nur dann wirklich hilfreich ist, wenn wir auch wissen, wie stark er um seinen Erwartungswert streut. Wir wollen in diesem Einführungskurs auf die Details hierfür nicht eingehen. Allerdings wollen wir auf Folgendes aufmerksam machen: Eine Prognose kann in einer von zwei Varianten gewünscht sein. Der Restaurantmanager aus Abschnitt 12.3 kann sich (a) dafür interessieren, wie viele Gäste er im zukünftigen Mittel erwarten kann, wenn er regelmäßig fünf Anzeigen schaltet, oder er kann (b) wissen wollen, wie viel Gäste er in der Folgewoche zu erwarten hat, wenn er an diesem Wochenende fünf Anzeigen aufgibt. In beiden Fällen lautet die Prognose als Punktschätzung $\hat{y} = 48{,}75 \cdot 5 + 101{,}5 = 345{,}25$, aber die Prognosefehler, mit denen man rechnen muss, unterscheiden sich. Bei derselben Konfidenzwahrscheinlichkeit ist das Konfidenzintervall für den Einzelwert deutlich größer (die Prognose unsicherer) als das für den Mittelwert.

> **Computerübung**
> Verwenden Sie den Funktionsaufruf =SCHÄTZER(5;y-Werte;x-Werte) zur Prognose der Gästezahl bei fünf geschalteten Anzeigen.

Lernkontrolle zu 12.4

1. Was trifft zu?

    a. Bei einer Prognose aufgrund einer linearen Regression wählt man ein beliebiges x_0 und berechnet den zugehörigen y-Wert auf der Regressionsgeraden.
    b. Prognostizieren kann man nur für x-Werte, die nicht in der Stichprobe vorkamen.
    c. Prognostiziert man für einen Wert x, der bereits in der Stichprobe vorkam, erhält man stets den in der Stichprobe zu diesem x gehörenden y-Wert.
    d. Prognostiziert man für einen Wert, der bereits in der Stichprobe vorkam, kann man nie den in der Stichprobe zugehörigen y-Wert erhalten.
    e. Bei gegebenem x ergeben Prognosen (a) des y-Erwartungswertes und (b) eines einzelnen y-Wertes dasselbe.
    f. Bei gegebenem x haben Prognosen (a) des y-Erwartungswertes und (b) eines einzelnen y-Wertes dieselbe Standardabweichung.

2. Beantworten Sie die Frage aus 1. bezüglich der Aussagen a. bis f. für den theoretischen Fall, dass alle Stichprobenwerte genau auf einer Geraden liegen.

3. Wir betrachten erneut die Stichprobe aus der Lernkontrollfrage 3 zu 12.2. Prognostizieren Sie die y-Werte zu …

    a. … $x = 0$.
    b. … $x = 1$.
    c. … $x = 2$.
    d. … $x = 7$.

Zusammenfassung

Grundlage der einfachen linearen Regression ist die Annahme, dass die Variable y von der Variablen x linear abhängt und diese lineare Beziehung überlagert wird von zufälligen Störeinflüssen, deren Erwartungswert allerdings null ist. Die Methode der kleinsten Quadrate wird verwendet, um aus den Werten einer Stichprobe die Koeffizienten derjenigen linearen Funktion zu ermitteln, die die Beziehung zwischen x und y am besten beschreibt. Diese Größen heißen Regressionskoeffizienten. Das Bestimmtheitsmaß r^2, eine Größe zwischen 0 und 1, erlaubt die Beurteilung, ob die Variable y im Wesentlichen durch die Variable x bestimmt ist (r^2 nahe bei 1), oder umgekehrt, ob der Einfluss der Variablen x schwach ist (r^2 nahe bei 0). Die Regressionsgleichung kann man zur Prognose von y-Werten verwenden.

Statistische Tabellen

Die folgenden Seiten enthalten kurzgefasste Tabellen zu folgenden Verteilungen:

Standardnormalverteilung
Student-t-Verteilung
χ^2-Verteilung
Binomialverteilung

Der Umfang dieser Tabellen ist ausreichend für das Verständnis, wie man diese benutzt, und für die im Buch besprochenen Beispiele. Umfassendere Tabellen finden Sie bei Bedarf auf der Internetseite zu diesem Buch.

Bitte beachten Sie: Die Tabelle zur Standardnormalverteilung einerseits und die Tabellen zur t-Verteilung und χ^2-Verteilung andererseits sind unterschiedlich strukturiert, und zwar jeweils so, wie es für die üblichen Anwendungen am zweckmäßigsten ist.

Standardnormalverteilung: Der Variablenwert (z) steht am Tabellenrand, die Wahrscheinlichkeitswerte in der Tabelle.

t-Verteilung und χ^2-Verteilung: Ausgewählte Wahrscheinlichkeitswerte stehen im Tabellenkopf, Freiheitsgrade am linken Rand und die zugehörigen Variablenwerte innerhalb der Tabelle.

Alle diese Tabellen enthalten Wahrscheinlichkeitswerte zu bestimmten Bereichen der Variablen. Welche Bereiche das sind, geht aus den folgenden Diagrammen hervor, die auch jeweils noch einmal zur Erinnerung den Tabellen unterlegt wurden.

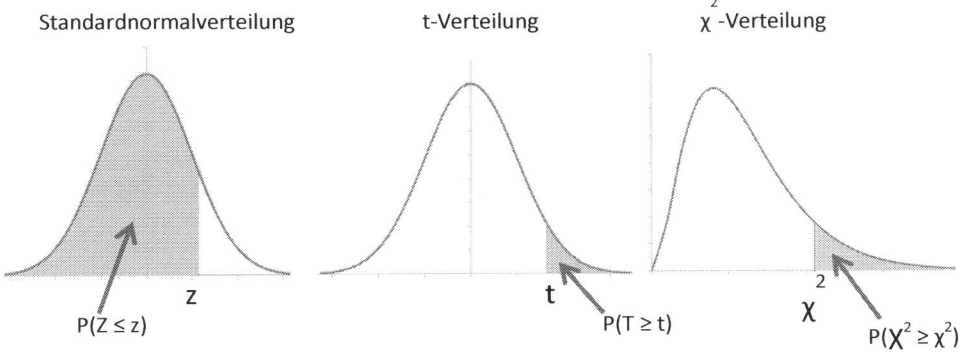

Tabelle der Standardnormalverteilung $z = z_0,z_1z_2$

z_0,z_1	z_2									
	0	1	2	3	4	5	6	7	8	9
0,0	0,5000	0,5040	0,5080	0,5120	0,5160	0,5199	0,5239	0,5279	0,5319	0,5359
0,1	0,5398	0,5438	0,5478	0,5517	0,5557	0,5596	0,5636	0,5675	0,5714	0,5753
0,2	0,5793	0,5832	0,5871	0,5910	0,5948	0,5987	0,6026	0,6064	0,6103	0,6141
0,3	0,6179	0,6217	0,6255	0,6293	0,6331	0,6368	0,6406	0,6443	0,6480	0,6517
0,4	0,6554	0,6591	0,6628	0,6664	0,6700	0,6736	0,6772	0,6808	0,6844	0,6879
0,5	0,6915	0,6950	0,6985	0,7019	0,7054	0,7088	0,7123	0,7157	0,7190	0,7224
0,6	0,7257	0,7291	0,7324	0,7357	0,7389	0,7422	0,7454	0,7486	0,7517	0,7549
0,7	0,7580	0,7611	0,7642	0,7673	0,7704	0,7734	0,7764	0,7794	0,7823	0,7852
0,8	0,7881	0,7910	0,7939	0,7967	0,7995	0,8023	0,8051	0,8078	0,8106	0,8133
0,9	0,8159	0,8186	0,8212	0,8238	0,8264	0,8289	0,8315	0,8340	0,8365	0,8389
1,0	0,8413	0,8438	0,8461	0,8485	0,8508	0,8531	0,8554	0,8577	0,8599	0,8621
1,1	0,8643	0,8665	0,8686	0,8708	0,8729	0,8749	0,8770	0,8790	0,8810	0,8830
1,2	0,8849	0,8869	0,8888	0,8907	0,8925	0,8944	0,8962	0,8980	0,8997	0,9015
1,3	0,9032	0,9049	0,9066	0,9082	0,9099	0,9115	0,9131	0,9147	0,9162	0,9177
1,4	0,9192	0,9207	0,9222	0,9236	0,9251	0,9265	0,9279	0,9292	0,9306	0,9319
1,5	0,9332	0,9345	0,9357	0,9370	0,9382	0,9394	0,9406	0,9418	0,9429	0,9441
1,6	0,9452	0,9463	0,9474	0,9484	0,9495	0,9505	0,9515	0,9525	0,9535	0,9545
1,7	0,9554	0,9564	0,9573	0,9582	0,9591	0,9599	0,9608	0,9616	0,9625	0,9633
1,8	0,9641	0,9649	0,9656	0,9664	0,9671	0,9678	0,9686	0,9693	0,9699	0,9706
1,9	0,9713	0,9719	0,9726	0,9732	0,9738	0,9744	0,9750	0,9756	0,9761	0,9767
2,0	0,9772	0,9778	0,9783	0,9788	0,9793	0,9798	0,9803	0,9808	0,9812	0,9817
2,1	0,9821	0,9826	0,9830	0,9834	0,9838	0,9842	0,9846	0,9850	0,9854	0,9857
2,2	0,9861	0,9864	0,9868	0,9871	0,9875	0,9878	0,9881	0,9884	0,9887	0,9890
2,3	0,9893	0,9896	0,9898	0,9901	0,9904	0,9906	0,9909	0,9911	0,9913	0,9916
2,4	0,9918	0,9920	0,9922	0,9925	0,9927	0,9929	0,9931	0,9932	0,9934	0,9936
2,5	0,9938	0,9940	0,9941	0,9943	0,9945	0,9946	0,9948	0,9949	0,9951	0,9952
2,6	0,9953	0,9955	0,9956	0,9957	0,9959	0,9960	0,9961	0,9962	0,9963	0,9964
2,7	0,9965	0,9966	0,9967	0,9968	0,9969	0,9970	0,9971	0,9972	0,9973	0,9974
2,8	0,9974	0,9975	0,9976	0,9977	0,9977	0,9978	0,9979	0,9979	0,9980	0,9981
2,9	0,9981	0,9982	0,9982	0,9983	0,9984	0,9984	0,9985	0,9985	0,9986	0,9986
3,0	0,9987	0,9987	0,9987	0,9988	0,9988	0,9989	0,9989	0,9989	0,9990	0,9990

Tabelle der Student-t-Verteilung

Freiheitsgrade	Wahrscheinlichkeit für t oberhalb des Tabellenwertes					
	0,200	0,100	0,050	0,025	0,010	0,005
1	1,376	3,078	6,314	12,706	31,821	63,657
2	1,061	1,886	2,920	4,303	6,965	9,925
3	0,978	1,638	2,353	3,182	4,541	5,841
4	0,941	1,533	2,132	2,776	3,747	4,604
5	0,920	1,476	2,015	2,571	3,365	4,032
6	0,906	1,440	1,943	2,447	3,143	3,707
7	0,896	1,415	1,895	2,365	2,998	3,499
8	0,889	1,397	1,860	2,306	2,896	3,355
9	0,883	1,383	1,833	2,262	2,821	3,250
10	0,879	1,372	1,812	2,228	2,764	3,169
11	0,876	1,363	1,796	2,201	2,718	3,106
12	0,873	1,356	1,782	2,179	2,681	3,055
13	0,870	1,350	1,771	2,160	2,650	3,012
14	0,868	1,345	1,761	2,145	2,624	2,977
15	0,866	1,341	1,753	2,131	2,602	2,947
16	0,865	1,337	1,746	2,120	2,583	2,921
17	0,863	1,333	1,740	2,110	2,567	2,898
18	0,862	1,330	1,734	2,101	2,552	2,878
19	0,861	1,328	1,729	2,093	2,539	2,861
20	0,860	1,325	1,725	2,086	2,528	2,845
25	0,856	1,316	1,708	2,060	2,485	2,787
30	0,854	1,310	1,697	2,042	2,457	2,750
35	0,852	1,306	1,690	2,030	2,438	2,724
40	0,851	1,303	1,684	2,021	2,423	2,704
45	0,850	1,301	1,679	2,014	2,412	2,690
50	0,849	1,299	1,676	2,009	2,403	2,678
60	0,848	1,296	1,671	2,000	2,390	2,660
70	0,847	1,294	1,667	1,994	2,381	2,648
80	0,846	1,292	1,664	1,990	2,374	2,639
90	0,846	1,291	1,662	1,987	2,368	2,632
100	0,845	1,290	1,660	1,984	2,364	2,626
∞	0,842	1,282	1,645	1,960	2,326	2,576

Tabelle der χ^2-Verteilung

Freiheitsgrade	Wahrscheinlichkeit für χ^2 oberhalb des Tabellenwertes					
	0,200	0,100	0,050	0,025	0,010	0,005
1	1,642	2,706	3,841	5,024	6,635	7,879
2	3,219	4,605	5,991	7,378	9,210	10,597
3	4,642	6,251	7,815	9,348	11,345	12,838
4	5,989	7,779	9,488	11,143	13,277	14,860
5	7,289	9,236	11,070	12,833	15,086	16,750
6	8,558	10,645	12,592	14,449	16,812	18,548
7	9,803	12,017	14,067	16,013	18,475	20,278
8	11,030	13,362	15,507	17,535	20,090	21,955
9	12,242	14,684	16,919	19,023	21,666	23,589
10	13,442	15,987	18,307	20,483	23,209	25,188
11	14,631	17,275	19,675	21,920	24,725	26,757
12	15,812	18,549	21,026	23,337	26,217	28,300
13	16,985	19,812	22,362	24,736	27,688	29,819
14	18,151	21,064	23,685	26,119	29,141	31,319
15	19,311	22,307	24,996	27,488	30,578	32,801
16	20,465	23,542	26,296	28,845	32,000	34,267
17	21,615	24,769	27,587	30,191	33,409	35,718
18	22,760	25,989	28,869	31,526	34,805	37,156
19	23,900	27,204	30,144	32,852	36,191	38,582
20	25,038	28,412	31,410	34,170	37,566	39,997
25	30,675	34,382	37,652	40,646	44,314	46,928
30	36,250	40,256	43,773	46,979	50,892	53,672
35	41,778	46,059	49,802	53,203	57,342	60,275
40	47,269	51,805	55,758	59,342	63,691	66,766
45	52,729	57,505	61,656	65,410	69,957	73,166
50	58,164	63,167	67,505	71,420	76,154	79,490
60	68,972	74,397	79,082	83,298	88,379	91,952
70	79,715	85,527	90,531	95,023	100,425	104,215
80	90,405	96,578	101,879	106,629	112,329	116,321
90	101,054	107,565	113,145	118,136	124,116	128,299
100	111,667	118,498	124,342	129,561	135,807	140,169

Tabelle der Binomialverteilung
Wahrscheinlichkeitsfunktion

n	k	\multicolumn{10}{c}{p (Wahrscheinlichkeit des Einzelexperiments)}
		0,05	0,10	0,15	0,20	0,25	0,30	0,35	0,40	0,45	0,50
2	0	0,9025	0,8100	0,7225	0,6400	0,5625	0,4900	0,4225	0,3600	0,3025	0,2500
	1	0,0950	0,1800	0,2550	0,3200	0,3750	0,4200	0,4550	0,4800	0,4950	0,5000
	2	0,0025	0,0100	0,0225	0,0400	0,0625	0,0900	0,1225	0,1600	0,2025	0,2500
3	0	0,8574	0,7290	0,6141	0,5120	0,4219	0,3430	0,2746	0,2160	0,1664	0,1250
	1	0,1354	0,2430	0,3251	0,3840	0,4219	0,4410	0,4436	0,4320	0,4084	0,3750
	2	0,0071	0,0270	0,0574	0,0960	0,1406	0,1890	0,2389	0,2880	0,3341	0,3750
	3	0,0001	0,0010	0,0034	0,0080	0,0156	0,0270	0,0429	0,0640	0,0911	0,1250
4	0	0,8145	0,6561	0,5220	0,4096	0,3164	0,2401	0,1785	0,1296	0,0915	0,0625
	1	0,1715	0,2916	0,3685	0,4096	0,4219	0,4116	0,3845	0,3456	0,2995	0,2500
	2	0,0135	0,0486	0,0975	0,1536	0,2109	0,2646	0,3105	0,3456	0,3675	0,3750
	3	0,0005	0,0036	0,0115	0,0256	0,0469	0,0756	0,1115	0,1536	0,2005	0,2500
	4	0	0,0001	0,0005	0,0016	0,0039	0,0081	0,0150	0,0256	0,0410	0,0625
5	0	0,7738	0,5905	0,4437	0,3277	0,2373	0,1681	0,1160	0,0778	0,0503	0,0313
	1	0,2036	0,3281	0,3915	0,4096	0,3955	0,3602	0,3124	0,2592	0,2059	0,1563
	2	0,0214	0,0729	0,1382	0,2048	0,2637	0,3087	0,3364	0,3456	0,3369	0,3125
	3	0,0011	0,0081	0,0244	0,0512	0,0879	0,1323	0,1811	0,2304	0,2757	0,3125
	4	0	0,0005	0,0022	0,0064	0,0146	0,0284	0,0488	0,0768	0,1128	0,1563
	5	0	0	0,0001	0,0003	0,0010	0,0024	0,0053	0,0102	0,0185	0,0313
6	0	0,7351	0,5314	0,3771	0,2621	0,1780	0,1176	0,0754	0,0467	0,0277	0,0156
	1	0,2321	0,3543	0,3993	0,3932	0,3560	0,3025	0,2437	0,1866	0,1359	0,0938
	2	0,0305	0,0984	0,1762	0,2458	0,2966	0,3241	0,3280	0,3110	0,2780	0,2344
	3	0,0021	0,0146	0,0415	0,0819	0,1318	0,1852	0,2355	0,2765	0,3032	0,3125
	4	0,0001	0,0012	0,0055	0,0154	0,0330	0,0595	0,0951	0,1382	0,1861	0,2344
	5	0	0,0001	0,0004	0,0015	0,0044	0,0102	0,0205	0,0369	0,0609	0,0938
	6	0	0	0	0,0001	0,0002	0,0007	0,0018	0,0041	0,0083	0,0156
7	0	0,6983	0,4783	0,3206	0,2097	0,1335	0,0824	0,0490	0,0280	0,0152	0,0078
	1	0,2573	0,3720	0,3960	0,3670	0,3115	0,2471	0,1848	0,1306	0,0872	0,0547
	2	0,0406	0,1240	0,2097	0,2753	0,3115	0,3177	0,2985	0,2613	0,2140	0,1641
	3	0,0036	0,0230	0,0617	0,1147	0,1730	0,2269	0,2679	0,2903	0,2918	0,2734

n	k										
7	4	0,0002	0,0026	0,0109	0,0287	0,0577	0,0972	0,1442	0,1935	0,2388	0,2734
	5	0	0,0002	0,0012	0,0043	0,0115	0,0250	0,0466	0,0774	0,1172	0,1641
	6	0	0	0,0001	0,0004	0,0013	0,0036	0,0084	0,0172	0,0320	0,0547
	7	0	0	0	0	0,0001	0,0002	0,0006	0,0016	0,0037	0,0078
8	0	0,6634	0,4305	0,2725	0,1678	0,1001	0,0576	0,0319	0,0168	0,0084	0,0039
	1	0,2793	0,3826	0,3847	0,3355	0,2670	0,1977	0,1373	0,0896	0,0548	0,0313
	2	0,0515	0,1488	0,2376	0,2936	0,3115	0,2965	0,2587	0,2090	0,1569	0,1094
	3	0,0054	0,0331	0,0839	0,1468	0,2076	0,2541	0,2786	0,2787	0,2568	0,2188
	4	0,0004	0,0046	0,0185	0,0459	0,0865	0,1361	0,1875	0,2322	0,2627	0,2734
	5	0	0,0004	0,0026	0,0092	0,0231	0,0467	0,0808	0,1239	0,1719	0,2188
	6	0	0	0,0002	0,0011	0,0038	0,0100	0,0217	0,0413	0,0703	0,1094
	7	0	0	0	0,0001	0,0004	0,0012	0,0033	0,0079	0,0164	0,0313
	8	0	0	0	0	0	0,0001	0,0002	0,0007	0,0017	0,0039
9	0	0,6302	0,3874	0,2316	0,1342	0,0751	0,0404	0,0207	0,0101	0,0046	0,0020
	1	0,2985	0,3874	0,3679	0,3020	0,2253	0,1556	0,1004	0,0605	0,0339	0,0176
	2	0,0629	0,1722	0,2597	0,3020	0,3003	0,2668	0,2162	0,1612	0,1110	0,0703
	3	0,0077	0,0446	0,1069	0,1762	0,2336	0,2668	0,2716	0,2508	0,2119	0,1641
	4	0,0006	0,0074	0,0283	0,0661	0,1168	0,1715	0,2194	0,2508	0,2600	0,2461
	5	0	0,0008	0,0050	0,0165	0,0389	0,0735	0,1181	0,1672	0,2128	0,2461
	6	0	0,0001	0,0006	0,0028	0,0087	0,0210	0,0424	0,0743	0,1160	0,1641
	7	0	0	0	0,0003	0,0012	0,0039	0,0098	0,0212	0,0407	0,0703
	8	0	0	0	0	0,0001	0,0004	0,0013	0,0035	0,0083	0,0176
	9	0	0	0	0	0	0	0,0001	0,0003	0,0008	0,0020
10	0	0,5987	0,3487	0,1969	0,1074	0,0563	0,0282	0,0135	0,0060	0,0025	0,0010
	1	0,3151	0,3874	0,3474	0,2684	0,1877	0,1211	0,0725	0,0403	0,0207	0,0098
	2	0,0746	0,1937	0,2759	0,3020	0,2816	0,2335	0,1757	0,1209	0,0763	0,0439
	3	0,0105	0,0574	0,1298	0,2013	0,2503	0,2668	0,2522	0,2150	0,1665	0,1172
	4	0,0010	0,0112	0,0401	0,0881	0,1460	0,2001	0,2377	0,2508	0,2384	0,2051
	5	0,0001	0,0015	0,0085	0,0264	0,0584	0,1029	0,1536	0,2007	0,2340	0,2461
	6	0	0,0001	0,0012	0,0055	0,0162	0,0368	0,0689	0,1115	0,1596	0,2051
	7	0	0	0,0001	0,0008	0,0031	0,0090	0,0212	0,0425	0,0746	0,1172
	8	0	0	0	0,0001	0,0004	0,0014	0,0043	0,0106	0,0229	0,0439
	9	0	0	0	0	0	0,0001	0,0005	0,0016	0,0042	0,0098
	10	0	0	0	0	0	0	0	0,0001	0,0003	0,0010

Schlüssel zu den Lernkontrollfragen

Kapitel	Abschnitt	Aufgabe 1	Aufgabe 2	Aufgabe 3	Aufgabe 4	Aufgabe 5
1	1.2	b, e, g	d	c-a-b-a-b-a		
	1.3	a: v-i-o; b: v-i-o; c: v-i-o-n; d: v-i ; e: v-i; f: v; g: v	a: o-n b: v-i	a, c, g		
	1.4	d	a, b, c, d	b		
2	2.1	a	b	b, d	c, e	c
	2.2	b, e, f	a, b	b		
	2.3	a, c	a	c, f		
	2.4	a, b, c, d	a	b, d		
3	3.1	b	b	c, g		
	3.2	b, c, d	a	c	b, c	
	3.3	b, e	b	a		
	3.4	b	a	a, b, c, d		
	3.5	a: 2,5; b: 1,5; c: 5; d: 2,5	a: A; b: D; c: B oder C; d: B	a, b		
4	4.1	b	b, c, d	a, e, f, j	b	
	4.2	a	c	c, f		
5	5.1	a: k-tes zentrales Moment b: symmetrisch c: zweite d: Standardabweichung	a, c, d	b		
	5.2	a, c, d, e	a, b, d	a, c		
6	6.2	b, e	a, c	a: 1/32; b: 1/2; c: 3/4; d: 9/16; e: 6/16		
	6.3	b	a, d	c, e		
	6.4	a, d, e, f	b	a, b, c	a, b, c, e	
	6.5	c, d, e	a, c	a, c		

7	7.1	b, e	c, e	a, c, e	a	a, d, e, f, g, h
	7.2	a, e, f	a: 16; b: 180; c: 12,8; d: 0	b		
	7.3	b, e	a: 0,9981 b: 0,0228 c: 0,2358 d: 0,3085 e: 0,7404	b, d		
	7.4	a, c, e, f, g	c, d	b		
8	8.1	b, c, d	a, d, f	b, c, e,		
	8.2	a, d	c, d	c		
	8.3	a	c	a, b, f	b, d, e, f, g, j	
	8.4	a, b, d	b, e	21		
9	9.1	c, d, e, h, i	a, c	—		
	9.2	b, c	b, d	b, d, f		
	9.3	a, b, c	c	a, b, c		
	9.4	a, c	a, b, e	a, b, c		
10	10.2	a, c	b, c, d	a, b		
	10.3	b, d	b, c, d	a, c, e		
11	11.1	b, c	a	a, c		
	11.2	a, c, e	2.1: b; 2.2: a	3.1: c; 3.2: b	a	
	11.3	a, b, c, e	b	b	b	
	11.4	c	a, e, f	a, b, d		
12	12.1	c, d	a	b		
	12.2	a	a, d	a: 2,4; b: 2,04; c: 1,71		
	12.3	c	d	a: 57,2; b: 10,8; c: 46,4; d: 0,81		
	12.4	a, e, g	a, c, e, g	a: 1,71; b: 3,75; c: 5,78; d: 15,96		

Literatur

Anderson, D. R., Sweeney, D. J., Williams, T. A., Freeman, J., Shoesmith, E. (2010), Statistics for Business and Economics, 2nd European Edition, South-Western Cengage Learning, Andover.

Bamberg, G., Baur, F., Krapp, M. (2012), Statistik, 17. Auflage, Oldenbourg Verlag, Stuttgart.

Bamberg, G., Baur, F., Krapp, M. (2012), Statistik-Arbeitsbuch, Übungsaufgaben – Fallstudien – Lösungen, 9. Auflage, Oldenbourg Verlag, Stuttgart.

Lind, Douglas A., Marchal, William G., Wathen, Samuel A., Statistical Techniques in Business and Economics, 15th edition, McGraw-Hill/Irwin 2011

Newbold, P., Carlson, W. L., Thorne, B. M., Statistics for Business and Economics (2012), 8th Edition, Pearson Education, Harlow.

Schira, J. (2012), Statistische Methoden der VWL und BWL, 4. Auflage, Pearson Studium, München.

Schwarze, J. (2013), Aufgabensammlung zur Statistik, 7. Auflage, Verlag Neue Wirtschaftsbriefe, Herne, Berlin.

Schwarze, J. (2009), Grundlagen der Statistik 1 – Beschreibende Verfahren, 11. Auflage, Verlag Neue Wirtschaftsbriefe, Herne, Berlin.

Schwarze, J. (2013), Grundlagen der Statistik 2 – Wahrscheinlichkeitsrechnung und induktive Statistik, 10. Auflage, Verlag Neue Wirtschaftsbriefe, Herne, Berlin.

Index

Ablehnungsbereich 134
absolute Häufigkeit 16
Additionssatz für Wahrscheinlichkeiten 72
Alternativhypothese 133, 136, 141, 175
Annahmebereich 134
Arithmetisches Mittel 35
Ausreißer 38

Balkendiagramm 20
Baumdiagramm 160
Bayes, Satz von 81
bedingte Wahrscheinlichkeit 76, 78
Beobachtung 5
Beobachtungseinheit 4
Bernoulli-Experiment 95, 105
Bernoulli-Kette 95
Bestimmtheitsmaß 184, 186
Bias Siehe Verzerrung einer Schätzgröße
Binomialkoeffizient 96
Binomialverteilung 95, 104
Blasendiagramm 22
Box-Plot 48

Chi-Quadrat-Verteilung 173

Data Warehouse 10
Datenquellen 10
diskrete Gleichverteilung 90
diskrete Merkmale 24
diskrete Zufallsvariable 89

einseitiger Test 134, 136
Elementarereignis 70
Ereignisraum 70
Ergebnis 70
erklärende Variable 180

erklärte Variable 180
Erwartungstreue Siehe Verzerrung einer Schätzgröße
Erwartungswert 92
Exponentialverteilung 107, 110, 111

Fehler erster und zweiter Art 143
Freiheitsgrade Chi-Quadrat-Verteilung 174
Freiheitsgrade t-Verteilung 126, 127, 150

Geometrisches Mittel 36
Gini-Koeffizient 63, 64
Gleichverteilung 90
Grundgesamtheit 4

Häufigkeitsdichte 28
Häufigkeitsverteilung 14
    Kumulierte Häufigkeitsverteilung 18
Histogramm 28
Hypothesentest 132
    Hypothesentest über eine Mittelwertdifferenz 152
    Hypothesentest zum Mittelwert 136, 140
    zum Mittelwert 132

Interquartilsabstand 47
Intervallschätzung einer Mittelwertdifferenz 149
Intervallschätzung für den Mittelwert 122, 124
Intervallskala 7
Irrtumswahrscheinlichkeit 124, 134

Klasseneinteilung 25
kombiniertes Experiment 73
Konfidenzintervall 124, 129
Konfidenzniveau Siehe Konfidenzwahrscheinlichkeit

Konfidenzwahrscheinlichkeit 124
kontinuierliche Merkmale Siehe stetige Merkmale
Konzentration 61
Korrelationskoeffizient 170
Kovarianz 158, 165, 167
Kreisdiagramm 16, 20, 21
Kreuztabelle 18, 156, 158
kumulative Wahrscheinlichkeitsfunktion 91
kumulierte Häufigkeiten 29

Lagemaße 33
lineare Abhängigkeit 166
Lineare Regression 179
linearer Zusammenhang 168, 170
Liniendiagramm 15
Lorenzkurve 61, 62

Median 38
Merkmal 5
Messniveau 6
Methode der kleinsten Quadrate 181
Methode des kritischen Wertes 138, 175
Metrische Skala 8
Mittelwert Siehe Arithmetisches Mittel
Mittelwertdifferenz 147
mittlere absolute Abweichung 52
Modus 41
Multiplikationssatz 77, 84

Nettoeinkommen 57
nichtparametrischer Test 177
Nominalskala 7
Normalverteilung 99
Nullhypothese 133, 136, 141, 175

Ordinalskala 7

Pearson Siehe Korrelationskoeffizient
Perzentile 42
Pfad 75

Poissonverteilung 107, 108, 111
Population 53, 54, 59, 117, 167, 170, Siehe Grundgesamtheit
Prognose 189
prozentuale Häufigkeit 17
Punktschätzung 119
Punktschätzung der Varianz 120
Punktschätzung des Mittelwerts 116
P-Wert-Methode 137, 175

Quantile 42
Quartile 42

Randverteilungen 163
Regressionsgerade 180, 189
Regressionskoeffizienten 182
relative Häufigkeit 16

Säulendiagramm 15, 20
Schätzgröße 117
Schätzwert 51
Schiefe 58, 59
Signifikanzniveau 134, 136, 141, 175
Skalenniveau Siehe Messniveau
Spannweite 47
SQE 185
SQR 185
SQT 185
Standardabweichung 51, 52, 92
Standardnormalverteilung 100
Statistik 3
Statistikprogramme 12
Stetige Gleichverteilung 94
stetige Merkmale 24
stetige Zufallsvariable 89, 93
Stichprobe 4, 53, 54, 59, 167, 170
Stichprobenmittel 118, 122
Stichprobenumfang 129
Stochastik 4
Störgröße 180
Streudiagramm 30, 166, 168, 182

Streuungsdiagramm Siehe Streudiagramm
Streuungsmaße 45
Student-t-Verteilung Siehe t-Verteilung
Symmetrie 100, 126
symmetrische Verteilung 58

Tabellenkalkulation 12
Teilexperiment 74
Testgröße 137, 141, 175
t-Verteilung 126

Unabhängige Ereignisse 83
Unabhängigkeit 173

Varianz 51, 52, 92
Variationskoeffizient 51, 54
Venn-Diagramm 70, 77, 79, 85
Verhältnisskala 7

Verteilungsfunktion Siehe kumulative Wahrscheinlichkeitsfunktion
Verzerrung einer Schätzgröße 120

Wachstumsprozesse 36
Wahrscheinlichkeit 68, 71
Wahrscheinlichkeitsbaum 73, 74
Wahrscheinlichkeitsdichtefunktion 93
Wahrscheinlichkeitsfunktion 89
Wahrscheinlichkeitsintervall 103
Wahrscheinlichkeitsverteilungen 87

zentrales Moment 58
z-Transformation 101
Zufallsvariable 88
zweidimensionale Daten 156
Zweidimensionalität 158
zweiseitiger Test 134, 136